Introduction to
Modular Curves

模曲线导引
（第2版）

黎景辉　赵春来◎著

北京大学出版社
PEKING UNIVERSITY PRESS

图书在版编目(CIP)数据

模曲线导引：第2版/黎景辉，赵春来著. —2版. —北京：北京大学出版社，2014.2
ISBN 978-7-301-23438-9

Ⅰ. ①模… Ⅱ. ①黎… ②赵… Ⅲ. ①模型式–研究生–教材 Ⅳ. ①O156

中国版本图书馆CIP数据核字（2013）第262194号

书　　　名：	模曲线导引(第2版)
著名责任者：	黎景辉　赵春来　著
责 任 编 辑：	尹照原
标 准 书 号：	ISBN 978-7-301-23438-9/O・0958
出 版 发 行：	北京大学出版社
地　　　址：	北京市海淀区成府路205号　100871
网　　　址：	http://www.pup.cn
新 浪 微 博：	@北京大学出版社
电 子 信 箱：	zpup@pup.pku.edu.cn
电　　　话：	邮购部 62752015　发行部 62750672　编辑部 62752021
	出版部 62754962
印 刷 者：	北京大学印刷厂
经 销 者：	新华书店
	890毫米×1240毫米　A5　9.25印张　267千字
	2002年4月第1版
	2014年2月第2版　2015年6月第2次印刷
定　　价：	35.00元

未经许可，不得以任何方式复制或抄袭本书之部分或全部内容.
版权所有，侵权必究
举报电话：010-62752024　电子信箱：fd@pup.pku.edu.cn

内 容 简 介

模曲线理论是近半个世纪发展起来的算术代数几何的最好的体现,而算术代数几何是现代数论的最深刻、最富有成果的分支之一. 迄今为止,这套理论散见于国际上多种文字的大量文献中,尚未出现这方面的任何一本专著. 本书的目的在于使读者较快地了解模曲线理论,进而能够阅读当前最先进的文献,为深入的研究打下基础. 书中首先介绍 Grothendieck 理论里模空间的定义和初等性质,然后说明模曲线作为椭圆曲线的模空间,进而讲述模形式的几何理论并以 Deligne 的 Ramanujan 猜想的证明为终结. 书中也讲了范畴及 2-范畴的基本性质、Grothendieck 拓扑、层 (sheaf)、平坦下降、形变理论(deformation theory)、余切复形 (cotangent complex)、代数空间、叠 (stack)、Hilbert 函子、Picard 函子、谱序列 (spectral sequence)、Gauss-Manin 联络、Kodaira-Spencer 映射、Tate 曲线和 Hecke 算子相应的算术代数几何理论.

本书可作为高等学校数学系研究生教材,也可供从事数论、代数几何及密码学方面研究的工作者使用.

序

模曲线是一种特殊的代数曲线. 我们在本书所考虑的模曲线一般是一组有某种性质的椭圆曲线的参数空间. 这个参数空间有代数曲线的结构. 利用这个代数结构我们便可以使用代数几何来研究一种称为"模形式"的解析函数. 模形式是一种具有非常强的对称性质的解析函数. 正是因为这种对称性质, 所以模形式很有用. 它在数论中非常重要, 比如悬疑了四百年关于不定方程 $x^n + y^n = z^n$ 的费马定理最终由 Wiles 证出 (Annals of Mathematics 141(1995)). 这个证明就要用模形式理论. 因为这个工作, Wiles 获得了 1995 年 Fermat 奖, 1996 年 Wolf 奖, 1997 年 Cole 奖以及 2005 年邵逸夫奖.

在说明这本书要谈什么之前, 应告诉读者这不是一本给初学者讲代数曲线或代数几何的教科书. 假如你已经学过一点代数几何 (比如李克正的《代数几何初步》; 或是 Hartshorne 著的《代数几何学》(冯克勤等译); 或是扶磊的 *Algebraic Geometry*), 加上一点代数数论 (比如冯克勤的《代数数论》; Serre 著的《数论教程》(冯克勤译)), 以及一点模形式论 (比如潘承彪的《模形式导引》; 陆洪文的《模形式讲义》; 或 Diamond, Shurman 著的 *A First Course in Modular Forms*). 现在你想继续看看下一幕将要演什么, 也许本书正是你想找的.

在这个旅程开始之前, 请你做好心理准备 —— 以下是一个新的世界, 说的是新的语言. 你习惯了一个空间, 比如一条代数曲线, 是一个带有某种结构的集合. 在这个新世界里, 一个空间是一个函子 (functor). 这不是容易习惯的. 至于这是不是一个必要的旅程, 年青人, 那就要看你的了! 传统的代数几何还有很多人在做. 正如现在还有人研究平面欧几里德几何, 他们不需要知道黎曼几何. 不过很多研究数论的人会说这个新世界的语言. 如果你决定看这部书, 那就请你放下你对空间这个概念的成见. 敞开怀抱进入这个新世界.

假如我们有一组椭圆曲线

$$\mathscr{E} = \{E_x \mid x \in X\},$$

在这里对每一个 x 我们以 E_x 代表一条椭圆曲线, x 是 E_x 的参数, X 是 $\mathscr{E}$ 的参数集合. 在多复变函数论范畴内, 集合 X 常有复流形结构, 这就让我们用上复流形理论和微分几何学了. 但是在代数的范畴内, 这个 X 几乎不会是一个概形 (scheme). 这就引起很多困难了! Grothendieck 一开始便要面对这个难题. 在他写《代数几何元论》(*EGA — Elements de Geometrie Algebrique*, 有北大中文翻译) 之前, 他在 Bourbaki 作了几个报告, 谈他对模参数空间的看法. 这些报告合编成一部叫 FGA 的讲义 (有现代版 Fantechi, *Fundamental algebraic geometry*, AMS Mathematical Surveys and Monographs, volume 123). 除了一篇没有公开没有完成的笔记 (Pursing stacks), 他以后没有发表任何文章谈及此事. 但可以从他写给朋友 (如 Serre) 的信, 或追随他的人的作品 (如 Murre, Seminaire Bourbaki 294 (1965), 或 Raynaud, Springer Lecture Notes in Math 119 (1970)) 中多学一点.

我们在本书中以介绍模形式的几何理论的背景知识为主轴. 沿途谈及多个代数几何的基本概念. 这些很有用的概念与工具都在代数几何学的入门教科书之外. 这方面的资料散见于不同语言的各种文献, 对于我国读者非常不便. 我们希望达到两个目的: 一方面, 为希望应用这套方法的读者提供一条路径来掌握基本的理念, 以求比较快就可以运用; 另一方面, 对于准备深入研究这个专题的读者提供一个开端. 如书名所说, 这是一个"导引". 就像旅行的导游一样, 指出一些景点和路线. 所以我们并没有提供每一条定理的详细证明, 反而比较注意解释定义及例子. 我们相信, 要真正地了解这套技术, 最好还是在适当的时候阅读原始文献. 所以我们没有必要重复所有的原文. 模曲线只不过是这方面理论的起步, 进一步便是研究一般的志村簇作为模空间及其对于自守表示的应用, 这套理论是 Langlands 纲领的中心对象之一, 正在迅速发展之中. 读者在读过本书之后可以看懂参考文献中的 Katz 和 Mazur, Harris 和 Taylor, Faltings 和翟敬立, Drinfeld 以及 Lafforgue 等人的工作. Mazur 得 1982 年 Cole 奖; Faltings 得 1986 年菲尔兹奖; Taylor 获得 2002 年 Cole 奖; 2001 年 Fermat 奖及 2007 年邵逸夫奖; Drinfeld 得 1990 年菲尔兹奖; Lafforgue 得 2002 年菲尔兹奖; Langlands 得 1982 年 Cole 奖; 1995 年 Wolf 奖; 2005 年 Steels 奖; 2006 年 Nemmers 奖; 2007 年邵逸夫奖.

当然有人说既然都是外文资料, 发表文章也是用外语, 何不用英语写此书呢? 我们觉得一方面我国学生看中文比较快, 另一方面我们认为一个文化、民族没有自己的科技语言是没有希望的. 所以需要用中文写的基础数学书. 借此开发中文数学语言. 又有人认为网上什么都有, 何必写书呢? 我们的回应是: 你在网上输入一个专题, 得到很多的资料, 你根本就不知从何开始. 年青人需要一些基本教材帮助他们走第一步, 让他们可以进入重要的研究所里. 这是科教兴国的一条路.

本书的第一个目的是向读者解释代数几何学里模参数空间的意义. 据我们所知本书是全国第一部介绍这个理论的书. 我们也从未看到过一本英法德意日文像本书一样的专著. 本书所谈的这套理论中所谓模参数空间问题是指怎样去理解一个函子在具有什么代数结构的范畴上的可表性. 所以我们的第一章从可表函子出发, 顺便了解群概形这一概念 (椭圆曲线就是群概形), 然后利用线性变换作为例子, 介绍模空间 (第 2 章) 作为可表函子这一观念. 对第一次学习这个理论的同学来说这并不容易. 因为这和过去所学的太不同了. 我们只能鼓励同学们不要放弃. 事实上, 自改革开放以来, 除了几个重点院校之外, 大学水平的代数教育, 相对于其他数学专业, 是发展得比较慢的.

一个函子的可表性是受这个函子定义在什么范畴上所影响. 所以下一步便是讨论这些范畴应该具有的代数结构. 在第 3 章我们从连续函数开始, 引入 Grothendieck 拓扑以及用这个拓扑所定义的层 (sheaf). 作为深入了解这个概念的第一个重要工具就是平坦下降法 (见参考文献 Grothendieck [FGA]), 对此本章是有详细证明的.

第 4 章我们介绍叠 (stack) 的概念. 一般的模曲线就是一个叠 (见参考文献 Deligne 和 Rapoport). 在 2010 年得菲尔兹奖的 Ngo 的工作中叠的理论是基本的工具.

Hilbert 函子和 Picard 函子是代数几何中经常使用的工具, 它们算是最重要的可表函子了! 在第 5 章我们依照 Grothendieck (见参考文献 Grothendieck [FGA]) 用射影几何的方法构造 Hilbert 函子, 即利用 Grassmann 簇 (及 m-正则性) 实现 Hilbert 函子. 本章亦有详细证明. 第 6 章讨论 Picard 函子, 并顺便用现代语言介绍 Jacobian —— 参看 Serre [Ser88]. Serre 在模曲线理论方面有非常重要基本性的工作. Serre 获得 1954 年菲尔兹奖, 1985 年 Balzan 奖, 2000 年 Wolf 奖, 2003 年 Abel 奖.

有了以上的背景就可以明白模曲线的算术几何定义了, 这就是第 7 章的内容. 习惯上我们考虑定义在一个域 k 上的椭圆曲线 E, 它实际上是在一点 s_0 (Spec k) 上的曲线. 为了了解椭圆曲线的结构, 我们需要考虑 E 在 s_0 附近的变化. 这就导致了在一个概形 S 上的椭圆曲线, 这是第 7 章 §7.1 中的话题 (这也是为什么我们在第一章 §1.3 中讨论 S-概形以及在第 6 章 §6.2 中讨论相对除子的原因). 作为椭圆曲线的初等例子, 我们在此节也介绍了怎样利用 Weierstrass 方程解决一个椭圆曲线的可表函子问题. 若以 $\mathfrak{H}$ 记复上半平面, Γ 记 $SL(2,\mathbb{Z})$, Y 记 $\mathfrak{H}/\Gamma$, 则经典的模形式 f 便是定义在这个黎曼面 Y 上的函数, 而这个 Y 就是我们所讨论的模曲线的复数点. 为了了解 $\lim\limits_{z\to\infty} f(z)$, 我们需要在 Y 上添加一个点 ∞, 得到紧黎曼面 X. 同样, 为了紧化 (compactify) 用可表函子所定义的模曲线, 我们便在第 7 章 §7.2 中引入 Deligne-Rapoport 的广义椭圆曲线. 上述的经典的模形式 f 在无穷远处的性质可用它的 Fourier 展开: $f(z) = \sum a_n q^n$ (其中 $q = \mathrm{e}^{2\pi i}$) 来描述. 这样的表达式在几何理论中是什么呢? 为了解答这个问题, 我们在第九章引入椭圆曲线的 Tate 理论. Tate 获得 1956 年 Cole 奖和 2010 年 Abel 奖.

在此之前我们温习了一下微分形式的代数理论. 这也是 Grothendieck 的工作. 我们讲的是 Katz-Oda 的结果. 此章最后介绍 Kodaira-Spencer 映射, 这是用来定义尖形式的工具, 有关这方面的近日的工作见参考文献 [Fal 99].

第 8 章是从谱序列开始的, 原因是我们在大学几乎不学代数拓扑了. 老实说: 交换代数是代数几何的基础, 而同调代数是代数几何的工具. 学习代数几何是不能不学交换代数和同调代数的.

最后我们把读者带到第 10 章: 将模形式看做用可表函子所定义的模曲线上的微分形式, 并且给出其 Hecke 算子.

Deligne 于 1969 年 2 月在 Bourbaki Seminar 发表了他给出的 Ramanujan 猜想的证明. 在这篇文章里他利用了模曲线作为椭圆曲线的模空间, 把模形式看做这个模空间上的微分形式, 把 Hecke 算子看做椭圆曲线类的运算, 把模形式的 Fourier 系数的估值化为代数几何中的一个上同调群上的算子的特征根的估值, 这样便从 Weil 猜想推出 Ramanujan 猜想. 本书的目的是提供一些背景知识希望帮助读者了解这些成果. Deligne 获得 1978 年菲尔兹奖, 1988 年 Crafoord 奖, 2004 年 Balzan 奖, 2008 年 Wolf 奖, 2013 年 Abel 奖. 我们会以介绍 Deligne 这个证明结束本书.

书中关于模空间与可表函子的理论几乎完全是由 Grothendieck 开创的, 它的发展深受他的影响. 特此向他致敬. Grothendieck 在 1966 年得菲尔兹奖.

本书的第一版在 2004 年出版. 丁石孙教授对于本书给予了高度的重视和热情的鼓励; 北京大学出版社的邱淑清编审为本书的出版作了杰出的工作; 北京大学数学科学学院和数学研究所给予了大力支持, 在此我们对于他们深表谢意. 我们感谢北京大学张继平教授、清华大学冯克勤教授和首都师范大学李庆忠教授的支持以及北京大学出版社陈小红副编审和尹照原编辑的协助让第二版顺利出版.

本书部分原是 1975 年黎景辉在美国加大 UCLA 所开的研究生课程的讲义. 应广州中山大学出版社之约, 黎景辉与马麟俊、黎百恬整理了此讲义的初等部分, 于 1985 年交稿, 没有付印. 2000 年冬黎景辉在北大重开此课. 黎景辉与赵春来合作, 引进新资料, 完成此书.

这是第二版. 首先, 我们更正了一些由 Tex 引起的误印. 第二, 回应第一版的读者在网上的要求, 在第 1 章我们改从范畴的定义开始和增加了一节讲 Abel 范畴. 并且在第 4 章加入 2-范畴理念和补充了形变和叠的介绍. 在第 3 章加入层范畴及上同调群. 在第 7 章补上椭圆曲线的一些资料. 在第 10 章加入 Ramanujan 猜想的证明. 这对读者比较方便. 第三, 我们在适当的地方加入国内外新出的参考资料和新的诠释以增理解. 这样全书就更加完整.

本书可供数学系研究生作为教材, 也可供从事数论、代数几何等专业的数学工作者使用.

由于作者的水平有限, 加之时间仓促, 书中难免有错误和不当之处, 敬请读者给予指正和更正.

黎景辉
2013 年 5 月于首都师范大学

目 录

第 1 章 范畴 ··· 1
- §1.1 函子 ··· 1
- §1.2 可表函子 ······································ 8
- §1.3 极限 ··· 13
- §1.4 纤维范畴 ······································ 17
- §1.5 群函子 ······································· 21
- §1.6 Abel 范畴 ···································· 28

第 2 章 模空间 ······································ 43
- §2.1 粗模空间 ····································· 43
- §2.2 细模空间 ····································· 47

第 3 章 层 ··· 51
- §3.1 Grothendieck 拓扑 ··························· 51
- §3.2 层 ·· 57
- §3.3 下降法 ······································ 66
- §3.4 平坦下降 ···································· 75
- §3.5 层范畴 ······································ 90
- §3.6 位形的上同调 ································ 104

第 4 章 叠 ·· 110
- §4.1 2-范畴 ····································· 111
- §4.2 形变理论 ··································· 117
- §4.3 余切复形 ··································· 126
- §4.4 代数空间 ··································· 133
- §4.5 叠 ··· 135

第 5 章 Hilbert 函子 ······························ 139
- §5.1 Hilbert 多项式 ····························· 140
- §5.2 m-正则性 ·································· 144

§5.3　Grassmann 簇 ································· 157
§5.4　Hilbert 函子的表示 ····························· 162

第 6 章　Picard 函子 ································· 168
§6.1　Picard 群 ····································· 168
§6.2　除子 ··· 172
§6.3　Picard 函子 ··································· 178
§6.4　概形的对称积和 Jacobian ······················· 182

第 7 章　模曲线 ······································ 187
§7.1　椭圆曲线 ····································· 187
§7.2　广义椭圆曲线 ································· 203

第 8 章　微分形式 ···································· 208
§8.1　谱序列 ······································· 208
§8.2　de Rham 上同调 ······························· 212
§8.3　Gauss-Manin 联络 ····························· 215
§8.4　Kodaira-Spencer 映射 ·························· 217

第 9 章　Tate 曲线 ·································· 224
§9.1　Weierstrass 理论 ······························ 224
§9.2　p-adic 理论 ································· 239

第 10 章　模形式 ···································· 249
§10.1　模形式 ······································ 251
§10.2　Hecke 算子 ·································· 258
§10.3　Hecke 算子的特征值 ·························· 263

参考文献 ·· 267
名词索引 ·· 273

第 1 章 范　畴

Grothendieck 在他的代数几何理论中常用范畴的语言来总结一些结果. 比如, 仿射概形范畴等价于交换环范畴; 又如, 设 A 为交换环, $X = \operatorname{Spec} A$, 则 A-模范畴等价于拟凝聚 $\mathscr{O}_X$-模范畴, 并且 A 的理想对应于 X 的闭子概形.

可表函子是代数几何里的中心概念. 判定某个函子是否为可表函子是一个重要的问题. 我们将用可表函子处理模曲线问题. 本章将介绍可表函子的概念和一些基本性质.

在本书中, 除了特别声明之外, 所有的环都是指有 1 的交换环.

§1.1　函　子

1.1.1　范畴的概念

我们首先回顾范畴理论中的一些记号和基本概念.

一个**范畴** (category) $\mathfrak{C}$ 包含以下资料:

(1) 给定一个集合 $|\mathfrak{C}|$, 我们称这个集合里的元素为范畴 $\mathfrak{C}$ 的**对象**(object), 我们又记这个集合为 Obj $\mathfrak{C}$.

(2) 对应于 $|\mathfrak{C}|$ 内任一对元素 (A, B) 给定一个集合 $[A, B]_\mathfrak{C}$. 我们称这个集合里的元素为范畴 $\mathfrak{C}$ 内由 A 到 B 的**态射**(morphism). 我们又记这个集合为 $\operatorname{Hom}_\mathfrak{C}(A, B)$ 或 $\operatorname{Mor}_\mathfrak{C}(A, B)$ 或 $\mathfrak{C}(A, B)$. 我们引入记号

$$\operatorname{Mor}(\mathfrak{C}) = \bigcup_{A, B \in |\mathfrak{C}|} \operatorname{Hom}_\mathfrak{C}(A, B).$$

(3) 对应于 $|\mathfrak{C}|$ 内任意三个元素 (A, B, C) 给定一个映射

$$[B, C]_\mathfrak{C} \times [A, B]_\mathfrak{C} \to [A, C]_\mathfrak{C},$$

我们用下面的符号来记这个映射的计算:

$$(g, f) \mapsto g \circ f = gf.$$

我们称 $g \circ f$ 为态射 g, f 的**合成**(composition), 我们要求以上的资料满足以下的条件:

(a) 如果 $(A, B) \neq (C, D)$, 则 $[A, B]_{\mathfrak{C}} \cap [A, B]_{\mathfrak{C}}$ 为空集.

(b) 若 f, g, h 为范畴 $\mathfrak{C}$ 的态射并且 $(hg)f$ 是有定义的, 则 $(hg)f = h(gf)$.

(c) 对任一对象 $B \in |\mathfrak{C}|$, 存在态射 $1_B \in [B, B]_{\mathfrak{C}}$, 使得对任意的 $f \in [A, B]_{\mathfrak{C}}$ 及 $g \in [B, C]_{\mathfrak{C}}$ 都有 $1_B f = f$ 和 $g 1_B = g$.

设有范畴 $\mathfrak{C}, \mathfrak{B}$. 若 $\mathrm{Obj}\,\mathfrak{B} \subset \mathrm{Obj}\,\mathfrak{C}$, 对任意的 $A, B \in \mathrm{Obj}\,\mathfrak{B}$, $\mathrm{Hom}_{\mathfrak{B}}(A, B) \subset \mathrm{Hom}_{\mathfrak{C}}(A, B)$ 及 $\mathfrak{C}, \mathfrak{B}$ 有相同的合成映射, 则称 $\mathfrak{B}$ 为 $\mathfrak{C}$ 的**子范畴**(subcategory). 再者, 如果对任意的 $A, B \in \mathrm{Obj}\,\mathfrak{B}$ 有 $\mathrm{Hom}_{\mathfrak{B}}(A, B) = \mathrm{Hom}_{\mathfrak{C}}(A, B)$, 则称 $\mathfrak{B}$ 为 $\mathfrak{C}$ 的**全子范畴**(full subcategory).

下面举一些例子:

(1) 集合范畴 Sets 的对象就是集合. 对任意两个集合 A, B, 则 $\mathrm{Hom}_{\mathrm{Sets}}(A, B)$ 是由所有从 A 到 B 的集合映射组成的. 而 $g \circ f$ 是通常集合映射的合成.

(2) 把所有的群放在一起得到 $|\mathfrak{G}|$. 对任意两个群 A, B, 所有从 A 到 B 的群同态组成 $\mathrm{Hom}_{\mathfrak{G}}(A, B)$. $g \circ f$ 是映射的合成. 这样我们就得到了群范畴 $\mathfrak{G}$.

(3) 把所有的拓扑空间放在一起得到 $|\mathfrak{T}|$. 对任意两个拓扑空间 A, B, 所有从 A 到 B 的连续映射组成 $\mathrm{Hom}_{\mathfrak{T}}(A, B)$. $g \circ f$ 是映射的合成. 这样我们就得到了拓扑空间范畴 $\mathfrak{T}$.

(4) 把所有的拓扑群放在一起得到 $|\mathfrak{T}\mathfrak{G}|$. 对任意两个拓扑群 A, B, 所有从 A 到 B 的连续群同态组成 $\mathrm{Hom}_{\mathfrak{T}\mathfrak{G}}(A, B)$. $g \circ f$ 是映射的合成. 这样我们就得到了拓扑群范畴 $\mathfrak{T}\mathfrak{G}$.

注 在范畴论中会出现非常大的集合, 因而可能会引起逻辑的矛盾. 一个方法是引进类(class) 和集合(set). 类的元素可以是集合. 详情可见 Bourbaki, Set Theory 或讨论 von Neumann–Bernays–Gödel 集合论的教材. 一般范畴的定义假设 $\mathrm{Mor}(\mathfrak{C})$ 是一个类.

1.1.2 函子

设 $\mathfrak{C}, \mathfrak{D}$ 是两个范畴, 由 $\mathfrak{C}$ 到 $\mathfrak{D}$ 的一个 (共变 (covariant)) 函子 (functor) F 是指:

(1) 对于 $\mathfrak{C}$ 的任一对象 X, F 规定了 $\mathfrak{D}$ 中的相应的对象 $F(X)$;

(2) 设 X, Y 为 $\mathfrak{C}$ 的任意二对象. 对于任一 $f \in [X, Y]$, F 规定了 $[F(X), F(Y)]$ 中的一个元素 (态射) $F(f)$, 满足

$$F(g \circ f) = F(g) \circ F(f), \quad \forall f \in [X, Y], g \in [Y, Z]$$

以及

$$F(1_X) = 1_{F(X)}.$$

如果将上述的条件 (2) 改为

(2′) 对于任一 $f \in [X, Y]$, F 规定了 $[F(Y), F(X)]$ 中的一个元素 (态射) $F(f)$, 满足

$$F(g \circ f) = F(f) \circ F(g), \quad \forall f \in [X, Y], g \in [Y, Z]$$

以及

$$F(1_X) = 1_{F(X)},$$

则称 F 为由 $\mathfrak{C}$ 到 $\mathfrak{D}$ 的一个**反变函子** (contravariant functor).

设 $\mathfrak{C}^{\mathrm{opp}}$ 为 $\mathfrak{C}$ 的反范畴, 即规定 $\mathrm{Hom}_{\mathfrak{C}^{\mathrm{opp}}}(X, Y) = \mathrm{Hom}_{\mathfrak{C}}(Y, X)$. 则由范畴 $\mathfrak{C}$ 到范畴 $\mathfrak{D}$ 的反变函子可以视为由 $\mathfrak{C}^{\mathrm{opp}}$ 到 $\mathfrak{D}$ 的共变函子.

设 $F: \mathfrak{C} \to \mathfrak{D}$ 是一个函子. 如果存在函子

$$G: \mathfrak{D} \to \mathfrak{C},$$

满足: 对于 $\mathfrak{C}$ 的任一对象 X, $\mathfrak{D}$ 的任一对象 Y 以及所有的 $f \in [X, X']$, $g \in [Y, Y']$ (X' 为 $\mathfrak{C}$ 的任一对象, Y' 为 $\mathfrak{D}$ 的任一对象), 都有

$$G(F(X)) = X, \quad F(G(Y)) = Y, \quad G(F(f)) = f, \quad F(G(g)) = g,$$

则称 F 是由 $\mathfrak{C}$ 到 $\mathfrak{D}$ 的一个**同构** (isomorphism), 同时也称 $\mathfrak{C}$ 与 $\mathfrak{D}$ 同构.

联系两个函子的概念是"函子态射"（或"自然变换"（natural transformation））. 设 $\mathfrak{C}$ 和 $\mathfrak{D}$ 为两个范畴, F 和 G 为由 $\mathfrak{C}$ 到 $\mathfrak{D}$ 的两个函子. 由 F 到 G 的一个函子态射(functorial morphism) Φ 是指: 对于 $\mathfrak{C}$ 的任一对象 X, 给定一个态射 $\Phi_X : F(X) \to G(X)$, 使得下面的图表交换:

$$\begin{array}{ccc} F(X) & \xrightarrow{\Phi_X} & G(X) \\ {\scriptstyle F(f)}\downarrow & & \downarrow{\scriptstyle G(f)} \\ F(Y) & \xrightarrow{\Phi_Y} & G(Y) \end{array}$$

其中 X, Y 为 $\mathfrak{C}$ 的任意两个对象, f 为 X 到 Y 的任一态射. 我们记函子态射 Φ 为 $\Phi : F \to G$. 又把 $\Phi_X : F(X) \to G(X)$ 写做 $\Phi X : FX \to GX$. 当所有 Φ_X 是同构时我们说函子态射 Φ 是同构(isomorphism) 或自然同构 (natural isomorphism).

由 F 到 G 的函子态射的全体记为 $\mathrm{Hom}_{(\mathfrak{C},\mathfrak{D})}(F, G)$ 或 $[F, G]$.

利用函子态射的语言可以简化前面给出的范畴的同构定义的叙述, 还可以进一步定义范畴的等价.

我们称函子 $T : \mathfrak{C} \to \mathfrak{D}$ 为一个范畴**同构**(isomorphism), 若存在函子 $S : \mathfrak{D} \to \mathfrak{C}$, 使得

$$ST = 1_{\mathfrak{C}} \quad \text{以及} \quad 1_{\mathfrak{D}} = TS.$$

我们称函子 $T : \mathfrak{C} \to \mathfrak{D}$ 为一个范畴**等价**(equivalence), 若存在函子 $S : \mathfrak{D} \to \mathfrak{C}$ 和同构

$$ST \approx 1_{\mathfrak{C}} \quad \text{以及} \quad 1_{\mathfrak{D}} \approx TS.$$

一个函子 $T : \mathfrak{C} \to \mathfrak{D}$ 的**像**(image) 是指 $\mathfrak{D}$ 的全子范畴 $\mathfrak{C}'$ 使得 $\mathrm{Obj}\, \mathfrak{C}' = \{T(X) \mid X \in \mathrm{Obj}\, \mathfrak{C}\}$. 函子 T 的**要像** (essential image) 是指 $\mathfrak{D}$ 的全子范畴 $\mathfrak{C}''$ 使得若 $Y \in \mathrm{Obj}\, \mathfrak{D}$ 及有 $X \in \mathrm{Obj}\, \mathfrak{C}$, Y 与 $T(X)$ 同构, 则 $Y \in \mathrm{Obj}\, \mathfrak{C}''$. 若 T 的要像等于 $\mathfrak{D}$, 则称函子 T 为**要满函子**(essentially surjective functor).

我们称函子 T 是**忠实的**(faithful), 如果由任意对象 $A, B \in \mathrm{Obj}\, \mathfrak{C}$

所定义的映射

$$T: \text{Hom}_{\mathfrak{C}}(A,B) \longrightarrow \text{Hom}_{\mathfrak{D}}(T(A), T(B))$$
$$(A \xrightarrow{f} B) \longmapsto (T(A) \xrightarrow{T(f)} T(B))$$

是单射. 如果这个映射是满的, 则说函子 T 是**全的**(full).

可以证明函子 T 是等价当且仅当 T 是全忠实的, 并且是要满的.

范畴, 函子, 自然变换这些概念最早是由 Eilenberg 和 Mac Lane 在代数拓扑学的研究中引进的 (见 Relations between homology and homotopy groups of spaces, Annals of Mathematics 46 (1945), 480—509).

1.1.3 Yoneda 引理

以下讨论 "Yoneda 引理", 它在可表函子的研究中有基本的重要性.

如通常一样, 以 Sets 记集合组成的范畴. 设 $\mathfrak{C}$ 为一个范畴. 则对于任一 $X \in \text{Obj}\,\mathfrak{C}$, 有 (共变) 函子

$$h_X: \mathfrak{C}^{\text{opp}} \to \text{Sets},$$
$$Y \mapsto \text{Hom}_{\mathfrak{C}}(Y, X).$$

对于 $\mathfrak{C}^{\text{opp}}$ 中的任一态射 $f: Z \to Y (\in \text{Hom}_{\mathfrak{C}^{\text{opp}}}(Y, Z))$, h_X 在其上的作用是自然的:

$$h_X(f): \text{Hom}_{\mathfrak{C}}(Y, X) \to \text{Hom}_{\mathfrak{C}}(Z, X),$$
$$g \mapsto g \circ f.$$

当然, h_X 也是由 $\mathfrak{C}$ 到 Sets 的一个反变函子.

设 $F: \mathfrak{C} \to \text{Sets}$ 为任一反变函子, $\Phi \in [h_X, F]$ 为任一函子态射, 即对于 C 的任一对像 Y, 有范畴 Sets 中的态射

$$\Phi_Y: h_X(Y) \to F(Y),$$

使得对于任一态射 $f: Y' \to Y$, 下面的图表交换:

$$\begin{array}{ccc} h_X(Y) = [Y, X] & \xrightarrow{\Phi_Y} & F(Y) \\ {\scriptstyle h_X(f)} \downarrow & & \downarrow {\scriptstyle F(f)} \\ h_X(Y') = [Y', X] & \xrightarrow{\Phi_{Y'}} & F(Y') \end{array}$$

若取 $Y = X$, 则 $h_X(X) = [X, X]$ 中的恒同映射 1_X 在态射 Φ_X 下有像 $\Phi_X(1_X) \in F(X)$.

引理 1.1(Yoneda) 在上述记号下, 有一一对应

$$[h_X, F] \to F(X)$$
$$\Phi \mapsto \Phi_X(1_X).$$

这就是说, 由 h_X 到 F 的函子态射完全被 X 上的恒同映射在该函子态射下的像所决定.

证明 将引理中的映射记为 $\alpha: [h_X, F] \to F(X)$. 我们只需给出 α 的逆映射.

为了定义逆映射 $\beta: F(X) \to [h_X, F]$, 需要规定集合 $F(X)$ 中的任一元素 a 在 β 下的像 $\beta(a) \in [h_X, F]$, 即对于任一 $Y \in \mathrm{Obj}\, \mathfrak{C}$, 要规定 $\beta(a)_Y \in [h_X(Y), F(Y)]$. 设

$$f: Y \to X (\in h_X(Y) = \mathrm{Hom}_{\mathfrak{C}}(Y, X)),$$

定义

$$\beta(a)_Y(f) = F(f)(a).$$

我们首先说明 $\beta(a)$ 是函子态射, 即验证下面的图表交换:

$$\begin{array}{ccc} h_X(Y) = [Y, X] & \xrightarrow{\beta(a)_Y} & F(Y) \\ {\scriptstyle h_X(g)} \downarrow & & \downarrow {\scriptstyle F(g)} \\ h_X(Y') = [Y', X] & \xrightarrow{\beta(a)_{Y'}} & F(Y') \end{array}$$

其中 Y, Y' 为 $\mathfrak{C}$ 的任意两个对象, $g: Y' \to Y$ 为任一态射. 事实上, 对于任一 $k: Y \to X (\in h_X(Y))$, 有

$$F(g)(\beta(a)_Y(k)) = F(g)(F(k)(a)) = F(k \circ g)(a),$$

$$\beta(a)_{Y'}(h_X(g)(k)) = \beta(a)_{Y'}(k \circ g) = F(k \circ g)(a).$$

这就证明了图表的交换性.

下面证明 β 是 α 的逆.

一方面, 容易看出 $\alpha \circ \beta = 1_{F(X)}$. 事实上, 对于任一 $a \in F(X)$, 由 α, β 的定义以及函子的定义性质 (将恒同态射映为恒同态射), 有

$$\alpha(\beta(a)) = \beta(a)_X(1_X) = F(1_X)(a) = 1_{F(X)}(a) = a.$$

另一方面, 我们要证明 $\beta \circ \alpha = 1_{[h_X, F]}$, 即对于任一 $\Phi \in [h_X, F]$, 有 $\beta(\alpha(\Phi)) = \Phi$; 亦即对于任一 $Y \in \text{Obj} \, \mathfrak{C}$, 有 $\beta(\alpha(\Phi))_Y = \Phi_Y$. 设 $f: Y \to X (\in h_X(Y))$. 则

$$\beta(\alpha(\Phi))_Y(f) = F(f)(\alpha(\Phi)) = F(f)(\Phi_X(1_X)).$$

由于 $\Phi \in [h_X, F]$, 所以有交换图表

$$\begin{array}{ccc} h_X(X) = [X, X] & \xrightarrow{\Phi_X} & F(X) \\ {\scriptstyle h_X(f)} \downarrow & & \downarrow {\scriptstyle F(f)} \\ h_X(Y) = [Y, X] & \xrightarrow{\Phi_Y} & F(Y) \end{array}$$

故

$$F(f)(\Phi_X(1_X)) = \Phi_Y(h_X(f)(1_X)) = \Phi_Y(f).$$

于是

$$\beta(\alpha(\Phi))_Y(f) = \Phi_Y(f), \quad \forall f \in h_X(Y).$$

这就完成了引理的证明. $\square$

§1.2 可表函子

1.2.1 定义

定义 1.1 设 F 是由范畴 $\mathfrak{C}$ 到范畴 Sets 的一个反变函子. 如果存在 $X \in \mathrm{Obj}\,\mathfrak{C}$, 使得 F 与 h_X 同构, 则称 F 为**可表函子** (representable functor). F 的一个**表示** (representation) 是指一个函子同构 $\rho: h_X \to F$. 此时我们也称 F 由 X **代表** (represented by X).

说明 如果 F 是一个可表函子, 根据 Yoneda 引理可知: F 的任一表示 $\rho: h_X \to F$ 完全由 $X \in \mathrm{Obj}\,\mathfrak{C}$ 以及 $\rho_X(1_X)$ 所决定. 此时我们称 $\rho_X(1_X)$ 为 F 一个**泛元** (universal element), 记为 u_F.

下面的定理说明了泛元的泛性质.

定理 1.2 设 $\rho: h_X \to F$ 为反变函子 $F: \mathfrak{C} \to \mathrm{Sets}$ 的一个表示, $u_F = \rho_X(1_X)$ 为泛元. 则对于任一 $c \in F(Y)$ (其中 Y 为 $\mathfrak{C}$ 的任一对象), 存在唯一的态射 $f \in [Y, X]$, 使得 $c = F(f)(u_F)$.

证明 由定义, $h_X(Y) = [Y, X]$. 另一方面, 由于 $\rho: h_X \to F$ 为函子同构, 故有交换图表

$$\begin{array}{ccc} h_X(X) & \xrightarrow{\rho_X} & F(X) \\ {\scriptstyle h_X(g)}\downarrow & & \downarrow{\scriptstyle F(g)} \\ h_X(Y) & \xrightarrow{\rho_Y} & F(Y) \end{array}$$

其中 $g: Y \to X \in [Y, X]$ 为任一态射. 由于 ρ_Y 为同构, 故对于 $c \in F(Y)$, 存在 $f \in h_X(y)$, 满足 $\rho_Y(f) = c$. 显然 $f = h_X(f)(1_X)$. 于是

$$c = \rho_Y(h_X(f)(1_X)).$$

在上面的交换图表中取 $g = f$, 则有

$$c = \rho_Y(h_X(f)(1_X)) = F(f)(\rho_X(1_X)) = F(f)(u_F).$$

下面证明 f 的唯一性. 设 $g: Y \to X$ 满足 $c = F(g)(u_F)$, 则 $c = F(g)(\rho_X(1_X)) = \rho_Y(h_X(g)(1_X))$. 又有

$$c = \rho_Y(h_X(f)(1_X)),$$

故

$$\rho_Y(h_X(g)(1_X)) = \rho_Y(h_X(f)(1_X)).$$

而 ρ_Y 是同构, 所以

$$h_X(g)(1_X) = h_X(f)(1_X),$$

即 $g = f$. □

我们回顾范畴论中的一个简单的事实, 即: 所有的范畴都可以视为函子的范畴. 准确地说, 有下面的定理.

定理 1.3 设 $\mathfrak{C}$ 是一个范畴, 以 $\mathbf{Funct}(\mathfrak{C}^{\mathrm{opp}}, \mathrm{Sets})$ 记由 $\mathfrak{C}^{\mathrm{opp}}$ 到 Sets 的函子的全体. 定义态射

$$h: \mathfrak{C} \to \mathbf{Funct}(\mathfrak{C}^{\mathrm{opp}}, \mathrm{Sets}),$$
$$X \mapsto h(X) = h_X,$$
$$(X \xrightarrow{f} Y) \mapsto h(f): \begin{cases} h_X \to h_Y, \\ (Z \xrightarrow{g} X) \mapsto (Z \xrightarrow{fg} Y). \end{cases}$$

则映射

$$\mathrm{Obj}\,\mathfrak{C} \to \mathrm{Obj}\,\mathbf{Funct},$$
$$X \mapsto h_X$$

是单射, 并且 h 是**全忠实的**(fully faithful) (即对于任意的 $X, Y \in \mathrm{Obj}\,\mathfrak{C}$,

$$\mathrm{Hom}_{\mathfrak{C}}(X, Y) \to \mathrm{Hom}_{\mathbf{Funct}}(h_X, h_Y),$$
$$f \mapsto h(f)$$

都是双射).

读者可自行证明此定理.

这个定理告诉我们: 函子的概念更具有基本的重要性和普适性, 许多论述都可以用函子的语言来表达. 例如, 在代数几何中, 考虑概形范畴 Sch. 设 $V = \mathrm{Spec}\,(k[x_1,\cdots,x_n]/\mathfrak{p})$ 是代数闭域 k 上的一个仿射概形, 其中 $\mathfrak{p}$ 为多项式环 $k[x_1,\cdots,x_n]$ 的一个素理想. 则 V 的闭点对应于 $k[x_1,\cdots,x_n]$ 内包含 $\mathfrak{p}$ 的极大理想 $\mathfrak{m}$, 也就对应于 k- 代数同态:

$$k[x_1,\cdots,x_n]/\mathfrak{p} \longrightarrow k[x_1,\cdots,x_n]/\mathfrak{m}\ (=k).$$

这就是说, V 的闭点集合可以等同于概形的态射集合

$$\mathrm{Hom}_{\mathrm{Sch}}(\mathrm{Spec}\,k, V).$$

一般地, 设 X 是一个概形. 考虑由 Sch 到 Sets 的反变函子 $h_X \in$ **Funct**$(({\mathrm{Sch}})^{\mathrm{opp}},\mathrm{Sets})$, 其定义如下:

$$h_X: ({\mathrm{Sch}})^{\mathrm{opp}} \to \mathrm{Sets},$$
$$Y \mapsto \mathrm{Hom}_{\mathrm{Sch}}(Y, X),$$
$$(Y' \xrightarrow{f} Y) \mapsto (\mathrm{Hom}_{\mathrm{Sch}}(Y,X) \xrightarrow{f^*} \mathrm{Hom}_{\mathrm{Sch}}(Y',X)),$$

其中 f^* 定义为: 对于任一 $g: Y \to X (\in \mathrm{Hom}_{\mathrm{Sch}}(Y,X))$,

$$f^*(g) = g \circ f (\in \mathrm{Hom}_{\mathrm{Sch}}(Y',X)).$$

代数几何中的一个重要的问题就是: **Funct**$(({\mathrm{Sch}})^{\mathrm{opp}},\mathrm{Sets})$ 的对象 (函子) F 满足怎样的条件才能同构于 h_X (X 为某个概形)? 即在什么条件下 F 为可表函子? 如果 F 为可表函子, 则 F 便有代数几何的内涵.

下面我们给出可表函子的一个例子.

设有范畴 $\mathfrak{I}, \mathfrak{C}$ 和函子 $F: \mathfrak{I} \to \mathfrak{C}$. 对于 $X \in \mathrm{Obj}\,\mathfrak{C}$, 定义**常值函子**(constant functor) $c_X: \mathfrak{I} \to \mathfrak{C}$ 如下: 对于 $I \in \mathrm{Obj}\,\mathfrak{I}$, 令 $c_X(I) = X$; 对于 $\alpha \in \mathrm{Mor}\,\mathfrak{I}$, 令 $c_X(\alpha) = \mathrm{id}_X$. 这样就得到一个共变函子:

$$\mathfrak{C} \to \mathrm{Sets},$$
$$X \mapsto \mathrm{Hom}_{(\mathfrak{I},\mathfrak{C})}(F, c_X).$$

以 $\varinjlim F$ 记此函子. 如果此函子可表, 则存在 $L \in \mathrm{Obj}\,\mathfrak{C}$ 以及 $\phi \in \mathrm{Hom}_{(\mathfrak{J},\mathfrak{C})}(F, c_L)$, 使得对于任一函子态射 $\chi: F \to c_X$, 存在唯一的态射 $\psi: L \to X$ 满足 $\chi = c_\psi \circ \phi$. 此时有双射

$$\mathrm{Hom}_{(\mathfrak{J},\mathfrak{C})}(F, c_L) \longleftrightarrow \mathrm{Hom}_{\mathfrak{C}}(L, X).$$

我们亦以 $\varinjlim F$ 记 L (于是上面的函子态射即是 ψ), 以 **Ab** 记交换群范畴.

命题 1.4 对于任一函子 $F: \mathfrak{J} \to \mathbf{Ab}$, $\varinjlim F$ 可表.

证明 若 $\mathfrak{J}$ 内有态射 $\alpha: i \to j$, 且有 $x \in F(i)$, $y \in F(j)$ 满足 $F(\alpha)x = y$, 则将 $x - y \in F(i) \oplus F(j)$ 作为集合 E 中的元素. 以 R 记 E 在群 $\bigoplus_{i \in \mathfrak{J}} F(i)$ 中生成的子群. 取 $L = \bigoplus_{i \in \mathfrak{J}} F(i)/R$ 即可. □

1.2.2 伴随函子

与可表函子相关的一个重要的结构是伴随函子. 常常我们知道一个函子有某种性质是利用它是伴随函子.

我们说两个函子 $L: \mathfrak{B} \to \mathfrak{A}$, $R: \mathfrak{A} \to \mathfrak{B}$ 有**伴随关系**(adjunction), 如果存在自然同构

$$\rho = \rho_{BA}: \mathrm{Mor}_{\mathfrak{A}}(LB, A) \xrightarrow{\approx} \mathrm{Mor}_{\mathfrak{B}}(B, RA),$$

此同构对于 A, B 分别都是函子态射. 这就是说, 比如固定 A, 则有 $\mathfrak{B} \to \mathrm{Sets}$ 的函子 $\bullet \to \mathrm{Mor}_{\mathfrak{B}}(\bullet, RA)$ 及函子 $\bullet \to \mathrm{Mor}_{\mathfrak{A}}(L\bullet, A)$, 而 $\rho_{\bullet A}$ 是这两个函子之间的自然同构. 我们以 $\rho: L \dashv R: \mathfrak{A} \to \mathfrak{B}$ 记此伴随关系: 此时我们说 $L: \mathfrak{B} \to \mathfrak{A}$ 是 $R: \mathfrak{A} \to \mathfrak{B}$ 的**左伴随函子**(left adjoint functor), $R: \mathfrak{A} \to \mathfrak{B}$ 是 $L: \mathfrak{B} \to \mathfrak{A}$ 的**右伴随函子**(right adjoint functor).

定理 1.5 (1) 函子 $R: \mathfrak{A} \to \mathfrak{B}$ 有左伴随函子的充分必要条件是每个 $B \in \mathrm{Obj}(\mathfrak{B})$ 所决定的函子 $\mathrm{Mor}_{\mathfrak{B}}(B, R\bullet): \mathfrak{A} \to \mathrm{Sets}$ 是可表函子. 选定这个函子的代表 (记为 LB) 及表示

$$\rho_B: \mathrm{Mor}_{\mathfrak{A}}(LB, \bullet) \xrightarrow{\approx} \mathrm{Mor}_{\mathfrak{B}}(B, R\bullet),$$

则 $B \to LB$ 为函子，并且 ρ 为所求的伴随关系. 如果从别的选择而得到

$$\rho'_B : \mathrm{Mor}_{\mathfrak{A}}(L'B, \bullet) \xrightarrow{\approx} \mathrm{Mor}_{\mathfrak{B}}(B, R\bullet),$$

则存在唯一的同构 $\kappa : L \cong L'$ 使得 $\mathrm{Mor}_{\mathfrak{A}}(\kappa_B, \bullet) = \rho_B{}^{-1}\rho'_B$. 特别地，若 R 有左伴随函子，则除同构外 R 的左伴随函子是唯一决定的.

(2) 函子 $\mathrm{Mor}_{\mathfrak{B}}(B, R\bullet)$ 是可表的充分必要条件是存在具有以下泛性质的 $LB \in \mathfrak{A}$ 和 $\eta_B : B \to RLB$：对于每个 $A \in \mathrm{Obj}\,\mathfrak{A}$ 和每个 $g : B \to RA$，存在 $\mathfrak{A}$ 中唯一的 $f : LB \to A$ 使得下图表交换：

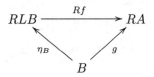

并有自然变换

$$\eta : 1 \to RL.$$

称 η 为伴随关系 $\rho : L \dashv R$ 的**单位**(unit).

(3) η 由 Yoneda 双射所决定：

$$\eta_B = \rho_{B,LB}(1_{LB}).$$

同样地，L 有右伴随函子的充分必要条件是 $\mathrm{Mor}_{\mathfrak{A}}(L\bullet, A) : \mathfrak{B}^{\mathrm{opp}} \to \mathrm{Sets}$ 均为可表函子. 于是有映射 $\epsilon_A : LRA \to A$ 满足以下的泛性质：对于 $\mathfrak{A}$ 内的每一个态射 $f : LB \to A$，存在唯一的 $g : B \to RA \in \mathrm{Mor}\,\mathfrak{B}$，使得下图表交换：

$$\begin{array}{ccc} LB & \xrightarrow{Lg} & LRA \\ & \searrow{\scriptstyle g} \swarrow{\scriptstyle \eta_A} & \\ & A & \end{array}$$

称自然同构 $\epsilon : LR \to 1$ 为此伴随关系的**余单位**(counit)，并且

$$\epsilon_A = \rho_{RA,A}^{-1}(1_{RA}).$$

我们称单位和余单位为**伴随映射**(adjunction map). 可以证明如果 $L \dashv R$, 则

(1) L 是全忠实函子当且仅当 $1 \cong RL$;

(2) R 是全忠实函子当且仅当 $LR \cong 1$.

§1.3 极　　限

1.3.1 图表

一个**定向图**(oriented graph) Σ 由两个集合 A_Σ (箭集合), V_Σ (顶点集合) 和两个映射 $o, e : A_\Sigma \to V_\Sigma$ (取箭的起点, 终点) 组成. 一个范畴 $\mathfrak{C}$ 中的 Σ-**型图表** (diagram of type Σ) D 包含下述两个资料:

(1) 如果 $i \in V_\Sigma$ (顶点), 则有 $D(i) \in \mathrm{Obj}\,\mathfrak{C}$;

(2) 如果 $a \in A_\Sigma$ (箭), 则有 $D(a) : D(o(a)) \to D(e(a)) \in \mathrm{Mor}_\mathfrak{C}$.

1.3.2 极限

设 Σ 是一个定向图, T 是范畴 $\mathfrak{C}$ 中的一个 Σ-型图表. 范畴 $\mathfrak{C}$ 的一个对象 L 是 T 的一个**极限**(limit), 如果

(1) 对每一顶点 $i \in V_\Sigma$ 存在一态射 $\lambda_i : L \to T(i)$, 使得对于任一 $a \in A_\Sigma$ 下面的图表交换:

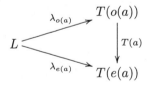

(2) 若有 $\mathfrak{C}$ 内的一组态射 $\xi_i : Y \to T(i)$ ($\forall\, i \in V_\Sigma$), 使得下面的图表交换:

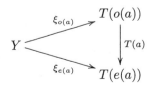

则在 $\mathfrak{C}$ 中存在唯一的态射 $f: Y \to L$ 使得下面的图表交换:

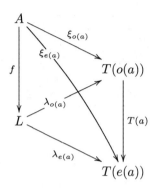

有时我们把极限 L 记为 $\lim_\Sigma T$.

极限的一个重要性质是它与右伴随函子可交换. 即如果有伴随关系 $L \dashv R$ 并且极限 $\lim_\Sigma T$ 存在, 则

$$R(\lim_\Sigma T) = \lim_\Sigma RT.$$

集合 I 上一个偏序"$\leqslant$"是具有自反性, 反对称性和传递性的二元关系. 我们可以按以下办法把一个偏序集 I 看成为一个定向图 Σ: 先把 I 看做为顶点集合 V_Σ, 然后每当 $i \leqslant j$ 时便认为有箭 $j \to i$. 这样范畴 $\mathfrak{C}$ 中的一个 Σ-型图表 M 由以下条件组成: 对于每个 $i \in I$ 有 $\mathfrak{C}$ 一个对象 M_i, 对于 I 中的每一对 $i \leqslant j$ 有 $\mathfrak{C}$ 中的一个态射 $\mu_{ji}: M_j \to M_i$. 进一步, 如果下面的两条成立:

(1) $\mu_{ji} \circ \mu_{kj} = \mu_{ki}, \forall \ i \leqslant j \leqslant k$;
(2) $\mu_{ii} = 1$ (恒同映射), $\forall \ i \in I$.

我们就称这样的图表为 $\mathfrak{C}$ 中的一个**反向系统**(inverse system):如果极限 $\lim_\Sigma M$ 存在, 我们就称之为反向系统 $\{M_i, \mu_{ji}\}$ 的**反极限**(inverse limit) (或**投射极限**(projective limit)), 通常记为 $\varprojlim_i M_i$.

1.3.3 均衡子

考虑定向图 Σ: $\circ \rightrightarrows \circ$. 这时 $\mathfrak{C}$ 中的 Σ-型图表 T 就仅是 $\mathfrak{C}$ 的一对态射 $A \underset{g}{\overset{f}{\rightrightarrows}} B$. 这个图表的极限称为 f 和 g 的**均衡子**(equaliser).

确切地说, $A \underset{g}{\overset{f}{\rightrightarrows}} B$ 的一个均衡子即是一个偶对 (K, k), 其中 K 是 $\mathfrak{C}$ 的一个对象, $k : K \to A$ 是一个态射, 满足: (1) $fk = gk$; (2) 对于所有的态射 $v : Y \to A$, 如果 $fv = gv$, 则存在唯一的态射 $w : Y \to K$ 使得 $v = kw$. 如下面的交换图所示:

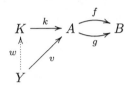

特别地, $A \underset{0}{\overset{f}{\rightrightarrows}} B$ 的均衡子称为 f 的**核**(kernel)(如果 $\mathfrak{C}$ 有零对象).

1.3.4 积

一个**积**(product) (也称为**直积**(direct product)) 是由没有箭的定向图所定义的图表的极限. 确切地说, 如果 $\{A_i\}_{i \in I}$ 是范畴 $\mathfrak{C}$ 中的一组对象, 则这组对象的积是 $\mathfrak{C}$ 的一个对象 X 连带着一组态射 $\mathrm{pr}_i : X \to A_i$, 使得对于任意一组态射 $\{f_i : Y \to A_i\}$, 存在唯一的态射 $f : Y \to X$ 满足 $\mathrm{pr}_i f = f_i$:

其中 $\{A_i\}_{i \in I}$ 的积记为 $\prod_i A_i$.

例如, 设 $\mathfrak{C}$ 是一个范畴并且设 $S \in \mathrm{Obj}\, \mathfrak{C}$. 我们可以构造一个新的范畴 $\mathfrak{C}_S$, 其对象是

$$\bigcup_{A \in \mathfrak{C}} \mathrm{Mor}_{\mathfrak{C}}(A, S).$$

态射是交换图

则 $\mathfrak{C}_S$ 中的"积"对应着"S 上的纤维积".

1.3.5 余极限

余极限是通过把极限定义中的箭方向反转而得到的. 这就是说, 设 Σ 是一个定向图, T 是范畴 $\mathfrak{C}$ 中的一个 Σ-型图表, 为了给出 $T : \Sigma \to \mathfrak{C}$ 的**余极限**(colimit) 我们需要 $\mathfrak{C}$ 的一个对象 C 以及对于 Σ 的每一个顶点 i 给定一个态射 $\lambda_i : C \leftarrow T(i)$, 使得对于任意的箭 $a \in A_\Sigma$ 下面的图交换:

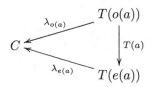

我们还要求: 若有任意一组态射 $\xi_i : A \leftarrow T(i)$ 满足 $\xi_{o(a)} = \xi_{e(a)} \circ T(a)$, $\forall a \in A_\Sigma$, 则存在唯一的态射 $f : A \leftarrow C$ 使得所有的图交换. 我们把其中的细节留给读者去补充. 有时我们把余极限 C 记为 $\mathrm{colim}_\Sigma T$.

余极限的一个重要性质是它与左伴随函子可交换. 即如果有伴随 $L \dashv R$ 并且余极限 $\mathrm{colim}_\Sigma T$ 存在, 则

$$L(\mathrm{colim}_\Sigma T) = \mathrm{colim}_\Sigma LT.$$

对于任一给定的偏序集 $(I, \leqslant)$, 我们可以构建一个定向图 Σ, 即把 I 作为顶点集合, 并且当 $i \leqslant j$ 时认为有箭 $i \to j$. 所谓 $\mathfrak{C}$ 中的以 I 为指标集的**正向系统**(direct system) $\{M_i, \rho_{ij}\}$ 是指 $\mathfrak{C}$ 中的一组对象 $\{M_i : i \in I\}$ 连同 $\mathfrak{C}$ 中的一组态射 $\rho_{ij} : M_i \to M_j$ ($\forall i \leqslant j$), 满足:

(1) $\rho_{jk} \circ \rho_{ij} = \rho_{ik}, \forall i \leqslant j \leqslant k$;

(2) $\rho_{ii} = 1$ (恒同映射), $\forall i \in I$.

余极限 $\mathrm{colim}_\Sigma T$ 称为正向系统 $\{M_i, \rho_{ij}\}$ 的**正极限**(direct limit) (或**归纳极限**(inductive limit)), 记为 $\varinjlim_i M_i$.

余极限的一个例子是 $A \underset{g}{\overset{f}{\rightrightarrows}} B$ 的**余均衡子**(co-equaliser), 它是具有以下两条性质的态射 $c : B \to C$: (i) $cf = cg$; (ii) 对于任一满足

$vf = vg$ 的态射 $v: B \to Y$，存在唯一的态射 $w: C \to Y$ 使得 $v = wc$：

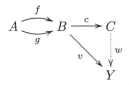

$A \underset{g}{\overset{f}{\rightrightarrows}} B$ 的余均衡子称为 f 的**余核**(cokernel).

如果我们在积的定义中把箭都反转过来，就得到余积. 详言之，设 $\{A_j\}_{j \in I}$ 是范畴 $\mathfrak{C}$ 中的一组对象，则这组对象的**余积**(coproduct) (或**直和**(direct sum)) 是 $\mathfrak{C}$ 中的一个对象连带着一组态射 $\iota_j: X \leftarrow A_j$，使得对于任意一组态射 $\{f_j: Y \leftarrow A_j\}$，存在唯一的态射 $f: Y \leftarrow X$ 满足 $f \iota_j = f_j$:

$\{A_j\}_{j \in I}$ 的余积记做 $\coprod_{i \in I} A_i$.

§1.4 纤维范畴

1.4.1 纤维范畴

在 Grothendieck 的理论子中常常见到这样的构造：固定一个范畴 $\mathfrak{E}$. 若有函子
$$\mathfrak{F} \xrightarrow{p} \mathfrak{E},$$
则称 $\mathfrak{F}$ 为 $\mathfrak{E}$ **上的范畴** (category over $\mathfrak{E}$).

设有 $\mathfrak{E}$ 上的范畴 $\mathfrak{G} \xrightarrow{q} \mathfrak{E}$ 以及函子 $\mathfrak{F} \xrightarrow{f} \mathfrak{G}$. 如果 f 满足条件 $qf = p$，则称 f 为 $\mathfrak{E}$-函子. 由 $\mathfrak{F}$ 到 $\mathfrak{G}$ 的 $\mathfrak{E}$-函子的全体记为 $\mathrm{Hom}_{\mathfrak{E}}(\mathfrak{F}, \mathfrak{G})$.

设 $\mathfrak{F}, \mathfrak{G}$ 同上，$f, g: \mathfrak{F} \to \mathfrak{G}$ 为两个 $\mathfrak{E}$-函子. 如果函子态射 $u: f \to g$ 满足条件：对于任意的 $\xi \in \mathrm{Obj}\,\mathfrak{F}$ 有
$$q(u(\xi)) = \mathrm{id}_{p(\xi)},$$

则称 u 为 $\mathfrak{E}$-同态.

$\mathfrak{E}$ 上的两个范畴 $\mathfrak{F} \to \mathfrak{E}$ 和 $\mathfrak{G} \to \mathfrak{E}$ 的 **纤维积** (fibred product) 是指一个范畴 (记为 $\mathfrak{F} \times_{\mathfrak{E}} \mathfrak{G}$) 以及两个函子

$$\mathfrak{F} \times_{\mathfrak{E}} \mathfrak{G} \xrightarrow{pr_1} \mathfrak{F}, \quad \mathfrak{F} \times_{\mathfrak{E}} \mathfrak{G} \xrightarrow{pr_2} \mathfrak{G},$$

使得对于 $\mathfrak{E}$ 上任一范畴 $\mathfrak{H} \to \mathfrak{E}$ 都有双射

$$\mathrm{Hom}_{\mathfrak{E}}(\mathfrak{H}, \mathfrak{F} \times_{\mathfrak{E}} \mathfrak{G}) \leftrightarrow \mathrm{Hom}_{\mathfrak{E}}(\mathfrak{H}, \mathfrak{F}) \times \mathrm{Hom}_{\mathfrak{E}}(\mathfrak{H}, \mathfrak{G}),$$
$$h \mapsto (pr_1 \circ h, \ pr_2 \circ h).$$

若有函子 $\mathfrak{E}' \to \mathfrak{E}$, 则称 $\mathfrak{F} \times_{\mathfrak{E}} \mathfrak{E}' \to \mathfrak{E}'$ 是从 $\mathfrak{F} \to \mathfrak{E}$ 通过**基变换** (base change) 得到的.

设 $\mathfrak{F} \xrightarrow{p} \mathfrak{E}$ 同上, $S \in \mathrm{Obj}\, \mathfrak{E}$. 则得到只含有一个对象的范畴 $\{S\}$ 以及包含函子 $\{S\} \to \mathfrak{E}$. 以 $\mathfrak{F}_S$ (或 $\mathfrak{F}/S$) 记纤维积 $\mathfrak{F} \times_{\mathfrak{E}} \{S\}$, 称之为 $\mathfrak{F}$ 在 S 上的**纤维** (fibre). 具体地说,

$$\mathrm{Obj}(\mathfrak{F}_S) = \{ X \in \mathrm{Obj}\, \mathfrak{F} \mid p(X) = S \},$$

$\mathfrak{F}_S$ 的态射是使得 $p(u) = \mathrm{id}_S$ 的 $\mathfrak{F}$ 的态射 u.

设有函子 $\mathfrak{G} \xrightarrow{p} \mathfrak{E}$, 并设有 $\mathfrak{G}$ 内的态射 $\phi: y \to x$. 记

$$U = p(x), \quad V = p(y), \quad f = p(\phi).$$

如果对于任一 $y' \in \mathrm{Obj}\, \mathfrak{G}_V$ 以及任一 f-态射 $u: y' \to x$ (即 $p(u) = f$), 存在唯一的 $\mathfrak{G}_V$ 内的态射 $\bar{u}: y' \to y$, 使得

$$u = \phi \circ \bar{u},$$

则称 ϕ 是**卡氏态射** (cartesian morphism).

定义 1.2 设 $\mathfrak{E}$ 是一个范畴. 又设 $p: \mathfrak{G} \to \mathfrak{E}$ 是 $\mathfrak{E}$ 上的范畴. 一个**强卡氏态射** (strongly cartesian morphism) 是指 $\mathfrak{G}$ 的态射 $\phi: y \to x$, 使得对于任一 $z \in \mathrm{Obj}\, \mathfrak{G}$, 由 $\chi \longmapsto (\phi \circ \chi, p(\chi))$ 给出的映射

$$\mathrm{Mor}_{\mathfrak{G}}(z, y) \longrightarrow \mathrm{Mor}_{\mathfrak{G}}(z, x) \times_{\mathrm{Mor}_{\mathfrak{E}}(p(z), p(x))} \mathrm{Mor}_{\mathfrak{E}}(p(z), p(y))$$

都是双射, 参见下图.

§1.4 纤维范畴 19

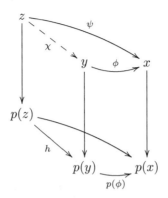

注意, 根据 Yoneda 引理, 对于给定的位于 $U \in \mathrm{Obj}\,\mathfrak{C}$ 之上的 $x \in \mathrm{Obj}\,\mathfrak{S}$ 和 $\mathfrak{C}$ 的态射 $f : V \to U$, 如果存在强卡氏态射 $\phi : y \to x$ 满足 $p(\phi) = f$, 则 (y, ϕ) 在除唯一同构外是唯一的. 这可以从上面的定义清楚地看出, 因为函子

$$z \longmapsto \mathrm{Mor}_{\mathfrak{S}}(z, x) \times_{\mathrm{Mor}_{\mathfrak{C}}(p(z), U)} \mathrm{Mor}_{\mathfrak{C}}(p(z), V)$$

仅依赖于 $(x, U, f : V \to U)$. 因此当有映至 x 的强卡式态射是 $f : V \to U$ 的提升时, 我们用 $V \times_U x \to x$ 或 $f^*x \to x$ 记此强卡式提升, 意思是 $f^*x \to x$ 是强卡式态射并且 $p(f^*x \to x) = f$.

定义 1.3 设 $\mathfrak{C}$ 是一个范畴. 又设 $p : \mathfrak{S} \to \mathfrak{C}$ 是 $\mathfrak{C}$ 上的范畴. 我们称 $\mathfrak{S}$ 是 $\mathfrak{C}$ 上的**纤维范畴**(fibred category), 如果对于任一给定的位于 $U \in \mathrm{Obj}\,\mathfrak{C}$ 之上的 $x \in \mathrm{Obj}\,\mathfrak{S}$ 和 $\mathfrak{C}$ 的任一态射 $f : V \to U$, 存在位于 f 之上的强卡氏态射 $f^*x \to x$.

设 $p : \mathfrak{S} \to \mathfrak{C}$ 是一个纤维范畴. 对于任一 $f : V \to U$ 和 $x \in \mathrm{Obj}\,\mathfrak{S}_U$, 按定义, 我们可以选择位于 f 之上的强卡氏态射 $f^*x \to x$. 根据选择公理, 我们可以对于所有的 $f : V \to U = p(x)$ 同时选择 $f^*x \to x$.

定义 1.4 设 $p : \mathfrak{S} \to \mathfrak{C}$ 是一个纤维范畴.

(1) 如果对于 $\mathfrak{C}$ 的任一态射 $f : V \to U$ 和任一 $x \in \mathrm{Obj}\,\mathfrak{S}_U$ 使 $p(x) = U$, 我们选择一个位于 f 之上的强卡氏态射 $f^*x \to x$, 则我

们称这样的选择为纤维范畴 $p: \mathfrak{S} \to \mathfrak{C}$ 的一个**拉回的选择**(choice of pullbacks).

(2) 对于 $\mathfrak{C}$ 的任一态射 $f: V \to U$, 一个拉回的选择决定拉回函子 (pullback functor) $f^*: \mathfrak{S}_U \to \mathfrak{S}_V$.

"**拉回的选择**"可能是一个非标准的术语. 在有些书中称之为**劈裂**(cleavage or cleaving).

以上就是 Grothendieck 将拓扑学中的基本概念纤维丛 (fibre bundle)(见参考文献 Steenrod[Ste 51]) 推广到代数几何中来的方法 (见参考文献 Grothendieck 等 [SGA 1], VI, §6).

1.4.2 S-概形范畴及相对可表函子

在 Grothedieck 理论中重要的对象是态射. 为了方便于思考而引入了相对概形. 固定一个概形 S 为基. S 上的一个**相对概形**(relative scheme) 是指一个概形态射 $X \to S$.

设 S 为概形. 所谓 S-**概形范畴**(category of schemes over S) (记为 Sch$/S$) 是指: Obj (Sch$/S$) 由 S 上的所有相对概形所组成; 若 $X \to S$ 和 $Y \to S$ 属于 Obj (Sch$/S$), 则 $\mathrm{Hom}_{\mathrm{Sch}/S}(X,Y)$ 为所有交换图表

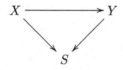

组成的集合.

读者将会看到这是本书的一个中心概念, 也是上一小节所述的范畴纤维 $\mathfrak{F}_S$ 的一个特例.

若 $T \to S$ 为 S-概形, 我们常以 T 记由 T 所表示的函子 $X \to \mathrm{Hom}_{\mathrm{Sch}/S}(X,T)$, 即把 $\mathrm{Hom}_{\mathrm{Sch}/S}(X,T)$ 记为 $T(X)$. 我们又常以 Hom_S 记 $\mathrm{Hom}_{\mathrm{Sch}/S}$.

设有函子 $F, G:$ (Sch$/S$)$^{\mathrm{opp}} \to$ Sets, 函子态射 $u: F \to G$, S-概形 T, 以及函子态射 $v: T \to G$ (此处, 像上面刚刚所说的, 将 T 视为

T 所表示的函子). 则对于 T-概形 U (U 自然也是 S-概形), 有

$$u_U : F(U) \to G(U),$$
$$v_U : T(U) \to G(U).$$

于是有 $F(U) \times_{(G(U))} T(U)$, 记之为 $F_T(U)$. 如果对于任一 S-概形 T, F_T 都被某个 T-概形 R_T 所表示, 我们就说 F 是通过 (G, u) **相对可表的** (relatively representable). 此时投射 $F \times_G T \to T$ 便可看做 Sch/S 内的态射 $R_T \xrightarrow{u_T} T$. 我们就用 u_T 的性质定义 u 的性质, 例如, 当我们说 "u 是**开浸入**(open immersion)" 时, 意即: 对于所有的 S-概形 T, 函子态射 $T \to G$ 所决定的 u_T 是开浸入.

§1.5 群　函　子

群概形是本书的一个中心课题, 我们用可表函子介绍这一概念. 详细的讨论见 [LCZ 06] 代数群引论, 第二篇.

1.5.1 群对象

设范畴 $\mathfrak{C}$ 中存在有限积, 即: 对于任意有限多个对象 $A_1, \cdots, A_n \in \mathrm{Obj}\,\mathfrak{C}$, 存在 $X \in \mathrm{Obj}\,\mathfrak{C}$ 及态射

$$pr_i : X \to A_i \ (i = 1, 2, \cdots, n),$$

使得对于任意一组态射 $f_i : Y \to A_i$ $(i = 1, 2, \cdots, n)$, 存在唯一的态射 $Y \to X$ 满足条件: $pr_i \circ f = f_i$ ($\forall\, i = 1, 2, \cdots, n$). 我们常把这样的 X 记为 $A_1 \times A_2 \times \cdots \times A_n$. 空积(empty product) 常记为 S, 即 S 为 $\mathfrak{C}$ 的**终对象**(terminal object 或 final object), 意为: 对于任一 $T \in \mathrm{Obj}\,\mathfrak{C}$, 存在唯一的态射 $0_T : T \to S$.

定义 1.5　设有 $G \in \mathrm{Obj}\,\mathfrak{C}$, 以及态射 $m : G \times G \to G$, $\varepsilon : S \to G$, $\iota : G \to G$. 我们称 $(G, m, \varepsilon, \iota)$ 为 $\mathfrak{C}$ 的**一个群对象** (group object), 如果以下三个图表都交换:

(1) 结合律:

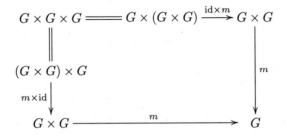

(2) 左单位律:

$$G \xrightarrow{(0_G,\mathrm{id})} S \times G \xrightarrow{\varepsilon \times \mathrm{id}} G \times G \xrightarrow{m} G$$

其中斜边为 id。

(3) 左逆律:

$$\begin{array}{ccc} G & \xrightarrow{(\iota,\mathrm{id})} & G \times G \\ {\scriptstyle 0_G}\downarrow & & \downarrow{\scriptstyle m} \\ S & \xrightarrow{\varepsilon} & G \end{array}$$

若群对象 G 还满足以下的交换图表, 则称之为**交换群对象** (abelian group object):

$$G \times G \xrightarrow{(pr_2,\ pr_1)} G \times G$$

两条斜边均为 m,交于 G。

1.5.2 群函子

以 $\mathfrak{Gr}$ 记**群范畴** (category of groups), 即 Obj $\mathfrak{Gr}$ 由所有的群组成的; 对于 $G, G' \in$ Obj $\mathfrak{Gr}$, $\mathrm{Hom}_{\mathfrak{Gr}}(G, G')$ 为从 G 到 G' 的所有群同态组成的集合.

设范畴 $\mathfrak{C}$ 中存在有限积. 由 $\mathfrak{C}$ 到 $\mathfrak{Gr}$ 的反变函子称为**群函子**(group functor). 设
$$\mathcal{G}: \mathfrak{C} \to \mathfrak{Gr}$$
是一个群函子. 若 $T \in \mathrm{Obj}\,\mathfrak{C}, \mathcal{G}(T)$ 是群, 于是有群运算
$$m_T: \mathcal{G}(T) \times \mathcal{G}(T) \to \mathcal{G}(T);$$
若 $u: T' \to T$ 是 $\mathfrak{C}$ 内的态射, 则 $\mathcal{G}(u): \mathcal{G}(T) \to \mathcal{G}(T')$ 是群同态, 即以下的图表交换:

$$\begin{array}{ccc} \mathcal{G}(T) \times \mathcal{G}(T) & \xrightarrow{m_T} & \mathcal{G}(T) \\ {\scriptstyle \mathcal{G}(u) \times \mathcal{G}(u)} \downarrow & & \downarrow {\scriptstyle \mathcal{G}(u)} \\ \mathcal{G}(T') \times \mathcal{G}(T') & \xrightarrow{m_{T'}} & \mathcal{G}(T') \end{array}$$

设 $\mathcal{G}, \mathcal{G}'$ 是由 $\mathfrak{C}$ 出发的两个群函子, 则**群函子同态**(homomorphism of group functors) φ 是指函子态射 $\varphi: \mathcal{G} \to \mathcal{G}'$. 这就是说, 对于任一 $T \in \mathfrak{C}$, 给出一个群同态 $\varphi_T: \mathcal{G}(T) \to \mathcal{G}'(T)$, 且对于 $\mathfrak{C}$ 内的任一态射 $u: T' \to T$, 下面的图表交换:

$$\begin{array}{ccc} \mathcal{G}(T) & \xrightarrow{\varphi_T} & \mathcal{G}'(T) \\ {\scriptstyle \mathcal{G}(u)} \downarrow & & \downarrow {\scriptstyle \mathcal{G}'(u)} \\ \mathcal{G}(T') & \xrightarrow{\varphi_{T'}} & \mathcal{G}'(T') \end{array}$$

命题 1.6 设范畴 $\mathfrak{C}$ 内存在有限积.
(1) 若 G 是 $\mathfrak{C}$ 的群对象, 则函子 $h_G: \mathfrak{C} \to \mathrm{Sets}$ 有分解

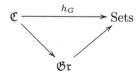

(2) 若 $G \in \mathrm{Obj}\,\mathfrak{C}$ 使得 h_G 有如上图表的分解, 则 G 是 $\mathfrak{C}$ 的群对象.

说明 此命题说明"可表群函子"与"群对象"一一对应.

证明 (1) 设 G 为群对象. 又设 $T \in \mathrm{Obj}\ \mathfrak{C}$, $g_1, g_2 \in h_G(T)$. 按有限积的定义, g_1, g_2 对应于唯一的 $g_0 \in h_{G \times G}(T)$. 我们定义态射

$$m_T: h_G(T) \times h_G(T) \to h_G(T),$$
$$(g_1, g_2) \mapsto m(g_0),$$

其中 $m: G \times G \to G$ 是群对象定义所给出的态射. 由群对象的定义中交换图可知 $h_G(T)$ 是群.

设 $u: T' \to T$ 为 $\mathfrak{C}$ 内的态射, 则有态射

$$h_G(u): h_G(T) \to h_G(T'),$$
$$g \mapsto g \circ u.$$

由交换图表

$$\begin{array}{ccccc}
h_G(T) \times h_G(T) & \longleftarrow & h_{G \times G}(T) & \xrightarrow{m_T} & h_G(T) \\
\downarrow & & \downarrow & & \downarrow \\
h_G(T') \times h_G(T') & \longleftarrow & h_{G \times G}(T') & \xrightarrow{m_{T'}} & h_G(T')
\end{array}$$

易知 $h_G(u)$ 是群同态.

(2) 设 h_G 为群函子. 于是对于 $T \in \mathrm{Obj}\ \mathfrak{C}$ 有群运算

$$m_T: h_G(T) \times h_G(T) \to h_G(T).$$

取

$$m = m_{G \times G}(pr_1, pr_2): G \times G \to G.$$

以 S 记 $\mathfrak{C}$ 的空积. 以 ε 记群 $h_G(S)$ 的单位元. 对于任一 $T \in \mathrm{Obj}\ \mathfrak{C}$, 群 $G(T)$ 的取逆运算给出的态射

$$h_G(T) \to h_G(T),$$
$$g \mapsto g^{-1}$$

就决定了 h_G 到自身的一个函子态射, 此态射定义了 $\mathfrak{C}$ 内的态射 $\iota: G \to G$ (因为 h 是全忠实的). 请读者自己验证 $(G, m, \varepsilon, \iota)$ 是 $\mathfrak{C}$ 的群对象. $\square$

1.5.3 群概形

一个 S-**群概形**(group scheme) 是指 Sch/S 内的一个群对象. 关于群概形的介绍请参看 [LCZ 06] 代数群引论 (请注意 Abel 簇 (abelian variety) 与仿射代数群 (affine algebraic groups) 是两回事 (见参考文献 [LCZ 06] 代数群引论).

我们介绍几个例子. 设 R 是交换环, $S = \mathrm{Spec}\, R$, A 为 R-代数, $G = \mathrm{Spec}\, A$. 则"G 为 S-概形"相当于要求存在 R-代数同态

$$\tilde{m}: A \to A \otimes_R A, \quad \tilde{\varepsilon}: A \to R, \quad \tilde{\iota}: A \to A$$

满足群对象的定义中相应的交换图表 (留意: 应当把所有的箭头倒向). 在下面的例子中我们还假设 B 为 R-代数, $T = \mathrm{Spec}\, B$.

例 1.1 $G_a = \mathrm{Spec}(R[u])$ (u 为变元), $\tilde{m}(u) = u \otimes 1 + 1 \otimes u$, $\tilde{\varepsilon}(u) = 0$, $\tilde{\iota}(u) = -u$, $G_a(B) = \mathrm{Hom}_{R\text{-代数}}(R[u], B) = B$.

例 1.2 $G_m = \mathrm{Spec}(R[u, u^{-1}])$ (u 为变元), $\tilde{m}(u) = (u \otimes 1)(1 \otimes u)$, $\tilde{\varepsilon}(u) = 1$, $\tilde{\iota}(u) = u^{-1}$, $G_m(B) = B^\times$ ($B^\times$ 为 B 中乘法可逆元组成的乘法群).

例 1.3 设 X 为 (乘法) 交换群, $R[X] = \bigoplus_{x \in X} Rx$ 为 X 的群 R-代数. 令 $D(X) = \mathrm{Spec}(R[X])$, $\tilde{m}(x) = x \otimes x$, $\tilde{\varepsilon}(x) = 1$, $\tilde{\iota}(x) = x^{-1}$. 则有

$$D(X)(T) = \mathrm{Hom}_{\text{交换群}}(X, B^\times).$$

将 $\mathbb{Z}$ 看做乘法群 $u^\mathbb{Z}$ (u 为变元), 则 $R[\mathbb{Z}] = R[u, u^{-1}]$, 于是 $D(\mathbb{Z}) = G_m$.

以 μ_n 记 $D(\mathbb{Z}/n\mathbb{Z})$, 则类似地有

$$\mu_n = \mathrm{Spec}(R[u]/(u^n - 1)), \quad \mu_n(T) = \{b \in B \mid b^n = 1\}.$$

例 1.4 以 $\mathbb{F}_p$ 记 p 元有限域. 假设对于任意的 $\mathfrak{p} \in \mathrm{Spec}\, R$, 局部环 $R_\mathfrak{p}$ 为 $\mathbb{F}_p$-向量空间. 令 $\alpha_{p^n} = \mathrm{Spec}(R[u]/u^{p^n})$, $\tilde{m}(u) = u \otimes 1 + 1 \otimes u$, $\tilde{\varepsilon}(u) = 0$, $\tilde{\iota}(u) = -u$. 则 $\alpha_{p^n}(T) = \{b \in B \mid b^{p^n} = 0\}$.

例 1.5 设有集合 X 及概形 S. X 所决定的 S-概形是指

$$X_S = \coprod_{x \in X} S_x,$$

其中 $S_x = S$. (概形的和见: EGA I Chap 1 § 3.1.) 又设 T 为 S- 概形, 则 $\mathrm{Hom}_{\mathrm{Sch}/S}(T, X_S)$ 中的任一元素 f 由 T 的子集 $U_x = f^{-1}(S_x)$, $x \in X$ 完全决定, 这里 $\{U_x \mid x \in X\}$ 是 T 的无交开覆盖. 由于 S 是范畴 Sch/S 的终对象, 所以态射 f 的限制 $f|_{U_x}$ 是从 U_x 到 $S = S_x$ 的唯一态射. 于是覆盖 $\{U_x\}$ 唯一地由局部常值函数

$$\varphi: T \to X,$$
$$t \mapsto x \quad (t \in U_x)$$

所决定. 这使得我们可以把 $X_S(T)$ 看做所有局部常值函数 $\varphi: T \to X$ 所组成的集合.

现在设 X 是交换群. 依据上述观点, X 的群结构诱导出 $X_S(T)$ 的群结构:

$$\varphi_1\varphi_2(t) = \varphi_1(t)\varphi_2(t),$$

其中 φ_1 和 φ_2 为 T 到 X 的局部常值函数. 因此 h_{X_S} 是群函子. 由命题 1.6 知 X_S 是 S- 群概形, 我们称之为 X 所确定的**常值 S-群概形**(constant S-group scheme).

1.5.4 有限平坦群概形

有限平坦群概形是现代数论的核心概念之一, 其主要的例子是交换群的 N 阶扭点群概形.

概形 S 上的**有限平坦群概形**(finite flat group scheme) 一般是指 S 上的概形范畴 Sch/S 中的交换群对象 $G \xrightarrow{\pi} S$, 其中 π 是有限、平坦、局部有限展示的态射, 即 π 是仿射态射且 $\pi_*(\mathscr{O}_G)$ 是有限秩的局部自由 $\mathscr{O}_S$-模. G 在点 $s \in S$ 的**阶**(order) 是指 $k(s)$-向量空间 $G \times_S k(s)$ 的维数 ($k(s)$ 是点 s 处的剩余域). G 的阶是 S 上的局部常值函数. 事实上, 可以选取 S 的仿射开覆盖 $\{U_i\}_{i \in I}$ 使得 $G/U_i \to U_i$ 可以写成

Spec $A_i \to$ Spec R_i, 其中 A_i 是有限秩的自由 R_i-模. 则 $\forall\, s \in U_i$, G 在点 s 的阶就等于 A_i 的秩.

通常我们固定 G 的阶为常值. 我们可以作如下的考虑: 设 $\mathscr{A}$ 为局部自由秩 r 的 $\mathscr{O}_S$-代数层. 又设有 $\mathscr{O}_S$-代数同态

$$\tilde{m}: \mathscr{A} \to \mathscr{A} \otimes_{\mathscr{O}_S} \mathscr{A}, \quad \tilde{\varepsilon}: \mathscr{A} \to \mathscr{O}_S, \quad \tilde{\iota}: \mathscr{A} \to \mathscr{A},$$

满足群对象定义中的相应的交换图表 (把所有的箭头倒向). 则 $G =$ Spec $\mathscr{A}$ 是 r 阶有限平坦 S-概形 (关于 Spec $\mathscr{A}$ 的定义见参考文献 Grothendieck 和 Dieudonné [EGA II], §1.3).

例 1.6 设 R 为交换环, $S = $ Spec R. 又设 X 是 n 阶交换群. 则 X 的群 R-代数 $R[X]$ 是 n 秩自由 R-模. 所以 $D(X) = $ Spec $R[X]$ 是 n 阶有限平坦 S-概形. 另一方面, 由 X 到 R 的所有函数构成一个交换环 A, 常值 S-群概形就是 Spec A. 而 A 是有限秩的自由 R-模, 故 X_S 是有限平坦 S-群概形.

有限平坦群概形有很多重要的性质, 请参见 [LCZ 06] 代数群引论及此书所引的参考文献, 特别是 [Bre 00], [Kis 092].

1.5.5 有限型概形的商

考虑定义在集合 X 上的等价关系 R. 由等价类组成的集合记为 X/R. 若 X 有代数结构, 则一个自然的问题是: X/R 有怎样的代数结构? 例如, 若 X 是概形, X/S 可否是概形? 若是, 则问: X/S 可否紧化 (compactify)? 以上这些都是模理论 (moduli theory) 中的基本问题, 一般都是很难解决的, 甚至还远没有答案. Mumford 获奖的工作 (参考文献 Mumford [Mum 65]) 是一个成功的例子. 在代数群理论中这是一个求 "商" (quotient) 的问题. 对于定义在域上的仿射代数群求商是比较容易解决的, 见 Borel 的教科书 (参考文献 Borel [Bor 91]).

固定一个概形 S. 设 X 为 S-概形, H 为 S-群概形. 又设 H 作用在 X 上, 即存在一个态射 $\alpha: X \times_S H \to X$, 使得对于任意的 S-概形 T,

$$h_X(T) \times h_H(T) \to h_X(T)$$

满足条件
$$x \cdot (h_1 \cdot h_2) = (x \cdot h_1) \cdot h_2$$
及
$$x \cdot 1 = x \ (\forall \ x \in h_X(T), h_1, h_2 \in h_H(T)).$$
我们还假设
$$(\mathrm{id}, \alpha): \ X \times_S H \to X \times_S X$$
是闭浸入, 并且对于任一 $x \in X$, 存在开仿射集 U_x, 使得 $x \cdot H \subset U_x$. 我们称态射 $f: X \to Y$ 在轨道上取常值, 如果
$$f \circ \alpha = f \circ pr_1,$$
其中 $pr_1: X \times H \to X$ 是对第一个因子的投射.

定理 1.7 设 S 是局部 Noether 概形, $X \to S$ 是有限型的, $H \to S$ 是有限平坦的. 又设 H 作用在 X 上并且满足上述条件. 则存在满足以下条件的态射 $u: X \to Y$:

(1) u 在轨道上取常值;

(2) 对于任一在轨道上取常值的态射 $v: X \to Z$, 存在唯一的态射 $f: Y \to Z$ 满足 $v = f \circ u$;

(3) 对于任一 S- 概形 T, $X(T)/H(T) \to Y(T)$ 是单射.

此定理中的 Y 称为 X 除以 H 的商(quotient), 记为 X/H. 这是 Grothendieck 的定理 (见参考文献 Grothendieck 等 [SGA 3, I, Exp V]; [LCZ 06] 代数群引论, 第二篇第一章 1.10 节).

§1.6 Abel 范畴

本节介绍 Abel 范畴和导函子. 详情参看 [Gro 56], [Gab 62], [Ver 67], [BBD 82].

Abel (阿贝尔) (1802—1829 年) 是挪威数学家. 为了纪念 Abel, 挪威政府宣布从 2003 年开始每年颁发一次 Abel 奖. 设立 Abel 奖的主要目的是扩大数学的影响, 吸引年轻人从事数学研究. 奖金的数额大致

同诺贝尔奖相近. 设立此奖的一个原因也是因为诺贝尔奖没有数学奖项. Abel 奖被视为数学界最高荣誉之一.

1.6.1 加性范畴

称 $P \in \mathfrak{C}$ 为**终对象**(terminal object), 若对任意 $A \in \mathrm{Obj}\,\mathfrak{C}$ 存在唯一态射 $A \to P$. 称 $Q \in \mathfrak{C}$ 为**始对象**(initial object), 若对任意 $A \in \mathrm{Obj}\,\mathfrak{C}$ 存在唯一态射 $Q \to A$. 如果 $Z \in \mathfrak{C}$ 同时为始对象和终对象, 则称 Z 为**零对象**(zero object).

若 $\mathfrak{C}$ 有零对象, 则任何二零对象之间存在唯一同构. 因此我们可以选定一个零对象, 并记之为 $0_{\mathfrak{C}}$ 或 0.

设范畴 $\mathfrak{C}$ 有零对象, 则对于 $\mathfrak{C}$ 的任意二对象 A 和 B, 存在唯一态射 0_{AB} 使得下图交换:

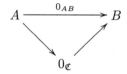

称 0_{AB} 为 A, B 之间的**零态射**(zero morphism).

给定两个单态射 $u : U \to A$ 和 $v : V \to A$, 我们称 $u \geqslant v$, 如果存在态射 $v_1 : V \to U$ 使得下面的图交换:

如果这样的 v_1 存在, 则可以证明它是唯一的并且是一个单态射. 如果进一步假设存在 $v \geqslant u$ 使得下图交换:

则 u_1 和 v_1 都是同构, 这是因为 $v \cdot 1_V = v = uv_1 = vu_1v_1$, 由 v_1 是单态射即知 $1_V = v_1u_1$. 类似地有 $1_U = u_1v_1$.

如果 $u: U \to A$ 和 $v: V \to A$ 满足 $u \geqslant v$ 并且 $v \geqslant u$, 我们就称 u 和 v 是**等价的**(equivalent).

对于单态射的任一等价类取定一个代表, 譬如说 $u: U \to A$, 我们称 (U, u) 为 A 的一个**子对象**(subobject). 把上面的箭头都反转过来, 我们就定义了**商对象**(quotient object) 的概念.

一个**加性范畴**(additive category) 是具有下述性质的范畴 $\mathfrak{A}$:

(1) 对于 $\mathfrak{A}$ 中的所有对象 L, M 和 N, 集合 $\mathrm{Hom}(L, M)$ 都是 Abel 群, 并且合成映射

$$\mathrm{Hom}(L, M) \times \mathrm{Hom}(M, N) \to \mathrm{Hom}(L, N)$$

都是 $\mathbb{Z}$-双线性的;

(2) $\mathfrak{A}$ 有零对象 $0_{\mathfrak{A}}$;

(3) 对于 $\mathfrak{A}$ 中的任意两个对象 L 和 M, 积 $L \prod M$ 和余积 $L \coprod M$ 都存在.

加性范畴 $\mathfrak{A}$ 到 $\mathfrak{B}$ 的一个函子 $F: \mathfrak{A} \to \mathfrak{B}$ 被称为**加性函子**(additive functor), 如果映射

$$F: \mathrm{Hom}_{\mathfrak{A}}(L, M) \to \mathrm{Hom}_{\mathfrak{B}}(F(L), F(M))$$

是 $\mathbb{Z}$-线性的.

一个态射 $u: L \to M$ 的**核**(kernel) 是 u 与零态射的均衡子. u 的**余核**(cokernel) 是 u 与零态射的余均衡子. 也就是说, u 的核与余核是用下面的图表所定义的:

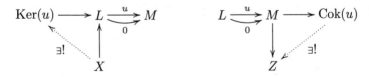

由此可得出如下引理:

§1.6 Abel 范畴

引理 1.8 核是单态射, 余核是满态射.

证明 设 $k: K \to A$ 是态射 $f: A \to B$ 的核. 这特别地意味着 $fk = 0$. 假设有 $w_1, w_2: Y \to K$ 使得 $kw_1 = kw_2$. 我们只需证明 $w_1 = w_2$. 观察图

$$Y \underset{w_2}{\overset{w_1}{\rightrightarrows}} K \xrightarrow{k} A.$$

令 $v = kw_1$. 则 $fv = fkw_1 = 0w_1 = 0$. 由核的定义知, 存在唯一的态射 $w: Y \to K$ 使得 $v = kw$.

$$K \xrightarrow{k} A \xrightarrow{f} B$$

但这意味着 $w_1 = w = w_2$. 这就证明了本引理的第一个论断. 第二个论断的证明类似 (只需要把各处的箭头反转). □

如果 $k: K \to A$ 是 $f: A \to B$ 的一个核, 我们将常常把 K 记成 $\mathrm{Ker}(f)$ (作为 A 的子对象), 并且用图表

$$\mathrm{Ker}(f) \longrightarrow A \underset{0}{\overset{f}{\rightrightarrows}} B$$

表示核. 对于余核, 像和余像也都作同样的处置.

引理 1.9 假设加性范畴中的一个态射 $u: L \to M$ 有核 $k: K \to L$ 和余核 $c: M \to C$. 如果 $\mathrm{Cok}(k)$ 和 $\mathrm{Ker}(c)$ 都存在, 则存在唯一的态射 $\mathrm{Cok}(k) \to \mathrm{Ker}(c)$.

证明 先证存在性. 考虑

$$K \xrightarrow{k} L \xrightarrow{u} M \xrightarrow{c} C$$

首先, 由于 $k: K \to L$ 是核, 我们有 $uk = 0$. 于是根据 $\mathrm{Cok}(k)$ 的定义, 存在态射 $u': \mathrm{Cok}(k) \to M$ 使得 $u = u'\lambda$. 现在用 c 作用于此式的

两端，并且注意到 c 是 u 的余核，我们得到 $cu'\lambda = cu = 0 = 0\lambda$. 于是 $cu' = 0$，这因为 λ 是满态射. 最后，由 $\mu : \text{Ker}(c) \to M$ 的定义知，存在态射 $\text{Cok}(k) \to \text{Ker}(c)$.

再证唯一性. 假设 $\mu\bar{u}\lambda = u = \mu u'\lambda$. 由于 λ 是满态射，我们有 $\mu\bar{u} = \mu u'$. 又由于 μ 是单态射，所以 $\bar{u} = u'$. □

如果范畴 $\mathfrak{A}$ 中的每一个态射都有核和余核，我们就可以定义态射 $u : L \to M$ 的**像** (image) 为

$$\text{Img}(u) = \text{Ker}(M \to \text{Cok}(u)),$$

以及**余像**(coimage) 为

$$\text{Coim}(u) = \text{Cok}(\text{Ker}(u) \to L).$$

这样，从态射 $u : L \to M$ 出发就得到下面的图表：

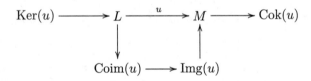

它定义了关于 u 的典范态射 $\text{Coim}(u) \to \text{Img}(u)$.

定义 1.6 一个加性范畴 $\mathfrak{A}$ 称为 **Abel 范畴**(abelian category)，如果它满足以下两个条件：

(1) AB1 - $\mathfrak{A}$ 中的每一个态射都有核和余核；

(2) AB2 - 对于 $\mathfrak{A}$ 中的任一个态射 $u : L \to M$in $\mathfrak{A}$，典范态射 $\text{Coim}(u) \to \text{Img}(u)$ 都是同构.

设 R 为交换环，定义范畴 $\mathfrak{M}_R$ 如下. 取 $\text{Obj}\,\mathfrak{M}_R$ 为所有的 R-模. 若 A, B 为 R-模，取 $\text{Hom}_{\mathfrak{M}_R}(A, B)$ 为所有从 A 到 B 的 R-线性映射. $\mathfrak{M}_R$ 是 Abel 范畴. 这是 Abel 范畴的典型例子.

回想一个范畴被称为**小范畴**(small category)，如果它的对象和态射的全体实际上都是集合，而不是**类**(class).

定理 1.10 (Mitchell 嵌入定理) 任何一个小 Abel 范畴都可以在一个保持核与余核的函子下 (作为子范畴) 全嵌入到一个环上的模的小范畴.

1.6.2 正合序列

引理 1.11 设

$$L \xrightarrow{u} M \xrightarrow{v} N$$

是 Abel 范畴 $\mathfrak{A}$ 中态射的序列. 如果 $vu = 0$, 则存在一个典范的态射 $\mathrm{Img}(u) \to \mathrm{Ker}(v)$.

证明 由 $\mathrm{Cok}(u)$ 的定义和 $vu = 0$ 我们有映射 $\mathrm{Cok}(u) \to N$:

[图]

根据 $\mathrm{Img}(u)$ 的定义, 它就是 $\mathrm{Ker}(M \to \mathrm{Cok}(u))$, 即有

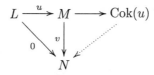

态射 $u: L \to M$ 总可以通过 $\mathrm{Img}(u) \to M$ 分解. 把以上这些放在一起, 我们有

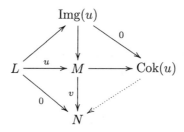

这就是说, 态射 $\mathrm{Img}(u) \to M \xrightarrow{v} N$ 是零. 于是, $\mathrm{Ker}(v)$ 的定义性质就

给出了我们所要求的态射 $\mathrm{Img}(u) \to \mathrm{Ker}(v)$:

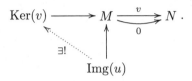

引理得证. □

定义 1.7 在 Abel 范畴 $\mathfrak{A}$ 中的序列

$$L \xrightarrow{u} M \xrightarrow{v} N$$

称为**正合序列**(exact sequence), 如果 $vu = 0$ 并且典范态射 $\mathrm{Img}(u) \to \mathrm{Ker}(v)$ 是同构 (此时我们说 $\mathrm{Ker}(v) = \mathrm{Img}(u)$ (作为 M 的子对象)).

一个**短正合序列**(short exact sequence) 是指一个序列

$$0 \to L \xrightarrow{u} M \xrightarrow{v} N \to 0,$$

其中 $L \xrightarrow{u} M \xrightarrow{v} N$ 是正合的, u 是单态射以及 v 是满态射.

设 $\mathfrak{A}$ 和 $\mathfrak{B}$ 均为 Abel 范畴. 我们说函子 $F: \mathfrak{A} \to \mathfrak{B}$ 是**左正合函子**(left exact functor), 如果 F 把任意的正合序列 $0 \to A \to B \to C \to 0$ 映为正合序列 $0 \to FA \to FB \to FC$. 同样, 我们说 F 是**右正合函子**(right exact functor), 如果 F 把上面的正合序列映为正合序列 $FA \to FB \to FC \to 0$. 我们说 F 是**正合函子**(exact functor), 如果 F 同时是左, 右正合函子. 我们指出: Abel 范畴必为加性范畴; 正合函子必为加性函子.

1.6.3 商范畴

一个 Abel 范畴 $\mathfrak{A}$ 的全子范畴 $\mathfrak{S}$ 被称为**厚子范畴**(thick subcategory) 或 **Serre 子范畴**(Serre subcategory), 如果对于 $\mathfrak{A}$ 中的任一短正合序列

$$0 \to L \xrightarrow{u} M \xrightarrow{v} N \to 0,$$

M 是 $\mathfrak{S}$ 的对象当且仅当 L, N 都是 $\mathfrak{S}$ 的对象.

我们按以下方式引入一个范畴 $\mathfrak{A}/\mathfrak{S}$, 它被称为 $\mathfrak{A}$ 关于 $\mathfrak{S}$ 的**商范畴**(quotient category).

$\mathfrak{A}/\mathfrak{S}$ 的对象与 $\mathfrak{A}$ 的对象完全相同.

设 $M, N \in \operatorname{Obj} \mathfrak{A}$, M' (相应地, N') 是 M (相应地, N) 的子对象. 典范映射
$$i_{M'}^{M} : M' \to M, \quad p_{N/N'}^{N} : N \to N/N'$$
定义了一个线性映射
$$\operatorname{Hom}_{\mathfrak{A}}(i_{M'}^{M}, p_{N/N'}^{N}) : \operatorname{Hom}_{\mathfrak{A}}(M, N) \to \operatorname{Hom}_{\mathfrak{A}}(M', N/N').$$

当 M', N' 取遍 M 和 N 的所有 (使得 M/M' 和 N' 都是 $\mathfrak{S}$ 的对象) 子对象时, 全部的 Abel 群 $\operatorname{Hom}_{\mathfrak{A}}(M', N/N')$ 定义了一个正向系统. 我们现在定义
$$\operatorname{Hom}_{\mathfrak{A}/\mathfrak{S}}(M, N) := \varinjlim_{M', N'} \operatorname{Hom}_{\mathfrak{A}}(M', N/N').$$

对于 $M \in \mathfrak{A}$, 如果 $\mathfrak{A}/\mathfrak{S}$-同构 $M' \to M$ 组成的范畴有始对象 $I \to M$, 则
$$\operatorname{Hom}_{\mathfrak{A}/\mathfrak{S}}(M, N) = \operatorname{Hom}_{\mathfrak{A}}(I, N).$$

下面要做的就是定义合成律:
$$\operatorname{Hom}_{\mathfrak{A}/\mathfrak{S}}(M, N) \times \operatorname{Hom}_{\mathfrak{A}/\mathfrak{S}}(N, P) \to \operatorname{Hom}_{\mathfrak{A}/\mathfrak{S}}(M, P).$$

任取 $\bar{f} \in \operatorname{Hom}_{\mathfrak{A}/\mathfrak{S}}(M, N)$ 以及 $g \in \operatorname{Hom}_{\mathfrak{A}/\mathfrak{S}}(N, P)$. 设 $\bar{f}$ 是 $f : M' \to N/N'$ 的像, 其中 M', N' 满足 $M/M', N' \in \operatorname{Obj} \mathfrak{S}$; 又设 $\bar{g}$ 是 $g : N'' \to P/P'$ 的像, 其中 N'', P' 满足 $N/N'', P' \in \operatorname{Obj} \mathfrak{S}$. 令
$$M'' = f^{-1}((N'' + N')/N'), \quad P'' = P' + g(N'' \cap N'),$$
则 $M/M'', P'' \in \operatorname{Obj} \mathfrak{S}$. 设
$$f' : M'' \to (N'' + N')/N', \quad g' : N''/N'' \cap N' \to P/P''$$

分别是由 f,g 所诱导的. 我们还有典范态射

$$c: N'' + N'/N' \to N''/N'' \cap N'.$$

令 $h = g'cf'$. 则 h 在 $\text{Hom}_{\mathfrak{A}/\mathfrak{S}}(M,P)$ 中的像 $\bar{h}$ 仅依赖于 $\bar{f}, \bar{g}$. 我们把合成 $\bar{g} \circ \bar{f}$ 定义为 $\bar{h}$.

可以验证 $\mathfrak{A}/\mathfrak{S}$ 是 Abel 范畴,并且可以验证函子 $T: \mathfrak{A} \to \mathfrak{A}/\mathfrak{S}$ (它把 $M \in \text{Obj}\,\mathfrak{A}$ 映到 M,把态射 $f: M \to N$ 映到它在 $\text{Hom}_{\mathfrak{A}/\mathfrak{S}}(M,N)$ 中的像) 是加性的并且是正合的. 进一步,如果 $\mathfrak{D}$ 是 Abel 范畴, $G: \mathfrak{A} \to \mathfrak{D}$ 是一个正合函子使得 $G(M)$ 是零对象 ($\forall\ M \in \text{Obj}\,\mathfrak{S}$),则存在唯一的函子 $H: \mathfrak{A}/\mathfrak{S} \to \mathfrak{D}$ 使得 $G = H \circ T$.

1.6.4 分式范畴

设 $S \subset \text{Mor}\,\mathfrak{C}$ 为范畴 $\mathfrak{C}$ 内的一组态射. 则存在范畴 $\mathfrak{C}[S]^{-1}$ 以及 (关于 S 的局部化) 函子 $Q: \mathfrak{C} \to \mathfrak{C}[S]^{-1}$,使得

(1) 对所有的 $s \in S$, $Q(s)$ 均为同构;

(2) 若有函子 $F: \mathfrak{C} \to \mathfrak{D}$ 使得所有的 $F(s)$ ($s \in S$) 均为同构. 则有唯一的函子 $G: C[S]^{-1} \to \mathfrak{D}$ 使得 $F = G \circ Q$.

我们说 $\mathfrak{C}[S]^{-1}$ 是 $\mathfrak{C}$ 关于 S 的局部化而得的**分式范畴**(fractional category), Q 是**局部化函子**(localization functor). 我们像构造分式环时一样引进乘性系.

定义 1.8 设 $\mathfrak{C}$ 为范畴, $S \subset \text{Mor}\mathfrak{C}$. 若 S 满足以下条件,则称 S 为 $\mathfrak{C}$ 的一个**乘性系**(multiplicative system) 或**局部化系**(localizing system):

(1) $\text{id}_X \in S$ ($\forall X \in \text{Obj}\,\mathfrak{C}$). 若 $s, t \in S$ 且 $s \circ t \in \text{Mor}\,\mathfrak{C}$,则 $s \circ t \in S$.

(2) 设 $f, g: X \to Y$ 为 $\mathfrak{C}$ 内的态射. 则存在 $s \in S$ 使得 $sf = sg$ 当且仅当存在 $t \in S$ 使得 $ft = gt$.

(3) $\mathfrak{C}$ 内的态射图

$(s \in S)$ 必可扩张为 $\mathfrak{C}$ 内态射交换图

$$\begin{array}{ccc} W & \longrightarrow & Z \\ {}_t\downarrow & & \downarrow{}_s \\ X & \xrightarrow{f} & Y \end{array}$$

其中 $t \in S$. 同样 $\mathfrak{C}$ 内的态射图

$(u \in S)$ 必可扩张为 $\mathfrak{C}$ 内态射交换图

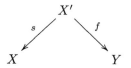

其中 $v \in S$.

现在假定 S 为 $\mathfrak{C}$ 的乘性系. 固定 $X, Y \in \mathrm{Obj}\,\mathfrak{C}$. 以 (s,f) 记以下态射图:

$$\begin{array}{ccc} & X' & \\ {}^s\swarrow & & \searrow{}^f \\ X & & Y \end{array}$$

其中 $s \in S$, $f \in \mathrm{Mor}\,\mathfrak{C}$. 我们引入 "~" 关系如下: $(s,f) \sim (t,g)$ 当且仅当存在 (r,h) 使得下图表交换:

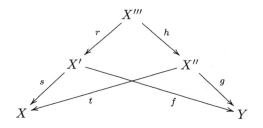

可以证明 ∼ 是等价关系. 我们以 $\langle s, f \rangle$ 或 $\langle X \xleftarrow{s} X' \xrightarrow{f} Y \rangle$ 记 (s, f) 的等价类. 设有态射

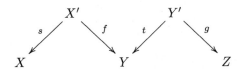

其中 $s, t \in S$. 按 S 满足的条件 (2), 有交换图

即有

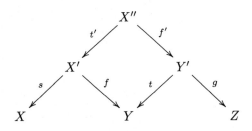

于是有

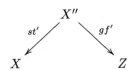

我们定义等价类的合成为

$$\langle t, g \rangle \circ \langle s, f \rangle = \langle st', gf' \rangle.$$

可以证明此定义与等价类的代表选取无关.

命题 1.12 设 S 为 $\mathfrak{C}$ 的乘性系. 则可取范畴 $\mathfrak{C}[S]^{-1}$ 的对象为 $\mathrm{Obj}\,\mathfrak{C}[S]^{-1} = \mathrm{Obj}\,\mathfrak{C}$; 对于 $X, Y \in \mathrm{Obj}\,\mathfrak{C}[S]^{-1}$, 取 $\mathrm{Hom}_{\mathfrak{C}[S]^{-1}}(X, Y)$ 为

所有等价类 $\langle X \xleftarrow{s} X' \xrightarrow{f} Y \rangle$ 组成的类; $\mathfrak{C}[S]^{-1}$ 中态射的合成如上定义. 局部化函子 $Q: \mathfrak{C} \to \mathfrak{C}[S]^{-1}$ 在态射上的作用为

$$Q(X \xrightarrow{f} Y) = \langle X \xleftarrow{\mathrm{id}} X \xrightarrow{f} Y \rangle.$$

1.6.5 复形

设 $\mathfrak{A}$ 为 Abel 范畴. $\mathfrak{A}$ 的一个**上链复形**(complex) 是指 $\mathfrak{A}$ 的一组对象 $X^\bullet = (X^n)_{n \in \mathbb{Z}}$, 并且配备有态射 $d_X^n: X^n \to X^{n+1}$ 使得 $d_X^{n+1} d_X^n = 0 \ (\forall\, n \in \mathbb{Z})$.

一个**复形态射**(complex morphism) $f: X^\bullet \to Y^\bullet$ 是 $\mathfrak{A}$ 内的一组态射 $f^n: X^n \to Y^n$, 满足条件 $f^{n+1} d_X^n = d_Y^n f^n$.

我们称 n 为 X_n 或 d_n 的**次数** (degree).

我们定义**复形范畴**(complex category) $C(\mathfrak{A})$ 的对象为 $\mathfrak{A}$ 的复形, $C(\mathfrak{A})$ 的态射为 $\mathfrak{A}$ 的复形态射.

设 $\mathfrak{A}$ 为 Abel 范畴, $C(\mathfrak{A})$ 为 $\mathfrak{A}$ 的复形范畴. 定义**平移函子** (translation functor) $T: C(\mathfrak{A}) \to C(\mathfrak{A})$ 如下: 设 $X^\bullet = (X^i, D_X^i)$ 为复形, 则令 $(TX)^i = X^{i+1}$, $d_{TX}^i = -d_X^i$. 设有态射 $f = (f^i): X^\bullet \to Y^\bullet$, 则令 $(Tf)^i = -f^{i+1}$. 像前面一样, 令 $X[n]^i = X^{n+i}$, $d_{X[n]} = (-1)^n d_X$.

我们说复形 $X^\bullet$ **有下界**(bounded below), 如果存在负整数 n_0 使得 $X^n = 0 \ (\forall\, n \leqslant n_0)$. 以有下界的复形为对象的 $C(\mathfrak{A})$ 的全子范畴记为 $C^+(\mathfrak{A})$. 同样可以定义有上界的复形. 如果一个复形既有上界又有下界我们便称它为有界的. 以有上界的复形为对象的全子范畴记为 $C^-(\mathfrak{A})$. 以有界复形为对象的全子范畴记为 $C^b(\mathfrak{A})$.

设有 Abel 范畴 $\mathfrak{A}$ 的复形 $X^\bullet, Y^\bullet$ 以及 $\mathfrak{A}$ 的一组态射 $k = (k^n)$, 其中 $k^n: X^n \to Y^{n-1}$. 定义 $h^n \in \mathrm{Hom}_{\mathfrak{A}}(X^n, Y^n)$ 为

$$h^n = k^{n+1} d_X^n + d_Y^{n-1} k^n: \ X^n \to Y^n.$$

则

$$(h^n) = h = kd + dk: \ X^\bullet \to Y^\bullet$$

为复形态射. 我们称这样得到的 h 为同伦于零的, 记为 $h \sim 0$.

我们称 $f,g \in \mathrm{Mor}C(\mathfrak{A})$ 为同伦的,如果 $f-g \sim 0$。

1.6.6 导范畴

设 $\mathfrak{A}$ 为 Abel 范畴, $C(\mathfrak{A})$ 为 $\mathfrak{A}$ 的复形范畴, $X^\bullet \in \mathrm{Obj}\,(C(\mathfrak{A}))$。定义 $X^\bullet$ 的 n 次上同调为

$$H^n(X^\bullet) = \mathrm{Cok}(\mathrm{Img}(d_X^{n-1}) \to \mathrm{Ker}(d_X^n))。$$

显然 $H^n(X^\bullet) = H^0(X^\bullet[n])$。易证 $H^n : C(\mathfrak{A}) \to \mathfrak{A}$ 为加性函子。并且,如果 $f: X^\bullet \to Y^\bullet$ 同伦于零,则 $H^n(f)$ 为零态射。

我们称 $f: X^\bullet \to Y^\bullet$ 为**拟同构** (quasi-isomorphism),如果对于所有的 n, $H^n(f)$ 是同构。

设 $\mathfrak{A}$ 为 Abel 范畴。对于 $f: X^\bullet \to Y^\bullet \in \mathrm{Mor}C(\mathfrak{A})$,以 $[f]$ 记 f 的同伦类(即 $[f] = \{g \in \mathrm{Mor}C(\mathfrak{A}) \mid g \sim f\}$)。我们定义范畴 $K(\mathfrak{A})$ 如下:$\mathrm{Obj}\,K(\mathfrak{A}) = \mathrm{Obj}\,C(\mathfrak{A})$;对于 $X^\bullet, Y^\bullet \in \mathrm{Obj}\,C(\mathfrak{A})$,定义

$$\mathrm{Hom}_{K(\mathfrak{A})}(X^\bullet, Y^\bullet) = \{[f] \mid f \in \mathrm{Hom}_{C(\mathfrak{A})}(X^\bullet, Y^\bullet)\}。$$

亦可把 $K(\mathfrak{A})$ 看做 $C(\mathfrak{A})$ 的商范畴。

从 $C^+(\mathfrak{A})$, $C^-(\mathfrak{A})$, $C^b(\mathfrak{A})$ 出发可以同样定义 $K^+(\mathfrak{A})$, $K^-(\mathfrak{A})$ 和 $K^b(\mathfrak{A})$。

如果 $f,g \in \mathrm{Mor}C(\mathfrak{A})$ 是同伦的,则 $H^n(f) = H^n(g)$。因此可以定义 $H^n([f])$。我们说 $[f]$ 是**拟同构**(quasi-isomorphism),如果对于所有的 n, $H^n([f])$ 是同构。$K(\mathfrak{A})$ 中全体拟同构所组成的类常记做 Qis。可以证明 Qis 为 $K(\mathfrak{A})$ 的乘性系。

以上对于 $K^+(\mathfrak{A})$, $K^-(\mathfrak{A})$ 和 $K^b(\mathfrak{A})$ 同样成立。

设 $\mathfrak{A}$ 为 Abel 范畴, $K(\mathfrak{A})$ 内的拟同构类 Qis 为乘性系。可以对 $K(\mathfrak{A})$ 作关于 Qis 的局部化,得出分式范畴 $K(\mathfrak{A})[\mathrm{Qis}]^{-1}$。记此分式范畴为 $\mathfrak{D}(\mathfrak{A})$。由构造过程得有函子 $Q: C(\mathfrak{A}) \to D(\mathfrak{A})$。可以证明:

(1) 如果 $f \in \mathrm{Mor}C(\mathfrak{A})$ 为拟同构,则 $Q(f)$ 为同构,

(2) 若有函子 $F: C(A) \to \mathfrak{D}$ ($\mathfrak{D}$ 为某范畴) 满足: F 将拟同构映为同构,则存在唯一的函子 $G: \mathfrak{D}(\mathfrak{A}) \to \mathfrak{D}$ 使得 $F = G \circ Q$。

同样由 $K^*(\mathfrak{A})$ 可以得出 $\mathfrak{D}^*(\mathfrak{A})$, 其中 $*$ 分别为 $+,-,b$. 称 $\mathfrak{D}(\mathfrak{A})$ 和 $\mathfrak{D}^*(\mathfrak{A})$ 为**导范畴**(derived category).

1.6.7　导函子

设 $\mathfrak{A}$ 和 $\mathfrak{B}$ 为 Abel 范畴, $F: \mathfrak{A} \to \mathfrak{B}$ 为加性左正合函子. F 的**右导函子**(right derived functor) 是指满足以下泛性质的 (RF, ε_F), 其中 $RF: \mathfrak{D}^+(\mathfrak{A}) \to \mathfrak{D}^+(\mathfrak{B})$ 与平移函子交换 $(RF \circ T = T \circ RF)$, $\varepsilon_F: Q_{\mathfrak{B}} \circ K^+(F) \to RF \circ Q_{\mathfrak{A}}$ 为函子态射:

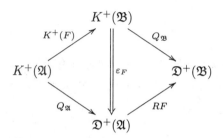

我们所要求的泛性质是: 对于任一与平移函子交换的函子 $G: \mathfrak{D}^+(\mathfrak{A}) \to \mathfrak{D}^+(\mathfrak{B})$ 和任一函子态射 $\varepsilon: Q_{\mathfrak{B}} \circ K^+(F) \to G \circ Q_{\mathfrak{A}}$, 存在唯一的函子态射 $\eta: RF \to G$ 使得下图交换:

$$\begin{array}{ccc} Q_{\mathfrak{B}} \circ K^+(F) & \xrightarrow{\varepsilon_F} & RF \circ Q_{\mathfrak{A}} \\ & \searrow{\varepsilon} & \downarrow{\eta \circ Q_{\mathfrak{A}}} \\ & & G \circ Q_{\mathfrak{A}} \end{array}$$

以上的泛性质可以叙述如下: 如果 $G: \mathfrak{D}^+(\mathfrak{A}) \to \mathfrak{D}^+(\mathfrak{B})$ 与平移函子交换, 则 ε_F 决定双射

$$\mathrm{Hom}(RF, G) \to \mathrm{Hom}(Q_{\mathfrak{B}} \circ K^+(F), G \circ Q_{\mathfrak{A}}).$$

同样, 加性右正合函子 F 的**左导函子**(left derived functor) 是函子 $LF: \mathfrak{D}^-(\mathfrak{A}) \to \mathfrak{D}^-(\mathfrak{B})$ 及函子态射 $\varepsilon_F: LF \circ Q_{\mathfrak{A}} \to Q_{\mathfrak{B}} \circ K^-(F)$ 使得下面的映射为双射:

$$\mathrm{Hom}(G, LF) \to \mathrm{Hom}(G \circ Q_{\mathfrak{A}}, Q_{\mathfrak{B}} \circ K^-(F)).$$

我们称 Abel 范畴 $\mathfrak{A}$ 的对象 I 为**内射对象**(injective object), 如果以下条件成立: 对于 $\mathfrak{A}$ 内的任一单态射 $0 \to A \xrightarrow{f} B$ 及任一态射 $\alpha: A \to I$, 存在态射 $\beta: B \to I$, 使得 $\alpha = \beta \circ f$.

我们说 $\mathfrak{A}$ 有**足够内射对象**(enough injectives), 如果对于任一 $A \in \operatorname{Obj} \mathfrak{A}$, 存在内射对象 I 及单态射 $0 \to A \to I$.

设 $X \in \operatorname{Obj} \mathfrak{A}$. X 的一个**内射分解**(injective resolution) 是指一个复形 $I^\bullet \in C(\mathfrak{A})$ 满足条件: 若 $i < 0$, 则 $I^i = 0$; 所有的 I^i 均为内射对象以及有态射 $X \to I^0$ 使得下面的序列正合:

$$0 \longrightarrow X \longrightarrow I^0 \xrightarrow{d_I^0} I^1 \xrightarrow{d_I^1} I^2 \xrightarrow{d_I^2} \cdots .$$

若 $\mathfrak{A}$ 有足够内射对象, 则 $\mathfrak{A}$ 的任一对象都有内射分解.

设 $\mathfrak{A}$ 和 $\mathfrak{B}$ 为 Abel 范畴, $F: \mathfrak{A} \to \mathfrak{B}$ 为加性左正合函子. 设 $\mathfrak{A}$ 有足够内射对象. 考虑以下函子:

$$D(\mathfrak{A}) \to K(\mathfrak{A}): X^\bullet \mapsto I(X^\bullet) \quad (\text{内射分解}),$$
$$F: K(\mathfrak{A}) \to K(\mathfrak{B}),$$
$$K(\mathfrak{B}) \to D(\mathfrak{B}).$$

把以上三个函子合成为 $RF: D(\mathfrak{A}) \to D(\mathfrak{B})$. 可以证明这个 RF 就是 F 的右导函子 (见 [LCZ 06]《代数群引论》附录 B 定理 B.4.4).

第一部系统讨论导范畴和导函子的著作是 1996 年发表的 Grothendieck 的学生 Verdier 的 1967 年博士论文 [Ver 67].

第 2 章 模 空 间

在数学研究中, 我们常把研究对象分类. 例如, 考虑偶对 (E,P), 其中 E 为椭圆曲线, P 为 E 的点, P 生成 E 的 N 阶子群. 将这样的偶对的同构类记为 Y. 我们把 Y 看做参数空间. 可以问 Y 有怎样的数学结构, 比如, Y 是否为流形或概形? 我们常把具有代数结构的参数空间称为模参数空间或模空间. 本章我们以向量空间为例介绍模空间的概念.

§2.1 粗 模 空 间

设 k 是一个代数闭域, n 是一个固定的正整数. 考虑 k 上的所有 n 维向量空间 V 连同 V 上的一个线性变换 T 所组成的偶对的集合

$$\mathcal{V} = \{(V,T) \mid V 为 k 上的 n 维向量空间, T\colon V \to V 为线性变换\}.$$

在 $\mathcal{V}$ 上规定等价关系 "$\sim$" 如下: $(V,T) \sim (V',T')$ 当且仅当存在同构 $A\colon V \to V'$ 使得下面的图表交换:

$$\begin{array}{ccc} V & \xrightarrow{T} & V \\ \downarrow{A} & & \downarrow{A} \\ V' & \xrightarrow{T'} & V' \end{array}$$

(V,T) 所在的等价类记为 $[(V,T)]$. 以 $\mathcal{V}/\sim$ 记所有等价类组成的集合. 我们的问题是: 是否存在代数簇 M, 使得 M 是所有同构类 $[(V,T)] \in (\mathcal{V}/\sim)$ 的参数空间? 当然, 我们还希望 M 与 $\mathcal{V}/\sim$ 之间的一一对应有比较好的代数性状. 为了准确地叙述这个问题, 需要回忆向量空间的 "代数族" 的概念. 设 S 是代数闭域 k 上的一个代数簇 (algebraic variety). k 上的 n 维向量空间 (连同其上的线性变换) 在 S 上的**代数**

族(algebraic family) 是指 S 上的秩为 n 的局部自由层 $\mathscr{E}$ 连同 $\mathscr{E}$ 到自身的态射 $T: \mathscr{E} \to \mathscr{E}$, 记为 $(\mathscr{E}, T)/S$.

说明 假设存在 k 上的代数簇 M, 其闭点集与 $\mathcal{V}$ 一一对应. 则对于 S 的任一闭点 s, $(\mathscr{E} \otimes k(s), T \otimes k(s))$ 是 $\mathcal{V}$ 中的元素, 其中 $k(s)$ 是 s 处的剩余域, $\mathscr{E} \otimes k(s)$ 和 $T \otimes k(s)$ 意为: 设 U 是 S 的包含 s 的任一开集, $\mathscr{O}_S(U)$ 是 S 的结构层在 U 上的限制, 则规定

$$\mathscr{E} \otimes k(s) := \mathscr{E}(U) \otimes_{\mathscr{O}_S(U)} k(s),$$
$$T \otimes k(s) := T|_U \otimes_{\mathscr{O}_S(U)} k(s).$$

不难看出, 这两个规定与 U 的选取无关. 于是, 等价类 $[(\mathscr{E} \otimes k(s), T \otimes k(s))]$ 对应于 M 的一个闭点 m.

进一步, 我们要求:

($*$) 在此说明中的对应 $s \mapsto m$ 是由代数簇 S 到 M 的态射给出的, 而且 M 还是唯一的.

此要求的确切叙述如下: 首先引入 (共变) 函子

$$F: (\mathbf{Var}/k)^{\mathrm{opp}} \to \mathrm{Sets},$$
$$S \mapsto [(\mathscr{E}, T)/S], \tag{2.1}$$

其中 $\mathbf{Var}/k$ 为 k 上的代数簇范畴, $(\mathbf{Var}/k)^{\mathrm{opp}}$ 为 $\mathbf{Var}/k$ 的反范畴, Sets 为集合的范畴. 又对于 k 上的任一确定的代数簇 M, 可定义 (反变) 函子为

$$h_M: (\mathbf{Var}/k) \to \mathrm{Hom}_{\mathbf{Var}/k}(\bullet, M),$$
$$S \mapsto \mathrm{Hom}_{\mathbf{Var}/k}(S, M), \tag{2.2}$$

于是, 条件 ($*$) 可表述为以下两条:

(A) 存在 k 上的代数簇 M 和函子态射 $\Phi: F \to h_M$, 使得

$$\Phi(\mathrm{Spec}\, k): F(\mathrm{Spec}\, k) \to h_M((\mathrm{Spec}\, k))$$

是双射.

(B) 对于 k 上的所有的代数簇 N 以及所有的函子态射 $\Psi: F \to h_N$, 存在唯一的代数簇态射 $f: M \to N$, 使得对于 k 上的任一代数簇 S, 下面的图表都交换:

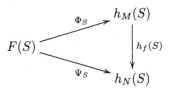

其中 $h_f(S): \mathrm{Hom}(S, M) \to \mathrm{Hom}(S, N)$ 定义为 $g \mapsto f \circ g$.

如果 M 满足条件 (A) 及 (B), 我们就称 M 为 k 上 n 维向量空间的线性变换的**粗模空间**. 直观地说, 对于任一给定的代数簇 S, 将 S 上的闭点与 $\mathrm{Spec}\, k$ 到 $\mathrm{Spec}\, S$ 的嵌入等同起来, 再将 $h_M(\mathrm{Spec}\, k) = \mathrm{Hom}_{\mathbf{Var}/k}(\mathrm{Spec}\, k, M)$ 与 $\mathrm{Spec}\, k$ 在 h_M 下的像等同起来, 则函子态射 Φ 给出 S 上的闭点集合到 M 上的闭点集合的映射. 进一步地, 条件 (B) 要求的 M 的泛性质决定了 M 的唯一性.

对于一般的代数簇范畴到集合范畴的函子, 其粗模空间的定义完全类似.

定义 2.1 给定函子

$$F: (\mathbf{Var}/k)^{\mathrm{opp}} \to \mathrm{Sets}.$$

若存在代数簇 M 和函子态射 $\Phi: F \to h_M$ 满足条件 (A) 及 (B), 则称 (Φ, M) (或简单地, 称 M) 为函子 F 的**粗模空间** (coarse moduli space).

事实上, 对于函子 F 而言 (或等价地, 对于向量空间而言), 条件 (A) 和 (B) 的要求太强了. 我们有

命题 2.1 F 没有粗模空间.

证明 无妨设 $n = 2$. 取 $S = \mathbb{A}^1 = \mathrm{Spec}\, k[t]$ (t 为变元), $\mathscr{E} = \mathscr{O}_S^2$, 其中 $\mathscr{O}_S$ 为 S 的结构层, T 由下面的矩阵定义:

$$\begin{pmatrix} 1 & t \\ 0 & 1 \end{pmatrix}.$$

假若 F 有粗模空间 M，则存在函子态射 $\Phi: \mathfrak{F} \to h_M$ 满足条件 (A), (B). 特别地，有交换图表：

$$\begin{array}{ccc} F(S) & \xrightarrow{\Phi_S} & h_M(S) \\ \downarrow & & \downarrow \\ F(\mathrm{Spec}\,k) & \xrightarrow{\Phi(\mathrm{Spec}\,k)} & M_k = h_M(\mathrm{Spec}\,k) \end{array}$$

对于任一 $[(\mathscr{E}, T)/S] \in F(\mathbb{A}^1)$，将它在 F 下的像记为

$$\phi: S \to M.$$

则对于 S 的任一闭点 $s: \mathrm{Spec}\,k \to S$，有下面的交换图表：

$$\begin{array}{ccc} [(\mathscr{E}, T)/S] & \xrightarrow{\Phi_S} & \phi: S \longrightarrow M \\ \downarrow & & \downarrow \\ [(\mathscr{E} \otimes k(s), T \otimes k(s))] & \longrightarrow & \mathrm{Spec}\,k \xrightarrow{m_s} M \end{array}$$

其中 $m_s: \mathrm{Spec}\,k \to M$ 是 s 与 ϕ 的复合.

由 $\mathscr{E} = \mathscr{O}_S^2$ 以及 T 的定义，有

$$(\mathscr{E} \otimes k(s), T \otimes k(s)) = \left(k^2, \begin{pmatrix} 1 & t \\ 0 & 1 \end{pmatrix}\right).$$

这里，我们将 $s \in S$ 与 s 在 $\mathbb{A}^1$ 中的坐标等同起来. 对于任意的 $s, s' \neq 0$，有交换图表：

$$\begin{array}{ccc} k^2 & \xrightarrow{\begin{pmatrix} 1 & s \\ 0 & 1 \end{pmatrix}} & k^2 \\ {\scriptsize\begin{pmatrix} a & 0 \\ 0 & a^{-1} \end{pmatrix}} \downarrow & & \downarrow {\scriptsize\begin{pmatrix} a & 0 \\ 0 & a^{-1} \end{pmatrix}} \\ k^2 & \xrightarrow{\begin{pmatrix} 1 & s' \\ 0 & 1 \end{pmatrix}} & k^2 \end{array}$$

其中 $a = \sqrt{s'/s}$. 所以

$$[(\mathscr{E} \otimes k(s), T \otimes k(s))] = [(\mathscr{E} \otimes k(s'), T \otimes k(s'))], \quad \forall s, s' \neq 0.$$

这就是说, 对于所有的 $s \neq 0$, $F(s)$ 都相等, 亦即 ϕ 在 $\mathbb{A}^1 \setminus \{0\}$ 上的限制是常值态射. 由于 ϕ 是连续的, 所以 $\phi(0) = \phi(s)$ $(\forall s \neq 0)$. 于是

$$(\mathscr{E} \otimes k(0), T \otimes k(0)) \sim (\mathscr{E} \otimes k(s), T \otimes k(s)).$$

而此式左端的矩阵等于 $\begin{pmatrix} 1 & 0 \\ 0 & 1 \end{pmatrix}$, 右端的矩阵等于 $\begin{pmatrix} 1 & s \\ 0 & 1 \end{pmatrix}$, 这矛盾于若当标准形的唯一性. □

§2.2 细 模 空 间

在上一节我们已经看到向量空间上的线性变换没有粗模空间. 但是, 若只考虑线性变换的最重要的不变量之一, 即特征多项式, 则有比粗模空间更好的模空间, 即所谓的 "细模空间".

命题 2.2 设 k, F, h_M 如上节所示. 取 $M = \mathbb{A}_k^n$ 为 k 上的 n 维仿射空间, 则存在函子态射

$$\Phi : F \longrightarrow h_{\mathbb{A}_k^n}$$

满足

$$\Phi(\operatorname{Spec} k) \to \mathbb{A}^n(k),$$
$$[(V, T)] \mapsto (a_1, \cdots, a_n),$$

其中 $a_1, \cdots, a_n$ 是 T 的特征多项式的系数.

证明 对于任意的 $S \in (\mathbf{Var}/k)$, 我们要定义函子态射

$$\Phi_S : F(S) \longrightarrow h_{\mathbb{A}^n(k)}(S) = \operatorname{Hom}_{\mathbf{Var}/k}(S, \mathbb{A}^n(k)).$$

任取 S 的仿射开覆盖 $\{U_\alpha\}$. 设 $(\mathscr{E}, T)/S$ 是 k 上的 n 维向量空间 (连同其上的线性变换) 在 S 上的代数族. 由于 $\mathscr{E}$ 是 S 上秩 n 的局部自由层, 所以 $\mathscr{E}$ 在每个 U_α 上的限制 $\mathscr{E}|_{U_\alpha}$ 都是秩 n 的自由 $\mathscr{O}_S(U_\alpha)$-

模. 于是 T 在 U_α 上的限制 $T|U_\alpha$ 可以用系数在 $\mathscr{O}_S(U_\alpha)$ 中的 n 阶矩阵表示, 记此矩阵为 T_α. 则 T 在 U_α 上的特征多项式为

$$P_{T|U_\alpha}(x) = \det(xI - T_\alpha) \in \mathscr{O}_S(U_\alpha)[x].$$

不难看出, 此多项式与平凡化 (即由同构 $\mathscr{E}|_{U_\alpha} \xrightarrow{\sim} \mathscr{O}_S(U_\alpha)^n$ 所确定的 $\mathscr{E}|_{U_\alpha}$ 的局部坐标的选取) 无关. 事实上, 两个平凡化所给出的 $T|U_\alpha$ 的矩阵 (分别记为 T_α 和 T'_α) 在 $\mathscr{O}_S(U_\alpha)$ 上是相似的, 即存在矩阵 $A_\alpha \in \mathrm{GL}_n(\mathscr{O}_S(U_\alpha))$, 使得 $T_\alpha = A_\alpha T_\alpha A_\alpha^{-1}$. 所以 $P_{T|U_\alpha}(x)$ 在这两个平凡化下相等. 又设 $U_\beta \in \{U_\alpha\}$ 为 S 的另一开子集, 则与上面同样, $P_{T|(U_\alpha \cap U_\beta)}(x)$ 在 $\mathscr{E}|_{U_\alpha \cap U_\beta}$ 的任意平凡化下相等. 所以在 $U_\alpha \cap U_\beta$ 上 $P_{T|U_\alpha}(x) = P_{T|(U_\alpha \cap U_\beta)}(x)$. 于是, 可以将所有的 $P_{T|U_\alpha}(x)$ 粘合起来, 得到一个多项式, 记为 $P_T(x)$:

$$P_T(x) = x^n + a_1 x^{n-1} + \cdots + a_n, \quad a_i \in \Gamma(S, \mathscr{O}_S),$$

其中 $\Gamma(S, \mathscr{O}_S)$ 为 S 的结构层 $\mathscr{O}_S$ 的整体截面. 于是, $(\mathscr{E}, T)/S$ 决定了代数簇的态射

$$(a_1, \cdots, a_n): S \to \mathbb{A}^n(k),$$
$$s \mapsto (a_1(s), \cdots, a_n(s)).$$

显然, 此态射只依赖于 $(\mathscr{E}, T)/S$ 的同构类. 于是, 我们可以定义映射:

$$\Phi_S: \quad F(S) \to h_{\mathbb{A}^n}(S) = \mathrm{Hom}_{\mathbf{Var}/k}(S, \mathbb{A}^n),$$
$$[(\mathscr{E}, T)/S] \mapsto (a_1, \cdots, a_n).$$

为了说明 Φ 符合本命题的要求, 只要证明 Φ 是一个函子态射, 即只要证明: 对于任意的代数簇态射 $\kappa: S \to S'$, 下面的图表皆交换:

$$\begin{array}{ccc} F(S) & \xrightarrow{\Phi_S} & h_{\mathbb{A}^n}(S) \\ \kappa_* \downarrow & & \downarrow \kappa^* \\ F(S') & \xrightarrow{\Phi_{S'}} & h_{\mathbb{A}^n}(S') \end{array}$$

其中 κ_* 是由层的正像 (direct image) 诱导出的 $F(S)$ 到 $F(S')$ 的映射. 读者可自己验证此交换性. □

根据这个命题, 我们可以构造 F 的一个子函子 $\mathfrak{G}$, 使得 $\mathbb{A}^n$ 成为 $\mathfrak{G}$ 的粗模空间. 事实上, 对于 $S \in (\mathbf{Var}/k)^{\mathrm{opp}}$, 令

$$\mathfrak{G}(S) = \{[(\mathscr{E}, T)/S] \in F(S) \mid \exists\, s \in \Gamma(S, \mathscr{E})$$
$$\text{使得 } s, T(s), \cdots, T^{n-1}(s) \text{ 在 } \Gamma(S, \mathscr{O}_S) \text{ 上生成 } \mathscr{E}\}$$

(也就是说, $\mathscr{E}$ 是整体自由的), 再将命题 2.2 中定义的函子态射 Φ: $F \to h_{\mathbb{A}^n}$ 在 $\mathfrak{G}$ 上的限制记为 Ψ, 则 $(\mathbb{A}^n, \Psi)$ 是 $\mathfrak{G}$ 的粗模空间. 它甚至还满足更强的条件, 即: $(\mathbb{A}^n, \Psi)$ 是 $\mathfrak{G}$ 的 "细模空间".

定义 2.2　函子 $F: (\mathbf{Var}/k)^{\mathrm{opp}} \to \mathbf{Sets}$ 的**细模空间**(fine moduli space) 是指 (M, Φ), 其中 $M \in \mathbf{Var}/k$, $\Phi: F \to h_M$ 是函子同构 (即 F 是可表函子且 F 可由 M 表示).

显然, 细模空间必是粗模空间.

命题 2.3　上面构造的 $(\mathbb{A}^n, \Psi)$ 是 $\mathfrak{G}$ 的细模空间.

证明　由命题 2.2, 我们知道 $\Psi: \mathfrak{G} \to h_{\mathbb{A}^n}$ 是函子态射. 所以只要证明 Ψ 是双射即可.

由 $\mathfrak{G}$ 的定义, 对于 $[(\mathscr{E}, T)/S] \in \mathfrak{G}(S)$, 存在 $s \in \Gamma(S, \mathscr{E})$, 使得 $s, T(s), \cdots, T^{n-1}(s)$ 是 $\mathscr{E}$ 的 $\Gamma(S, \mathscr{O}_S)$- 基. 在此基下 T 的矩阵为

$$\begin{pmatrix} 0 & 0 & \cdots & 0 & a_n \\ 1 & 0 & \cdots & 0 & -a_{n-1} \\ 0 & 1 & \cdots & 0 & -a_{n-2} \\ \vdots & \vdots & & \vdots & \vdots \\ 0 & 0 & \cdots & 1 & -a_1 \end{pmatrix},$$

其中 $a_i \in \Gamma(S, \mathscr{O}_S)$. 所以 T 的特征多项式为

$$P_T(x) = x^n + a_1 x^{n-1} + \cdots + a_n.$$

于是对于任一 $S \in (\mathbf{Var}/k)^{\mathrm{opp}}$, 有一一对应:

$$\mathfrak{G}(S) \quad \longleftrightarrow \quad \Gamma(S, \mathscr{O}_S)^n \quad \longleftrightarrow \quad h_{\mathbb{A}^n}(S) = \mathrm{Hom}_{\mathbf{Var}/k}(S, \mathbb{A}^n),$$

$$[(\mathscr{E}, T)/S] \quad \longleftrightarrow \quad (a_1, \cdots, a_n) \quad \longleftrightarrow \quad \begin{cases} S \to \mathbb{A}^n, \\ s \mapsto (a_1(s), \cdots, a_n(s)). \end{cases}$$

证毕. $\qquad \Box$

注 "模"(moduli) 这个概念最早是来自黎曼 (Riemann, 1826—1866 年). 亏格 (genus) $g > 1$ 的紧黎曼面的模空间的维数是 $3g - 3$. 现在 "模" 这个字被借用在其他的相关的数学里, 如在代数里的 "模"(module).

第 3 章 层

我们首先要明白什么是拓扑空间. Grothendieck 推广了通常的拓扑空间的概念, 发明了我们现今所称的 Grothendieck 拓扑. 没有这个概念就不可能构造 étale 上同调 (SGA4, SGA5, [BK 86]), Cristalline 上同调 ([Ber 74]), 刚性解析空间 ([Les 07]) 等结构; 没有这些先进的上同调理论就谈不上 Weil 猜想 ([Del 74]), Ramanujan 猜想 ([Del 71]), Mordell 猜想 ([Fal 99]), Shimura-Taniyama 猜想 ([BCDT 01]), Fermat 大定理 ([Wil 95]), Serre 猜想 ([KW 09], [Kis 09]), 基本引理 ([Ngo 10]) 等伟大的证明. 在本章我们学习 Grothendieck 拓扑. 我们利用拓扑空间上的连续函数作为引子来介绍 Grothendieck 的层论. 层论原来是多复变函数论的基本工具 (见参考文献 Grauert-Remmert[GR 84]; Kodaira[Kod 86]), Grothendieck 则用他的层论研究数论! 我们将介绍 Grothendieck 层论的一个基本工具: 平坦下降法, 并用它证明: 概形范畴的可表函子是层. 这恰好帮助我们了解 Grothendieck 拓扑和层这两个概念.

§3.1 Grothendieck 拓扑

本节回顾一下拓扑空间上的连续函数层的概念.

设 X 是一个拓扑空间, U 是 X 的任一开集,

$$f: U \to \mathbb{R}$$

是一个连续函数. 对于任一开集 $V \subseteq U$, V 到 U 的包含映射记为

$$\rho_{UV}: V \hookrightarrow U.$$

于是 f 在 V 上的限制 $f|_V = f \circ \rho_{UV}$ 是 V 到 $\mathbb{R}$ 的连续函数.

在 X 的所有开集上定义一个结构 $\mathscr{F}$: 对于 X 的任一开集 U, 令
$$\mathscr{F}(U) = \{f: U \to \mathbb{R} \mid f\text{为连续函数}\};$$
又对于任一开集的包含映射 ρ_{UV}, 定义限制映射
$$\mathscr{F}(\rho_{UV}): \mathscr{F}(U) \to \mathscr{F}(V),$$
$$f \mapsto f \circ \rho_{UV}.$$
显然, 对于开集的包含映射的链 $W \hookrightarrow V \hookrightarrow U$, 有
$$\mathscr{F}(\rho_{UW}) = \mathscr{F}(\rho_{UV}) \circ \mathscr{F}(\rho_{VW}).$$

容易看出, $\mathscr{F}$ 等同于下面的函子. 定义范畴 $\mathfrak{T}$ 为:
$$\mathrm{Obj}\,\mathfrak{T} = \{U \mid U \text{ 为 } X \text{ 的开集}\},$$
$$\mathrm{Hom}(V, U) = \begin{cases} \rho_{UV}, & \text{如果 } V \subseteq U, \\ \varnothing, & \text{其他情形}. \end{cases}$$
则 $\mathscr{F}: \mathfrak{T}^{\mathrm{opp}} \to \mathrm{Sets}$ 是一个函子. 根据这个启发, 我们称从 $\mathfrak{T}$ 到 Sets 的反变函子为拓扑空间 X 上的**预层**(presheaf). 上述的 $\mathscr{F}$ 称为 X 上的连续函数的预层.

众所周知, 开集上的连续函数可以粘合(glue): 设 U, V 是 X 的两个开集, f_1, f_2 分别是 U, V 到 $\mathbb{R}$ 的连续函数. 如果
$$f_1|_{U \cap V} = f_2|_{U \cap V},$$
则可以将 f_1 和 f_2 粘合起来, 成为连续函数 $f: U \cup V \to \mathbb{R}$. 这样的 f 是由 f_1 和 f_2 唯一决定的. 反过来, 任一连续函数 $f: U \cup V \to \mathbb{R}$ 唯一地决定连续函数 $f_1 = f|_U: U \to \mathbb{R}$ 及 $f_2 = f|_V: V \to \mathbb{R}$. 这正反两方面的事实可以表述如下: 即序列
$$\mathscr{F}(U \cup V) \longrightarrow \mathscr{F}(U) \times \mathscr{F}(V) \rightrightarrows \mathscr{F}(U \cap V),$$
$$f \longrightarrow (f_1, f_2) \rightrightarrows \begin{matrix} f_1|_{U \cap V} \\ f_2|_{U \cap V} \end{matrix}$$
正合. 这就导致 "层" 的概念.

说明 称映射的序列 $A \xrightarrow{\varphi} B \underset{\psi}{\overset{\phi}{\rightrightarrows}} C$ 为**正合的**(exact), 如果 φ 是单射, 且 $\varphi(A) = \{b \in B \mid \phi(b) = \psi(b)\}$. 设 X 是拓扑空间, 范畴 $\mathfrak{T}$ 如上所述, $\mathscr{F}: \mathfrak{T}^{\mathrm{opp}} \to \mathrm{Sets}$ 为一个预层. 称 $\mathscr{F}$ 为 $\mathfrak{T}$ 上的一个**层**(sheaf), 如果对于 X 的任一开集 U 以及 U 的任一开覆盖 $\mathscr{U} = \{U_i \mid i \in I\}$ (I 为某指标集), 下面的序列都正合:

$$\mathscr{F}(U) \xrightarrow{\varphi} \prod_{i \in I} \mathscr{F}(U_i) \underset{\psi}{\overset{\phi}{\rightrightarrows}} \prod_{i,j} \mathscr{F}(U_i \cap U_j),$$

其中 φ 为限制映射的直积: 对于 $f \in \mathscr{F}$,

$$\varphi(f) = (\cdots, f \circ \rho_{UU_i}, \cdots) \in \prod_{i \in I} \mathscr{F}(U_i);$$

ϕ, ψ 亦为限制映射的直积, 即对于 $(\cdots, f_i, \cdots) \in \prod_{i \in I} \mathscr{F}(U_i), \phi((\cdots, f_i, \cdots))$ 在 $\prod_{i,j} \mathscr{F}(U_i \cap U_j)$ 中 $\{i,j\}$ 处的分量为 $f_i \circ \rho_{U_i U_j}, \psi((\cdots, f_i, \cdots))$ 在 $\prod_{i,j} \mathscr{F}(U_i \cap U_j)$ 中 $\{i,j\}$ 处的分量为 $f_j \circ \rho_{U_i U_j}$.

在上面的层的定义中, 我们用到了开集的交 $U \cap V$. 为了定义范畴上的层, 我们首先在范畴中引入相应于"交"的概念.

设有范畴 $\mathfrak{C}$,

$$A \xrightarrow{f} C \quad \text{和} \quad B \xrightarrow{g} C$$

为 $\mathfrak{C}$ 内的态射. 所谓 f 与 g 的**纤维积**(fibred product) (请对照 1.4.1 小节中的范畴的纤维积) 是指以下的**卡氏图**(Cartesian diagram):

$$\begin{array}{ccc} P & \longrightarrow & B \\ \downarrow & & \downarrow g \\ A & \xrightarrow{f} & C \end{array}$$

即: 若有 $\mathfrak{C}$ 内的态射 $D \xrightarrow{u} A$ 和 $D \xrightarrow{v} B$ 满足 $fu = gv$, 则存在唯一

的态射 $w\colon D \to P$, 使得下面的图表交换:

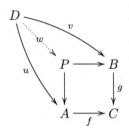

我们以 $A \times_C B$ 记 P.

Grothendieck 把拓扑空间的概念作了如下的推广:

定义 3.1 一个 **Grothendieck 拓扑**(Grothendieck topology) T 是指 $(\text{Cat } T, \text{Cov } T)$, 其中 $\text{Cat } T$ 是一个范畴; $\text{Cov } T$ 中的任一元素皆是 $\text{Mor}(\text{Cat } T)$ 内形如 $\{U_i \xrightarrow{\varphi_i} U\}_{i \in I}$ 的子集, 满足以下三个条件:

(1) 若 φ 是 $\text{Cat } T$ 内的同构, 则 $\{\varphi\} \in \text{Cov } T$;

(2) 若 $\{U_i \xrightarrow{\varphi_i} U\} \in \text{Cov } T$, 又有 $\{V_{ij} \xrightarrow{\varphi_{ij}} U_i\} \in \text{Cov } T$, 则

$$\{V_{ij} \xrightarrow{\varphi_i \varphi_{ij}} U\} \in \text{Cov } T;$$

(3) 若 $\{U_i \to U\} \in \text{Cov } T$, $V \to U$ 是 $\text{Cat } T$ 内的任一态射, 则纤维积 $U_i \times_U V$ 存在, 并且 $\{U_i \times_U V \to V\} \in \text{Cov } T$.

注 当 $\{U_i \xrightarrow{\varphi_i} U\} \in \text{Cov } T$ 时, 我们把 $\{U_i\}$ 称做 U 的**覆盖** (covering).

我们又称 $(\text{Cat } T, \text{Cov } T)$ 为一个**位形** (site), 又说 $\text{Cov } T$ 在 $\text{Cat } T$ 上定义了一个 Grothendieck 拓扑. 这就如同我们平常所说的拓扑空间 (X, τ) 一样, 其中 X 是一个集合, τ 的元素是 X 的子集, τ 满足开集的条件; 这时我们说 τ 是 X 的一个**拓扑** (topology)(在 Grothendieck et al. [SGA 3-I], Exp. IV, 4.2.5 中称这里定义的拓扑为 prétopologie).

例 3.1 设 X 为通常的拓扑空间, 用 X 的开集定义范畴 $\mathfrak{T}$ 如前. 以 $\text{Cat } X$ 记 $\mathfrak{T}$. 对于 X 内任一取定的开集 U, 考虑 U 的任一开覆盖 $\{U_i\}_{i \in I}$ (即 U_i 是 U 的开集, $U = \bigcup_{i \in I} U_i$). 以 $\varphi_i \colon U_i \to U$ 记包含映

射, 我们便得到范畴 Cat X 的态射的子集合

$$\{U_i \xrightarrow{\varphi_i} U\}_{i \in I}.$$

由 X 所有的开集 U 及 U 的所有开覆盖给出的所有态射子集 $\{U_i \to U\}_{i \in I}$ 所组成的集合记为 Cov X. 注意到: 当 $U_i \subseteq U, V \subseteq U$, 则

$$U_i \times_U V = U_i \cap V.$$

不难证明 $(\text{Cat } X, \text{Cov } X)$ 是一个 Grothendieck 拓扑.

例 3.2 设 $\mathfrak{C}$ 为有纤维积之范畴. 我们称 $\mathfrak{C}$ 内的一组态射 $U_i \to U$ 为**泛有效满射**(universal effective epimorphism), 如果对任意 $Z \in \text{Obj } \mathfrak{C}$ 及任意 $\mathfrak{C}$ 内态射 $U \to V$, 以下两图均为正合:

$$\text{Hom}(U, Z) \longrightarrow \prod \text{Hom}(U_i, Z) \rightrightarrows \prod_{i,j} \text{Hom}(U_i \times_U U_j, Z),$$

$$\text{Hom}(V, Z) \longrightarrow \prod \text{Hom}(U_i \times_U V, Z) \rightrightarrows \prod_{i,j} \text{Hom}(U_i \times_U V \times_U U_j, Z)$$

(Grothendieck et al. [SGA 3]I, IV, § 1). 设 Cat $T_{\mathfrak{C}} = \mathfrak{C}$, Cov $T_{\mathfrak{C}}$ 为 $\mathfrak{C}$ 内所有的泛有效满射, 则 $(\text{Cat } T_{\mathfrak{C}}, \text{Cov } T_{\mathfrak{C}})$ 为 Grothendieck 拓扑. 常称此为 $\mathfrak{C}$ 的**典范拓扑**(canonical topology).

设 S 是一个固定的概形. 以 Sch/S 记 S-概形的范畴. 此时称 S 为基概形. 我们常以 Mor(Sch/S) 的适当的子集来决定 Grothendieck 拓扑.

设 $\mathcal{M} \subseteq \text{Mor}(\text{Sch}/\mathcal{S})$, 满足下述条件:
(1) $\mathcal{M}$ 包含所有的同构;
(2) 若 $\phi, \psi \in \mathcal{M}$ 且 $\phi \circ \psi \in \text{Mor}(\text{Sch}/S)$, 则 $\phi \circ \psi \in \mathcal{M}$;
(3) 若 $\phi: W \to U \in \mathcal{M}, V \to U \in \text{Mor}(\text{Sch}/S)$, 则

$$W \times_U V \to V \in \mathcal{M}.$$

这样的 $\mathcal{M}$ 按以下的原则决定 Sch/S 上的一个 Grothendieck 拓扑, 称为$\mathcal{M}$-**拓扑** ($\mathcal{M}$-topology):

对于任一 S-概形 U, 考虑 $\mathcal{M}$ 的子集 $\{U_i \xrightarrow{\varphi_i} U\}_{i \in I} \subseteq \mathcal{M}$, 这里我们要求 $\bigcup_{i \in I} \varphi_i(U_i) = U$. 以 $\mathcal{R}(U)$ 记这样的子集的全体. 令

$$\operatorname{Cov} \mathcal{M} = \bigcup_{U \in \operatorname{Obj}(\operatorname{Sch}/\mathcal{S})} \mathcal{R}(\mathcal{U}).$$

所谓的 $\mathcal{M}$-拓扑即是 $(\operatorname{Sch}/S, \operatorname{Cov} \mathcal{M})$.

固定概形 S. 以 Sch/S 记由 S- 概形所组成的范畴. 我们说 Sch/S 内的集合 $\{U_i \xrightarrow{\varphi_i} U\}_{i \in I}$ 是**满族**(surjective family), 如果 $U = \bigcup_{i \in I} U_i$. 如果 I 又是有限集, 则说 $\{U_i \to U\}_{i \in I}$ 是有限满族.

例 3.3 我们以 $\mathcal{M}_{\operatorname{zar}}$ 记 S-概形范畴 Sch/S 内形如 $\coprod_{i \in I} U_i \to U$ 的所有态射构成的类, 其中 $U_i \to U$ 为开浸入 (open immersion), 并且 $\{U_i \xrightarrow{\varphi_i} U\}_{i \in I}$ 是满族, 亦说 $\{U_i\}_{i \in I}$ 是 U 的开覆盖. 我们称这个 $\mathcal{M}_{\operatorname{zar}}$-拓扑为 **Zariski-拓扑**(Zariski-topology). 在 Sch/S 上装备上 $\mathcal{M}_{\operatorname{zar}}$ 所决定的 Zariski-拓扑后我们记它为 $(\operatorname{Sch}/S)_{\operatorname{zar}}$.

例 3.4 设 $f: X \to S$ 为概形的态射, 称 f 在点 $x \in X$ 处是**平坦的**(flat), 如果 $\mathscr{O}_{S,f(x)}$ 作为 $f^\#(\mathscr{O}_{S,f(x)})$-模是平坦的, 其中 $\mathscr{O}_{X,x}$ 是 X 的结构层在 x 处的茎, $\mathscr{O}_{S,f(x)}$ 是 S 的结构层在 $f(x)$ 处的茎, $f^\#: \mathscr{O}_{S,f(x)} \to \mathscr{O}_{X,x}$ 是自然同态. 称 f 是**平坦的**, 如果对于所有的 $x \in X$, f 在 $x \in X$ 处都是平坦的. 称 f 是**忠实平坦的**(faithfully flat), 如果 f 是平坦的并且是满的. 称态射 f 是**拟紧的**(quasi-compact), 如果对于 S 的任意拟紧子集 C, $f^{-1}(C)$ 都是 X 的拟紧子集. 忠实平坦的拟紧态射简称为 **fpqc 态射** (fpqc morphism). 固定一个概形 S, 我们以 $\mathcal{M}_{\operatorname{fpqc}}$ 记 Sch/S 内所有 fpqc 态射构成的类.

现取 $\mathcal{M} = \mathcal{M}_{\operatorname{zar}} \cup \mathcal{M}_{\operatorname{fpqc}}$. 我们称这个 $\mathcal{M}$-拓扑为 fpqc-拓扑. 在 Sch/S 上装备上 fpqc- 拓扑后我们记它为 $(\operatorname{Sch}/S)_{\operatorname{fpqc}}$.

例 3.5 设 $f: X \to S$ 同上. 我们称 f 在点 $x \in X$ 处是**有限展示的**(finitely presented), 如果存在 x 的仿射开邻域 $U = \operatorname{Spec} B$ 以及 $f(x)$ 的仿射开邻域 $V = \operatorname{Spec} A$, 使得 $f(U) \subseteq V$ 并且由 f 决定的 A-代数 B 是有限展示的. 若 f 在所有 $x \in X$ 处都是有限展示的, 则称 f 是有限展示的. 忠实平坦的有限展示态射简记为 **fppf 态射** (fppf morphism). 类似地, 对于固定的 S, 以 $\mathcal{M}_{\text{fppf}}$ 记 Sch/S 内所有 fppf 态射构成的类.

现取 $\mathcal{M} = \mathcal{M}_{\text{zar}} \cup \mathcal{M}_{\text{fppf}}$. 我们称这个 $\mathcal{M}$-拓扑为 fpqc- 拓扑. 在 Sch/S 上装备上 fppf- 拓扑后我们记它为 $(\text{Sch}/S)_{\text{fppf}}$.

显然有

$$(\text{Sch}/S)_{\text{fpqc}} \supseteq (\text{Sch}/S)_{\text{fppf}} \supseteq (\text{Sch}/S)_{\text{zar}}$$

(Grothendieck et al. [SGA 3], IV, 6.3).

例 3.6 固定一个概形 X. 引入范畴 $\mathfrak{Et}/X$ 如下: $\mathfrak{Et}/X$ 的对象是 étale 态射 $U \to X$, $\mathfrak{Et}/X$ 的态射是指态射交换图表

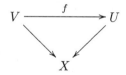

其中

$$V \to X \quad \text{和} \quad U \to X$$

均为 $\mathfrak{Et}/X$ 的对象. 由 étale 态射的性质知 $V \xrightarrow{f} U$ 亦为 étale 态射. 此范畴内存在纤维积. 我们又以 Cat $(X_{\text{ét}})$ 记 $\mathfrak{Et}/X$. 考虑 $\mathfrak{Et}/X$ 内的态射子集合 $\{U_i \xrightarrow{\varphi_i} U\}_{i \in I}$, 满足 $U = \bigcup_{i \in I} \varphi_i(U_i)$. 由这样的态射子集合所组成的集合记为 Cov $(X_{\text{ét}})$. 可以证明 (Cat $(X_{\text{ét}})$, Cov $(X_{\text{ét}})$) 是一个 Grothendieck 拓扑. 我们称之为 X 的 **étale 拓扑** (étale topology), 并以 $X_{\text{ét}}$ 记 étale 拓扑位形.

§3.2 层

3.2.1 定义

设有 Grothendieck 拓扑 $T = (\text{Cat } T, \text{Cov } T)$. 又设 $\mathfrak{C}$ 为范畴, 在 $\mathfrak{C}$ 内存在乘积. 我们称任一函子 $\mathscr{F} : (\text{Cat } T)^{\text{opp}} \to \mathfrak{C}$ 为 T 上取值于 $\mathfrak{C}$

的**预层** (presheaf). 这样的 $\mathscr{F}$ 常记为 $\mathscr{F}: T^{\mathrm{opp}} \to \mathfrak{C}$. 预层 $\mathscr{F}$ 称为**层** (sheaf), 如果以下条件成立: 若 $\{U_i \xrightarrow{\varphi_i} U\} \in \mathrm{Cov}\, T$, 则下图正合:

$$(*) \qquad \mathscr{F}(U) \xrightarrow{p} \prod_i \mathscr{F}(U_i) \underset{p_2}{\overset{p_1}{\rightrightarrows}} \prod_{i,j} \mathscr{F}(U_i \times_U U_j),$$

此图中的各态射含义如下: 由 $U_i \xrightarrow{\varphi_i} U$ 得到 $\mathscr{F}(U) \xrightarrow{\mathscr{F}(\varphi_i)} \mathscr{F}(U_i)$; 按乘积 $\prod_i \mathscr{F}(U_i) \xrightarrow{pr_i} \mathscr{F}(U_i)$ 的定义, 有唯一的态射

$$\mathscr{F}(U) \xrightarrow{p} \prod_i \mathscr{F}(U_i),$$

使得 $pr_i \circ p = \mathscr{F}(\varphi_i)$. 对于每对 (i,j) 有纤维积

$$\begin{array}{ccc} U_i \times_U U_j & \xrightarrow{p_1^{ij}} & U_i \\ p_2^{ij} \downarrow & & \downarrow \\ U_j & \longrightarrow & U \end{array}$$

由 $\mathscr{F}(U_i) \xrightarrow{\mathscr{F}(p_1^{ij})} \mathscr{F}(U_i \times_U U_j)$ 得到 $\mathscr{F}(U_i) \xrightarrow{\rho_1^i} \prod_j \mathscr{F}(U_i \times_U U_j)$; 进而得到

$$\prod_i \mathscr{F}(U_i) \xrightarrow{\prod_i \rho_1^i} \prod_{i,j} \mathscr{F}(U_i \times_U U_j),$$

即是 p_1. 由 p_2^{ij} 出发类似地定义

$$p_2: \prod_i \mathscr{F}(U_i) \xrightarrow{\prod_i \rho_2^i} \prod_{i,j} \mathscr{F}(U_i \times_U U_j).$$

所谓图 $(*)$ 正合的含义是以下两条:

(1) $p_1 \circ p = p_2 \circ p$;

(2) 对于任一满足 $p_1 \circ q = p_2 \circ q$ 的态射 $q: X \to \prod_i \mathscr{F}(U_i)$, 存在唯一的态射 $r: X \to \mathscr{F}(U)$, 使得

$$q = p \circ r.$$

特别地, 当 $\mathfrak{C} = \text{Sets}$ 时, $(*)$ 正合即是说 p 是单射且

$$p(\mathscr{F}(U)) = \Big\{w \in \prod_i \mathscr{F}(U_i)\Big| p_1(w) = p_2(w)\Big\}.$$

这与 §3.1 中的说明相符.

从以上的定义可以看出层 $\mathscr{F}$ 与范畴上的拓扑 T 有关.

由 $\mathcal{M}$-拓扑决定的层称为 $\mathcal{M}$-**层** ($\mathcal{M}$-sheaf). 当 $\mathcal{M} = \mathcal{M}_{\text{zar}} \cup \mathcal{M}_{\text{fpqc}}$ 时, 常简称一个 $\mathcal{M}$-层为 fpqc-层. 同理可如此定义 fppf-层.

不难验证, 如果函子 $\mathscr{F} : (\text{Sch}/S)^{\text{opp}} \to \text{Sets}$ 满足下述两个条件, 则它是一个 $\mathcal{M}$-层:

(a) 对于任意一组 $T_i \in \text{Obj}\,(\text{Sch}/S)\,(i \in I)$, 自然态射

$$\mathscr{F}\Big(\coprod_{i \in I} T_i\Big) \longrightarrow \prod_{i \in I} \mathscr{F}(T_i)$$

是双射 (这里 $\coprod$ 表示概形的**无缘并**(disjoint union), $\prod$ 表示集合的直积);

(b) 对于任一 $\psi : T' \to T \in \mathcal{M}$, 下面的序列正合:

$$\mathscr{F}(T) \xrightarrow{\psi} \mathscr{F}(T') \xrightarrow[p_2]{p_1} \mathscr{F}(T' \times_T T'),$$

其中 p_1, p_2 是由纤维积的定义给出的投射, 如下面交换图表所示:

$$\begin{array}{ccc} T' \times_T T' & \xrightarrow{p_1} & T' \\ {\scriptstyle p_2}\downarrow & & \downarrow{\scriptstyle \psi} \\ T' & \xrightarrow{\psi} & T \end{array}$$

(Grothendieck et al. [SGA 3]$_I$, IV, Prop. 6.3.1).

有了拓扑便可定义层. 我们将证明以下的 Grothendieck 定理: 若 $X \in \text{Sch}/S$, 则 $\text{Hom}(\bullet, X)$ 是 fpqc-层. 由 $\mathcal{M}$-层所组成的范畴记为 $(\mathscr{F}/S)_{\mathcal{M}}$. 则 Grothendieck 的定理说: 透过 $X \mapsto \text{Hom}(\bullet, X) = h_X$ 我们可以把 Sch/S 看做 $(\mathscr{F}/S)_{\text{fpqc}}$ 的全子范畴. 这是 "下降法" 的一个基本结论. 我们将证明: 如果 $f : X \to Y$ 是有限展示忠实平坦的概形

态射, 则 $\tilde{F}: h_X \to h_Y$ 是 fppf-层满射. 如果此命题人们都说是显然的, 读者看法如何? 我们建议读者先自寻证明. 证不出来再看下去, 那才有意思, 才看到 Grothendieck 的才智! 否则只是别人写下来的一堆符号而已. 这样说不知这部书讲什么是不公平的.

3.2.2 层化

像以前一样, 我们以 **Ab** 记交换群范畴.

给定 Grothendieck 拓扑 T. 将 T 上的所有取值于 **Ab** 的预层 $T^{\mathrm{opp}} \to \mathbf{Ab}$ 组成的交换范畴记为 $\mathfrak{P}$. 以 $\mathfrak{S}$ 记 $\mathfrak{P}$ 内的所有的层组成的范畴, 则 $\mathfrak{S}$ 是 $\mathfrak{P}$ 的全子概形. 以 $i: \mathfrak{S} \to \mathfrak{P}$ 记包含态射. 对于任一 $\mathscr{P} \in \mathfrak{P}$, 可以构造 $\mathscr{P}$ 的**层化**(sheafification) $\mathscr{P}^{++} \in \mathfrak{S}$, 使得对于任一 $\mathscr{F} \in \mathfrak{S}$,

$$\mathrm{Hom}_{\mathfrak{S}}(\mathscr{P}^{++}, \mathscr{F}) \xrightarrow{\sim} \mathrm{Hom}_{\mathfrak{P}}(\mathscr{P}, \mathscr{F})$$

为双射. 初学读者可以略去以下的证明.

首先整理 $U \in \mathrm{Obj}\,(\mathrm{Cat}\,T)$ 的覆盖的全体. 为此我们引入范畴 $\mathfrak{J}_U$ 如下: $\mathrm{Obj}\,(\mathfrak{J}_U)$ 是 $\mathrm{Cov}\,T$ 内 $\{U_\alpha \to U\}_{\alpha \in I}$ 的全体; $\mathfrak{J}_U$ 的一个态射

$$\{U_\alpha \to U\}_{\alpha \in I} \xrightarrow{f} \{V_\nu \to U\}_{\nu \in J}$$

是指有一个映射 $\varepsilon: I \to J$, 使得对于任一 $\alpha \in I$, 有 U-态射 $f_\alpha: U_\alpha \to V_{\varepsilon(\alpha)}$, 即下面的图表交换:

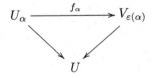

这样的 $\{U_\alpha \to U\}_{\alpha \in I}$ 常称为 $\{V_\nu \to U\}_{\nu \in J}$ 的**加细**(refinement) 覆盖.

设 $f: \{U_\alpha \to U\}_{\alpha \in I} \to \{V_\nu \to U\}_{\nu \in J}$ 是加细覆盖, 则有交换图表

$$\begin{array}{ccccccc} U & \leftarrow & \{U_\alpha\} & \xleftarrow[\hat{1}]{\hat{0}} & \{U_\alpha \times_U U_\beta\} & \xleftarrow[\hat{2}]{\hat{0}} & \{U_\alpha \times_U U_\beta \times_U U_\gamma\} & \Leftarrow \\ \| & & \downarrow f & & \downarrow f \times f & & \downarrow f \times f \times f & \\ U & \leftarrow & \{V_\nu\} & \xleftarrow[\hat{1}]{\hat{0}} & \{V_\nu \times_U V_\mu\} & \xleftarrow[\hat{2}]{\hat{0}} & \{V_\nu \times_U V_\mu \times_U V_\eta\} & \Leftarrow \end{array}$$

现取 $\mathscr{P} \in \mathfrak{P}$, 则得复形同态 f^*:

$$\begin{array}{ccc}
\prod\limits_{\alpha} \mathscr{P}(U_\alpha) \rightrightarrows \prod\limits_{\alpha,\beta} \mathscr{P}(U_\alpha \times_U U_\beta) \longrightarrow \cdots \\
\uparrow {\scriptstyle \mathscr{P}(f)} \qquad \uparrow {\scriptstyle \mathscr{P}(f \times f)} \\
\prod\limits_{\nu} \mathscr{P}(V_\nu) \rightrightarrows \prod\limits_{\nu,\mu} \mathscr{P}(V_\nu \times_U V_\mu) \longrightarrow \cdots
\end{array}$$

这就决定了同态:

$$\begin{array}{c}
\mathrm{Ker}\Big(\prod\limits_{\alpha} \mathscr{P}(U_\alpha) \rightrightarrows \prod\limits_{\alpha,\beta} \mathscr{P}(U_\alpha \times_U U_\beta)\Big) \\
\uparrow {\scriptstyle f_0^*} \\
\mathrm{Ker}\Big(\prod\limits_{\nu} \mathscr{P}(V_\nu) \rightrightarrows \prod\limits_{\nu,\mu} \mathscr{P}(V_\nu \times_U V_\mu)\Big)
\end{array}$$

可以证明: 若有两个加细

$$f, g : \{U_\alpha \to U\}_{\alpha \in I} \to \{V_\nu \to U\}_{\nu \in J},$$

则 $f_0^* = g_0^*$. 从预层 $\mathscr{P} \in \mathfrak{P}$ 出发, 对于 $U \in \mathrm{Obj}\,(\mathrm{Cat}\,T)$, 定义函子

$$\mathscr{P}_U : \mathfrak{J}_U^{\mathrm{opp}} \to \mathbf{Ab}$$

如下:

$$\mathscr{P}_U(\{U_\alpha \to U\}) = \mathrm{Ker}\Big(\prod\limits_{\alpha} \mathscr{P}(U_\alpha) \rightrightarrows \prod\limits_{\alpha,\beta} \mathscr{P}(U_\alpha \times_U U_\beta)\Big).$$

然后通过正向极限定义

$$\mathscr{P}^+(U) = \varinjlim \mathscr{P}_U.$$

我们解释一下这个正向极限的含义. 首先, 在 $\mathfrak{J}_U$ 中定义偏序 $\geqslant$:

$$\{U_\alpha \to U\} \geqslant \{V_\nu \to U\}$$

当且仅当存在 $\mathfrak{J}_U^{\text{opp}}$ 内的态射
$$\{U_\alpha \to U\} \to \{V_\nu \to U\}.$$
对于 $\{U_\alpha \to U\}, \{V_\nu \to U\} \in \text{Cov}\, T$, 有 $\{U_\alpha \times_U V_\nu\} \in \mathfrak{J}_U$, 且有态射

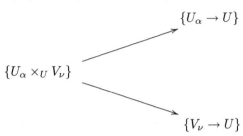

这说明 $(\mathfrak{J}_U, \geqslant)$ 是一个反向系统 (此反向系统的完备化记为 $\bar{\mathfrak{J}}_U$). 于是反范畴 $\mathfrak{J}_U^{\text{opp}}$ 在偏序 $\geqslant$ 下构成正向系统, 它诱导出正向系统 $\mathscr{P}(\mathfrak{J}_U^{\text{opp}})$. $\varinjlim \mathscr{P}_U$ 就是这个正向系统下的正向极限.

若有 $\varphi: V \to U \in \text{Mor}(\text{Cat}\, T)$, 则有函子
$$J(\varphi): \mathfrak{J}_U \to \mathfrak{J}_V,$$
$$\{U_\alpha \to U\} \mapsto \{U_\alpha \times_U V \to V\}.$$

由于 Ker 为函子且下图表交换:

$$\begin{array}{ccc} U_\alpha \times_U V & \Longleftarrow U_\alpha \times_U U_\beta \times_U V \cong (U_\alpha \times_U V) \times_V (U_\beta \times_U V) \\ \downarrow & \downarrow & \\ U_\alpha & \Longleftarrow U_\alpha \times_U U_\beta & \end{array}$$

所以 $\mathscr{P}_U \to \mathscr{P}_U \circ J(\varphi)$ 是函子态射. 于是 φ 诱导出态射
$$\mathscr{P}^+(U) = \varinjlim \mathscr{P}_U \to \varinjlim \mathscr{P}_V = \mathscr{P}^+(V).$$

这说明 $\mathscr{P}^+: T^{\text{opp}} \to \mathbf{Ab}$ 是预层.

在这里我们引入一个术语: 我们说预层 $\mathscr{P}$ 有性质 (+), 如果对于任意的 $\{U_\alpha \to U\} \in \text{Cov}\, T$, $\mathscr{P}$ 决定的态射 $\mathscr{P}(U) \to \prod \mathscr{P}(U_\alpha)$ 是单射.

由下面的引理我们可以看出: 若 $\mathscr{P}$ 是预层, 则 $\mathscr{P}^{++}$ 为层.

引理 3.1 (1) 若 $\mathscr{P} \in \mathfrak{P}$, 则 $\mathscr{P}^+$ 满足条件 (+);
(2) 若 $\mathscr{P} \in \mathfrak{P}$ 满足条件 (+), 则 $\mathscr{P}^+ \in \mathfrak{S}$.

证明 (1) 设 $\mathscr{P} \in \mathfrak{P}$, $\{U_\alpha \xrightarrow{\varphi_\alpha} U\} \in \mathrm{Cov}\, T$. 又设 $\bar{s}_1, \bar{s}_2 \in \mathscr{P}^+(U)$, 使得对于所有的 α 都有

$$\mathscr{P}^+(\varphi_\alpha)(\bar{s}_1) = \mathscr{P}^+(\varphi_\alpha)(\bar{s}_2) \ (\in \mathscr{P}^+(U_\alpha)).$$

按上述正向极限的构造, 存在 $\{V_\nu \to U\} \in \mathrm{Cov}\, T$, 使得 $\bar{s}_1, \bar{s}_2$ 被

$$\mathrm{Ker}\Big(\prod_\nu \mathscr{P}(V_\nu) \rightrightarrows \prod_{\nu,\mu} \mathscr{P}(V_\nu \times_U V_\mu)\Big)$$

中的两个元素 s_1, s_2 所代表. 对于每个 U_α 取定一个这样的 V_ν, 并且记此 ν 为 $\nu(\alpha)$. 这时 $\mathscr{P}^+(\varphi_\alpha)(\bar{s}_i)$ 可由 s_i 在

$$\mathrm{Ker}\Big(\prod_\nu \mathscr{P}(U_\alpha \times_U V_\nu) \rightrightarrows \prod_{\nu,\mu} \mathscr{P}((U_\alpha \times_U V_\nu \times_U V_\mu)\Big)$$

中的像所代表. 由假设条件, 存在 $\{W_{\alpha\omega} \to U_\alpha\} \in \mathrm{Cov}\, T$, 使得 s_1, s_2 在 $\prod_\omega \mathscr{P}(W_{\alpha\omega})$ 中相等. 交换图表

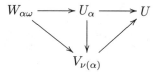

说明 $\{W_{\alpha\omega} \to U\}_\alpha$ 是 $\{V_\nu \to U\}$ 的加细覆盖. 由于 s_1, s_2 在 $\prod_\omega \mathscr{P}(W_{\alpha\omega})$ 中相等, 故 $\bar{s}_1 = \bar{s}_2$. (1) 证毕.

在证明 (2) 之前, 我们先证明以下的事实:

(#) 若 $\mathscr{P} \in \mathfrak{P}$ 满足条件 (+), 则 $\mathfrak{J}_U$ 中的态射 $\{V_\nu \to U\} \xrightarrow{f} \{U_\alpha \to U\}$ 决定的态射

$$\mathrm{Ker}\Big(\prod \mathscr{P}(U_\alpha) \rightrightarrows \prod \mathscr{P}(U_\alpha \times_U U_\beta)\Big)$$
$$\longrightarrow \mathrm{Ker}\Big(\prod \mathscr{P}(V_\nu) \rightrightarrows \prod \mathscr{P}(V_\nu \times_U V_\mu)\Big)$$

是单射.

事实上, 考虑交换图表

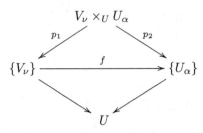

对于固定的 α, 有 $\{V_\nu \times_U U_\alpha \to U_\alpha\}_\nu \in \mathrm{Cov}\, T$. 由条件 (+) 知,

$$\prod_\alpha \mathscr{P}(U_\alpha) \longrightarrow \prod_{\alpha,\nu} \mathscr{P}(V_\nu \times_U U_\alpha)$$

为单射. 另外, $\{V_\nu \times_U U_\alpha \to U\}_{\alpha,\nu} \in \mathrm{Cov}\, T$. 所以

$$p_2 : \{V_\nu \times_U U_\alpha \to U\} \to \{U_\alpha \to U\}$$

是 $\mathfrak{J}_U$ 中的态射, 并且决定单射

$$\mathrm{Ker}(\prod \mathscr{P}(U_\alpha) \rightrightarrows \prod \mathscr{P}(U_\alpha \times_U U_\beta))$$
$$\longrightarrow \mathrm{Ker}(\prod \mathscr{P}(V_\nu \times_U U_\alpha)$$
$$\rightrightarrows \prod \mathscr{P}(V_\nu \times_U U_\alpha \times_U V_\mu \times_U U_\beta)).$$

而 $p_2 = f \circ p_1$, 所以 (#) 中由 f 所决定的态射是单射.

现在返回结论 (2) 的证明. 任取 $\{V_\alpha \to U\} \in \mathrm{Cov}\, T$ 及

$$\bar{s} \in \mathrm{Ker}(\prod \mathscr{P}^+(V_\alpha) \rightrightarrows \prod \mathscr{P}^+(V_\alpha \times_U V_\beta)).$$

我们的目的是证明层的定义中的条件 (∗) 成立, 即 $\mathscr{P}^+$ 中存在其像为 $\bar{s}$ 的元素.

以 $\bar{s}_\alpha \in \mathscr{P}^+(V_\alpha)$ 记 $\bar{s}$ 的分量. 取 $\{W_{\alpha\nu} \to V_\alpha\}_\nu \in \mathrm{Cov}\, T$, 使得存在

$$s \in \mathrm{Ker}(\prod \mathscr{P}(W_{\alpha\nu}) \rightrightarrows \prod \mathscr{P}(W_{\alpha\nu} \times W_{\alpha\nu'}))$$

代表 $\bar{s}_\alpha$. 考虑下面的交换图表 (其中的每个方块均为卡氏图):

$$\begin{array}{ccccc}
\{W_{\alpha\nu}\} & \longleftarrow & \{W_{\alpha\nu} \times_U V_\beta\} & \longleftarrow & \{W_{\alpha\nu} \times_U W_{\beta\mu}\} \\
\downarrow & & \downarrow & & \downarrow \\
\{V_\alpha\} & \longleftarrow & \{V_\alpha \times_U V_\beta\} & \longleftarrow & \{V_\alpha \times_U W_{\beta\mu}\} \\
\downarrow & & \downarrow & & \downarrow \\
U & \longleftarrow & \{V_\beta\} & \longleftarrow & \{W_{\beta\mu}\}
\end{array}$$

由 $W_{\alpha\nu} \longleftarrow W_{\alpha\nu} \times_U V_\beta$ 得到 $\mathscr{P}(W_{\alpha\nu}) \longrightarrow \mathscr{P}(W_{\alpha\nu} \times_U V_\beta)$. 这样, s_α 就决定了

$$s^1_{\alpha\beta} \in \mathrm{Ker}(\prod_\nu \mathscr{P}(W_{\alpha\nu} \times_U V_\beta)$$
$$\Longrightarrow \prod_{\nu,\nu'} \mathscr{P}((W_{\alpha\nu} \times V_\beta) \times_{V_\alpha \times_U V_\beta} (W_{\alpha\nu'} \times V_\beta))).$$

同样地, s_β 决定

$$s^2_{\alpha\beta} \in \mathrm{Ker}(\prod_\mu \mathscr{P}(V_\alpha \times_U W_{\beta\mu})$$
$$\Longrightarrow \prod_{\mu,\mu'} \mathscr{P}((V_\alpha \times_U W_{\beta\mu}) \times_{V_\alpha \times_U V_\beta} (V_\alpha \times_U W_{\beta\mu'}))).$$

由我们假定的 $\bar{s}$ 所满足的性质知, $s^1_{\alpha\beta}$ 与 $s^2_{\alpha\beta}$ 代表 $\mathscr{P}^+(V_\alpha \times_U V_\beta)$ 中的同一元素, 即在

$$\{W_{\alpha\nu} \times_U V_\beta \to V_\alpha \times_U V_\beta\} \text{ 和 } \{V_\alpha \times_U W_{\beta\mu} \to V_\alpha \times_U V_\beta\}$$

的某个共同的加细中 $s^1_{\alpha\beta}$ 等于 $s^2_{\alpha\beta}$. 根据前面所证的事实 (#) 知, $s^1_{\alpha\beta}$ 与 $s^2_{\alpha\beta}$ 在任一共同加细中均相等, 所以在 $\prod_{\nu,\mu} \mathscr{P}(W_{\alpha\nu} \times_U W_{\beta\mu})$ 中 $s^1_{\alpha\beta}$ 等于 $s^2_{\alpha\beta}$. 这就是说, s 属于

$$\mathrm{Ker}(\prod_{\alpha,\nu} \mathscr{P}(W_{\alpha\nu}) \Longrightarrow \prod_{\alpha,\nu,\beta,\mu} \mathscr{P}(W_{\alpha\nu} \times_U W_{\beta\mu})).$$

所以 $\bar{s} \in \mathscr{P}^+(U)$. (2) 证毕 $\square$

注 "层"原来不是这样定义的. 可看 [God 73]. 最早有效地使用"层"当是法国学派 H. Cartan 用在多复变函数论去改进日本人 Oka 做的工作. 见 Gunning and Rossi, Analytic function of several variables, Prentice-Hall, 1965. 这成为多复变函数论的主流方法. 亦可见我国数学与世界科学脱轨了.

§3.3 下　降　法

3.3.1 概形的下降

从这一节开始我们将讨论概形范畴的下降理论. 在算术代数几何中, 将基概形归结到 $\mathrm{Spec}\,\mathbb{Z}$ 或 $\mathrm{Spec}\,O_K$ (O_K 为某个代数数域 K 的整量环) 是不可避免的.

固定一个基概形 S 以及概形态射 $\varphi: S' \to S$, 则有**基变换**(base change) 函子

$$\varphi^*: \mathrm{Sch}/S \to \mathrm{Sch}/S',$$

其定义如下:

(1) 对于 $X \in \mathrm{Obj}\,(\mathrm{Sch}/S)$, 定义 $\varphi^*(X) = X \times_S S'$ (记为 X');

(2) 对于 $u \in \mathrm{Hom}_S(X, Y)(= \mathrm{Hom}_{(\mathrm{Sch}/S)}(X, Y))$, 即有交换图表

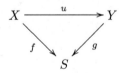

由 X' 的定义, 有交换图表

$$\begin{array}{ccc} X' & \xrightarrow{p_1} & X \\ {\scriptstyle p_2}\downarrow & & \downarrow{\scriptstyle f} \\ S' & \xrightarrow{\varphi} & S \end{array}$$

将以上两个图表结合起来, 得到交换图表

$$\begin{array}{ccc} X' & \xrightarrow{u \circ p_1} & Y \\ {\scriptstyle p_2}\downarrow & & \downarrow{\scriptstyle g} \\ S' & \xrightarrow{\varphi} & S \end{array}$$

而 $Y' = \varphi^*(Y) = Y \times_S S'$, 由纤维积的定义, 存在唯一的态射 $u' : X' \to Y'$, 使得下面图表交换:

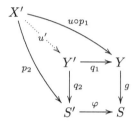

其中 q_1, q_2 为 $Y' = Y \times_S S'$ 到 Y, S' 的投射. 我们就定义 $\varphi^*(u) = u'$. 这样定义的 φ^* 显然是由范畴 Sch/S 到 Sch/S' 的一个函子, 即对于任意的 Sch/S 中的态射 $X \xrightarrow{u} Y \xrightarrow{v} Z$, 由纤维积的定义性质有 $\varphi^*(v \circ u) = \varphi^* v \circ \varphi^* u$.

一个重要的问题是: 对于给定的基概形 S 和两个 S-概形 X, Y, 决定下述态射的像:

$$\begin{aligned} \mathrm{Hom}_S(X, Y) &\xrightarrow{\varphi^*} \mathrm{Hom}_{S'}(X', Y'), \\ u &\longmapsto u' = \varphi^* u. \end{aligned}$$

这就像解方程时, 在求一个方程在某个域 (相当于这里的 S) 中的解时, 去决定该方程在某扩域 (相当于 S') 中的解.

要了解这个问题, 我们找寻 φ^* 的像中的元素所要满足的必要条件. 像前面一样, 设 $\varphi : S' \to S$ 为概形态射, X, Y 为 S-概形, 即有下面的交换图表:

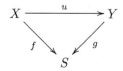

又设 $X' = \varphi^* X = X \times_S S'$, $Y' = \varphi^* Y = Y \times_S S'$,
$$u' = \varphi^* u: X' \to Y'$$
为 S'-概形态射.

设 S' 与自身 (关于同一个态射 $\varphi: S' \to S$) 在 S 上的纤维积为 $S'' = S' \times_S S'$, 即有下面的交换图表:

$$\begin{array}{ccc} S'' & \xrightarrow{\varphi_1'} & S' \\ {\scriptstyle \varphi_2'}\downarrow & {\scriptstyle \psi} \searrow & \downarrow {\scriptstyle \varphi} \\ S' & \xrightarrow{\varphi} & S \end{array}$$

其中 φ_1' 和 φ_2' 是由纤维积的定义给出的 S'' 到两个 S' 的投射, $\psi = \varphi \circ \varphi_1' = \varphi \circ \varphi_2'$. 这样的纤维积常记为

$$S \xleftarrow{\varphi} S' \xleftarrow[\varphi_2']{\varphi_1'} S''.$$

首先考虑 φ_1'. 我们断言 $(\varphi_1')^* X'$ 是

$$f: X \to S \quad \text{和} \quad \psi = \varphi \circ \varphi_1': S'' \to S$$

在 S 上的纤维积. 事实上, 设 Z 为任一概形, $\alpha: Z \to X$ 和 $\beta: Z \to S''$ 为概形态射, 使得下面图表中的实线箭头组成的部分交换:

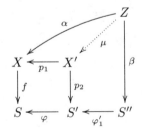

其中 p_1 和 p_2 是纤维积 $X' = X \times_S S'$ 分别到 X 和 S' 的投射. 由于 $X' = X \times_S S'$, 故存在唯一的态射 $\mu: Z \to X'$ (如上面图表中的虚线

箭头所示), 使得上面图表交换, 即有

$$\alpha = p_1 \circ \mu, \qquad \varphi_1' \circ \beta = p_2 \circ \mu. \tag{3.1}$$

由 $(\varphi_1')^*$ 的定义, 有 $(\varphi_1')^*X' = X' \times_{S'} S''$. 设 $(\varphi_1')^*X'$ 到 X' 和 S'' 的投射分别为 p_1' 和 p_2', 即有下面的交换图表

$$\begin{array}{ccc} X' & \xleftarrow{p_1'} & (\varphi_1')^*X' \\ {\scriptstyle p_2}\downarrow & & \downarrow{\scriptstyle p_2'} \\ S' & \xleftarrow{\varphi_1'} & S'' \end{array}$$

由于 $\mu: Z \to X'$ 和 $\beta: Z \to S''$ 满足 $p_2 \circ \mu = \varphi_1' \circ \beta$, 故存在唯一的态射 $\theta: Z \to (\varphi_1')^*X'$, 使得

$$\mu = p_1' \circ \theta, \qquad \beta = p_2' \circ \theta. \tag{3.2}$$

以 p_1 作用于 (3.2) 中的第一个等式, 由 (3.1) 中的第一个等式得到 $p_1 \circ p_1' \circ \theta = p_1 \circ \mu = \alpha$. 由此即知, θ 是满足

$$\begin{cases} \alpha = p_1 \circ p_1' \circ \theta, \\ \beta = p_2' \circ \theta \end{cases}$$

的唯一的态射 (我们说明 θ 的唯一性. 如果有另一个 θ', 使得 $\alpha = p_1 \circ (p_1' \circ \theta')$ 且 $\beta = p_2' \circ \theta'$, 则 $\varphi_1' \circ \beta = \varphi_1' \circ p_2' \circ \theta' = p_2 \circ (p_1' \circ \theta')$. 由于 $X' = X \times_S S'$, 所以 $p_1' \circ \theta' = \mu$. 再用 $\beta = p_2' \circ \theta'$ 以及纤维积 $(\varphi_1')^*X'$ 的定义性质, 即知 $\theta' = \theta$). 这证实了我们的断言. 同时, 我们也看到, $(\varphi_1')^*\varphi^*X$ 到 X 和 S'' 的投射即是 $p_1 \circ p_1'$ 和 p_2'. 于是 (在同构意义下) 有

$$\psi^*X = (\varphi_1)^*X' = (\varphi_1)^*\varphi^*X.$$

这就是说, 对 X 用 φ, φ_1' 两次拉回和用一个 ψ 拉回是一回事. 确切地说, 即

$$(\varphi_1')^*\varphi^* \longrightarrow \psi^*$$

是由范畴 Sch/S 到 Sch/S'' 的两个函子之间的同构.

对于 φ_2' 进行同样的讨论, 也有函子同构

$$(\varphi_2')^*\varphi^* \longrightarrow \psi^*.$$

于是, 对于任意的态射 $u: X \to Y \in \mathrm{Hom}_S(X,Y)$, 有交换图表

$$\begin{array}{ccccc} (\varphi_1')^*\varphi^*X & \xrightarrow{\cong} & \psi^*X & \xleftarrow{\cong} & (\varphi_2')^*\varphi^*X \\ {\scriptstyle (\varphi_1')^*\varphi^*u}\downarrow & & {\scriptstyle \psi^*u}\downarrow & & \downarrow{\scriptstyle (\varphi_2')^*\varphi^*u} \\ (\varphi_1')^*\varphi^*Y & \xrightarrow{\cong} & \psi^*Y & \xleftarrow{\cong} & (\varphi_2')^*\varphi^*Y \end{array}$$

如果将 $(\varphi_1')^*\varphi^*X$ 及 $(\varphi_2')^*\varphi^*X$ 都与 ψ^*X 等同起来, 也将 $(\varphi_1')^*\varphi^*Y$ 及 $(\varphi_2')^*\varphi^*Y$ 与 ψ^*Y 等同起来, 则有

$$(\varphi_1')^*u' = (\varphi_1')^*\varphi^*u = \psi^*u = (\varphi_2')^*\varphi^*u = (\varphi_2')^*u'.$$

这样, 我们得到了前面提出的问题的答案, 即下面的命题:

命题 3.2 设 $\varphi^*: \mathrm{Sch}/S \to \mathrm{Sch}/S'$ 是由 $\varphi: S' \to S$ 诱导的基变换函子,

$$S \xleftarrow{\varphi} S' \underset{\varphi_2'}{\overset{\varphi_1'}{\rightleftarrows}} S''$$

是 S' 在 S 上的纤维积 $S'' = S' \times_S S'$,

$$\varphi_i^*: \mathrm{Sch}/S' \to \mathrm{Sch}/S'' \quad (i=1,2)$$

是由 φ_i 诱导的基变换函子. 又设 X, Y 为 S-概形,

$$X' = \varphi^*X, \quad Y' = \varphi^*Y, \quad u' \in \mathrm{Hom}_{S'}(X',Y').$$

如果存在 $u \in \mathrm{Hom}_S(X,Y)$, 使得 $\varphi^*u = u'$, 则必有

$$\varphi_1^*u' = \varphi_2^*u'.$$

换句话说,

$$\mathrm{Img}\Big(\mathrm{Hom}_S(X,Y) \xrightarrow{\varphi^*} \mathrm{Hom}_{S'}(X',Y')\Big) \subseteq$$

$$\mathrm{Ker}\Big(\mathrm{Hom}_{S'}(X',Y') \underset{\varphi_2^*}{\overset{\varphi_1^*}{\rightrightarrows}} \mathrm{Hom}_{S''}(X'',Y'')\Big), \tag{3.3}$$

其中 $X'' = X \times_S S''$, $Y'' = Y \times_S S''$,

$$\mathrm{Ker}\Big(A \underset{f_2}{\overset{f_1}{\rightrightarrows}} B\Big) = \{a \in A \mid f_1(a) = f_2(a)\}.$$

说明 若在 Sch/S 中取 $\mathcal{M} \subset \mathrm{Mor}(\mathrm{Sch}/\mathcal{S})$ 为所有同构以及它们的纤维积组成的子集, 又对于取定的两个 S-概形 X, Y 以及任一 $\varphi: S' \to S\ (\in \mathrm{Sch}/S)$, 令

$$\mathscr{F}(\varphi) = \{\varphi^*(u) \mid u: X \to Y \text{为 } S\text{-概形态射}\},$$

若 (3.3) 中的 "$\subseteq$" 是 "=", 则 $\mathscr{F}$ 是一个 $\mathcal{M}$-层.

从以上的讨论我们可以理解以下一般的定义.

给定内部存在纤维积的范畴 $\mathfrak{C}$. 假设对于任一 $S \in \mathrm{Obj}\,\mathfrak{C}$, 都已给出一个范畴 $\mathfrak{C}_S$; 对于任一 $\varphi: S' \to S \in \mathrm{Mor}\,\mathfrak{C}$, 又给出函子 $\varphi^*: \mathfrak{C}_S \to \mathfrak{C}_{S'}$. 我们进一步假定以上的资料满足下述四个条件:

(1) 若有 $\mathfrak{C}$ 内的态射 $S'' \xrightarrow{\psi} S' \xrightarrow{\varphi} S$, 则有自然同构

$$\psi^* \circ \varphi^* \xrightarrow{\sim} (\varphi \circ \psi)^*;$$

(2) 若有 $\mathfrak{C}$ 内的态射 $S''' \xrightarrow{\varphi_3} S'' \xrightarrow{\varphi_2} S' \xrightarrow{\varphi_1} S$, 则从 (1) 得出的同构使得下面的图表交换:

$$\begin{array}{ccc} \varphi_3^* \circ \varphi_2^* \circ \varphi_1^* & \xrightarrow{\cong} & (\varphi_2 \circ \varphi_3)^* \circ \varphi_1^* \\ {\scriptstyle\cong}\downarrow & & \downarrow{\scriptstyle\cong} \\ \varphi_3^* \circ (\varphi_1 \circ \varphi_2)^* & \xrightarrow{\cong} & (\varphi_1 \circ \varphi_2 \circ \varphi_3)^* \end{array}$$

(3) $(\mathrm{id})^* = \mathrm{id}$;

(4) 从 (1) 得出的同构

$$(\mathrm{id})^* \circ \varphi^* \xrightarrow{\sim} (\varphi \circ \mathrm{id})^* \quad 及 \quad \psi^* \circ (\mathrm{id})^* \xrightarrow{\sim} (\mathrm{id} \circ \psi)^*$$

均是 id.

从态射 $\varphi: S' \to S$ 得出的纤维积记为 $S' \times_S S'$，亦即有下面的卡式图：

$$\begin{array}{ccc} S' & \xleftarrow{p_1} & S' \times_S S' \\ \varphi \downarrow & & \downarrow p_2 \\ S & \xleftarrow{\varphi} & S' \end{array}$$

并以 ψ 记 $\varphi \circ p_1 = p_2 \circ \varphi$。

我们引进新的范畴 $\mathfrak{C}_\varphi$ 如下：$\mathfrak{C}_\varphi$ 的对象是偶对 (ξ', θ)，其中 $\xi' \in \mathrm{Obj}\,\mathfrak{C}_{S'}$，$\theta: p_1^* \xi' \to p_2^* \xi'$ 为同构；$\mathfrak{C}_\varphi$ 的态射 $(\xi', \theta) \to (\eta', \tau)$ 是指 $\mathfrak{C}_{S'}$ 的态射 $u': \xi' \to \eta'$，它使得下面的图表交换：

$$\begin{array}{ccc} p_1^* \xi' & \xrightarrow{\theta} & p_2^* \xi' \\ p_1^* u' \downarrow & & \downarrow p_2^* u' \\ p_1^* \eta' & \xrightarrow{\tau} & p_2^* \eta' \end{array}$$

这样，我们便可以考虑函子

$$\mathfrak{C}_S \to \mathfrak{C}_\varphi,$$
$$\xi \mapsto (\varphi^* \xi, \psi^*(1_\xi)).$$

当此函子全忠实时，我们便称 $\varphi: S' \to S$ 为**下降态射**(morphism of descent)。此即是说：若有 $\mathfrak{C}_\varphi$ 内的态射 $(\xi' \xrightarrow{u'} \eta', \theta, \tau)$，则有 $\mathfrak{C}_S$ 内的态射 $u: \xi \to \eta$，使得 $u' = \varphi^*(u)$。我们继续以上的讨论。以 $\Delta: S' \to S' \times_S S'$ 记对角态射。$q_i: S' \times_S S' \times_S S' \to S'$ 是第 i 个坐标投射，$p_{ji}: S' \times_S S' \times_S S' \to S' \times_S S'$ 是指 (q_i, q_j)。又引进序列

$$S \xleftarrow{\varphi} S' \xleftarrow[p_2]{p_1} S' \times_S S' \xleftarrow[\substack{p_{21} \\ p_{31} \\ p_{32}}]{} S' \times_S S' \times_S S'.$$

若 $\xi' \in \mathrm{Obj}\,\mathfrak{C}_{S'}$，当以下三个条件成立时，我们称态射 $\theta: p_1^* \xi' \to p_2^* \xi'$ 为 ξ' 的**下降资料**(descent data)：

(1) θ 是同构；

(2) $\Delta^* \circ \theta = \mathrm{id}$;
(3) $p_{32}^*(\theta) p_{21}^*(\theta) = p_{31}^*(\theta)$.

我们还引进范畴 $\mathfrak{D}_\varphi$, 它的对象是偶对 (ξ', θ), 其中 $\xi' \in \mathrm{Obj}\, \mathfrak{C}_{S'}$, θ 是 ξ' 的下降资料; $\mathfrak{D}_\varphi$ 中态射的定义如 $\mathfrak{C}_\varphi$ 中一样. 同样定义函子

$$\mathfrak{C}_S \to \mathfrak{D}_\varphi,$$
$$\xi \mapsto (\varphi^* \xi, \psi^*(1_\xi)).$$

若此函子为范畴同构, 则 φ 称为**有效下降态射**(morphism of effective descent). 此即: 若有 $\mathfrak{D}_\varphi$ 内的 (ξ', θ), 则有 $\xi \in \mathrm{Obj}\, \mathfrak{C}_S$ 及同构 $\rho: \varphi^* \xi \to \xi'$, 使得下面的图表交换:

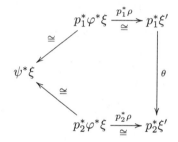

以上的定义看来很复杂. 但这是整个 "模" 理论中的基本思想. 在 3.4.1 小节中我们将看到执行这些指令的一个实际例子.

3.3.2 一般下降

上一段所谈的是纤维范畴下降的特例. 现讨论一般的情形.

投射映射 $\mathrm{pr}_i : X \times \cdots \times X \to X$ 中的因子标号我们将设为从 $i = 0$ 开始, $(x_0, x_1, \cdots, x_i, \cdots) \mapsto x_i$.

定义 3.2 设 $p : \mathfrak{S} \to \mathfrak{C}$ 是一个纤维范畴. 取定 p 的一个拉回的选择. 设 $\mathscr{U} = \{f_i : U_i \to U\}_{i \in I}$ 是 $\mathfrak{C}$ 的一族态射. 假定所有的纤维积 $U_i \times_U U_j$ 和 $U_i \times_U U_j \times_U U_k$ 都存在.

(1) 设有 $X_i \in \mathfrak{S}_{U_i}$ 及同构

$$\varphi_{ij} : \mathrm{pr}_0^* X_i \to \mathrm{pr}_1^* X_j \in \mathfrak{S}_{U_i \times_U U_j}$$

使下图为范畴 $\mathfrak{S}_{U_i \times_U U_j \times_U U_k}$ 内的交换图

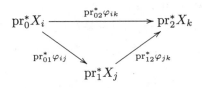

称此图为**上闭链条件** (cocycle condition). 这时我们称 (X_i, φ_{ij}) 为相对于 $\mathscr{U}$ 的**下降资料** (descent datum).

(2) 两个下降资料之间的态射 (morphism of descent data) $\psi : (X_i, \varphi_{ij}) \to (X_i', \varphi_{ij}')$ 是指一组态射: $\psi = (\psi_i)_{i \in I}$, 其中 $\psi_i : X_i \to X_i' \in \mathfrak{S}_{U_i}$, 使得下图

$$\begin{array}{ccc} \mathrm{pr}_0^* X_i & \xrightarrow{\varphi_{ij}} & \mathrm{pr}_1^* X_j \\ \downarrow \mathrm{pr}_0^* \psi_i & & \downarrow \mathrm{pr}_1^* \psi_j \\ \mathrm{pr}_0^* X_i' & \xrightarrow{\varphi_{ij}'} & \mathrm{pr}_1^* X_j' \end{array}$$

在范畴 $\mathfrak{S}_{U_i \times_U U_j}$ 内交换.

不难看出用以上定义便可得到 $\mathscr{U}$ 的**下降资料范畴** (category of descent data), 记之为 $DD(\mathscr{U})$.

设有位形 $T = (\mathrm{Cat}\, T, \mathrm{Cov}\, T)$. 则可问是否有函子

$$\mathrm{Cov}\, T \to DD : \mathscr{U} \mapsto DD(\mathscr{U}).$$

定义 3.3 设 $p : \mathfrak{S} \to \mathfrak{C}$ 是一个纤维范畴. 取定 p 的一个拉回的选择. 设 $\mathscr{U} = \{f_i : U_i \to U\}_{i \in I}$ 是 $\mathfrak{C}$ 的一组态射. 假设所有的纤维积 $U_i \times_U U_j$ 和 $U_i \times_U U_j \times_U U_k$ 都存在.

(1) $X \in \mathfrak{S}_U$ 的**平凡的下降资料**(trivial descent datum) 是相对于 $\{\mathrm{id}_U : U \to U\}$ 的下降资料 (X, id_X).

(2) 取 $X \in \mathfrak{S}_U$, 利用映射组

$$\{f_i : U_i \to U\} \to \{\mathrm{id}_U : U \to U\} \quad (i \in I)$$

把平凡下降资料 (X, id_X) 拉回得出的 $(f_i^* X, can)$ 被我们称为**典范下降资料**(canonical descent datum),

(3) 我们称相对于 $\mathscr{U}$ 的下降资料 (X_i, φ_{ij}) 为**有效下降资料**(effective descent data), 如果存在 $X \in \mathfrak{S}_U$, 使得 (X_i, φ_{ij}) 同构于典范下降资料 $(f_i^* X, can)$.

利用法则: $X \in \mathfrak{S}_U \mapsto X$ 的典范的下降资料, 可得函子

$$\mathfrak{S}_U \longrightarrow DD(\mathscr{U}).$$

可以证明: 一个下降资料为有效下降资料当且仅当此下降资料在以上函子的要像 (essential image) 之内.

§3.4 平坦下降

3.4.1 模的平坦下降

这里所述的下降理论是 Grothendieck 建立的. 在此之前人们只考虑过一些特殊情形. 模的平坦下降是概形的平坦下降 (flat descent) 的基础, 它可以被视为仿射概形的平坦下降.

设 R 是环, M 是 R-模. 如果任一 R-模的正合序列

$$A \longrightarrow B \longrightarrow C$$

用 M 作张量积后得到的序列

$$A \otimes M \longrightarrow B \otimes M \longrightarrow C \otimes M$$

仍然正合, 则称 M 为**平坦的** (flat) R-模. 我们称 R-模 M 是**忠实平坦的**(faithfully flat), 如果上述的两个 R-模序列的正合性相互蕴涵.

设 $f: R \to A$ 是一个 R-代数. 以下我们总是假定 A (在 R 上) 是忠实平坦的. 除特别指出外, 所有的张量积都是在环 R 上的.

我们要考虑与上一节密切相关的类似的问题:

给定一个 A-模 M, 在什么情况下存在一个 R-模 N 使得 $M = A \otimes N$? 更确切地说, M 具有怎样的结构能够保证 N 的存在性与唯一性?

例如, 若 M 是自由 A-模, 取定其一组基, 则有构造自由 R-模 N 的典范的方法, 即将这组基作为 N 的 R-基.

在 A 与自身的各种重数的张量积之间有很多映射. 特别地, 有

$$A \xrightarrow[\xrightarrow{d_1}]{d_0} A \otimes A \begin{array}{c} \xrightarrow{d_0} \\ \xrightarrow{d_1} \\ \xrightarrow{d_2} \end{array} A \otimes A \otimes A \cdots \quad \begin{array}{c} \xleftarrow{s_0} \end{array} \begin{array}{c} \xleftarrow{s_0} \\ \xleftarrow{s_1} \end{array} \tag{3.4}$$

其中 d_i 是所谓的 "面" 算子, 它的作用是将 1 插入张量积的第 i 个位置 (我们将最左端作为第 0 个位置), 例如

$$d_1(a \otimes b) = a \otimes 1 \otimes b.$$

"退化" 算子 s_i 是把第 i 个和第 $i+1$ 个分量相乘, 如 $s_1(a \otimes b \otimes c) = a \otimes bc$. 所有这些映射 d_i, s_i 都是 R-代数同态, 并且满足某些显然的关系式, 例如

$$\begin{aligned} s_0 \circ d_0 &= s_1 \circ d_1 = \cdots = \mathrm{id}, \\ d_0 \circ s_0 &= s_1 \circ d_0, \cdots. \end{aligned} \tag{3.5}$$

这些关系式使得 (3.4) 成为一个所谓 "余单纯形代数" (co-simplicial algebra), 称为 **Amitsur 复形**(Amitsur complex). 我们将仅用到 (3.5) 中的个别的等式.

设 N 是一个 R-模. 我们可以将 N 中的标量扩充到任一 R-代数 A, 其结果记为 N_A, 它典范地同构于 $N \otimes A$ 和 $A \otimes N$. 为方便起见, 以下我们将这两个张量积都记为 N_A. 如果 $A \to B$ 是 R-代数同态, 则它诱导出 A-线性同态 $N_A \to N_B$. 将此事实应用于 (3.4) 式与 N 的张量

积, 我们得到相应的一组映射:

$$N_A \xrightarrow{d_0} N_{A \otimes A} \xrightarrow{d_0} N_{A \otimes A \otimes A} \cdots$$
$$\xrightarrow{d_1} \quad \xrightarrow{d_1}$$
$$\xrightarrow{d_2}$$

$$\xleftarrow{s_0} \quad \xleftarrow{s_0}$$
$$\xleftarrow{s_1}$$

说明 这些映射显然也满足 (3.5) 式中的关系式. 以下的事实是模的平坦下降理论的基础.

命题 3.3 设 R 是环, A 为忠实平坦的 R-代数, N 是 R-模, 则下面的序列正合:

$$N \xrightarrow{\iota} N_A \underset{d_1}{\overset{d_0}{\rightrightarrows}} N_{A \otimes A},$$

其中, 当我们视 N_A 为 $N \otimes A$ 时, 第一个映射定义为 $\iota(n) = n \otimes 1$. 特别地, 序列

$$R \xrightarrow{f} A \underset{d_1}{\overset{d_0}{\rightrightarrows}} A \otimes A$$

正合.

证明 由于 A 在 R 上是忠实平坦的, 所以我们只要证明

$$N_A \xrightarrow{d_0} N_{A \otimes A} \underset{d_1}{\overset{d_0}{\rightrightarrows}} N_{A \otimes A \otimes A} \tag{3.6}$$

正合. 因为 $s_0 \circ d_0 = \mathrm{id}$ (见本命题前的说明), 故 (3.6) 式中的第一个 d_0 是单射. 只要再证明 (3.6) 式在 $N_{A \otimes A}$ 处正合. 对于任一 $x \in \mathrm{Img}(N_A \xrightarrow{d_0} N_{A \otimes A})$, 设 $x = d_0 y = y \otimes 1$, 其中 $y \in N_A$. 则

$$d_0 x = d_0(y \otimes 1) = y \otimes 1 \otimes 1 = d_1(y \otimes 1) = d_1 x,$$

即

$$x \in \mathrm{Ker}\Big(N_{A \otimes A} \underset{d_1}{\overset{d_0}{\rightrightarrows}} N_{A \otimes A \otimes A}\Big).$$

反之,设 $x \in N_{A \otimes A}$ 满足 $d_0 x = d_1 x$,则由 $d_0 \circ s_0 = s_1 \circ d_0$,有
$$x = (s_1 \circ d_1)x = (s_1 \circ d_0)x = (d_0 \circ s_0)x = d_0(s_0 x),$$
故 $x \in \mathrm{Img}(N_A \xrightarrow{d_0} N_{A \otimes A})$. □

现在设 M 是一个 A-模. 用 $A \otimes A$ 作 M 的标量扩充. 当然必须明确 $A \otimes A$ 的 A-模结构, 即 A 在 $A \otimes A$ 上的作用. $A \otimes A$ 的最自然的 A-模结构有以下两种: 对于任意的 $a, a', b \in A$,
$$b \cdot (a \otimes a') := (d_0 b)(a \otimes a') = (1 \otimes b)(a \otimes a') = a \otimes ba',$$
$$b \cdot (a \otimes a') := (d_1 b)(a \otimes a') = (b \otimes 1)(a \otimes a') = ba \otimes a',$$
即通过 d_0 和 d_1 所定义的两种 A-模结构 (其中的 "·" 表示环在模上的作用). 相应于这两种模结构的 M 的标量扩充分别记为
$$(A \otimes A) \otimes_A M \quad \text{和} \quad M \otimes_A (A \otimes A),$$
则有典范同构
$$\begin{aligned}(A \otimes A) \otimes_A M &\xrightarrow{\approx} A \otimes M, \\ (a \otimes a') \otimes m &\longmapsto a \otimes a' m\end{aligned}$$
和
$$\begin{aligned}M \otimes_A (A \otimes A) &\xrightarrow{\approx} M \otimes A, \\ m \otimes (a \otimes a') &\longmapsto am \otimes a'.\end{aligned}$$
(注意, 上面给出的 $A \otimes A$ 的两种模结构保证了这里的两个同构映射是良定义的, 例如, 对于第二个同构, 在其左端相等的元素
$$(b \cdot (a \otimes a')) \otimes m (= (ba \otimes a') \otimes m) \quad \text{和} \quad (a \otimes a') \otimes bm$$
的像皆为 $abm \otimes a'$). 此两式的右端的 $A \otimes A$-模结构是自然的, 即对于 $b, b', a \in A$ 和 $m \in M$, 有
$$(b \otimes b') \cdot (a \otimes m) := ba \otimes b'm, \quad (b \otimes b') \cdot (m \otimes a) := bm \otimes b'a.$$
不难验证, 上述两个同构映射确实是 $(A \otimes A)$-模同构, 即映射与 $A \otimes A$ 的作用可交换.

注 对于一般的 A-模 M, $(A \otimes A) \otimes_A M$ 和 $M \otimes_A (A \otimes A)$ 作为 $(A \otimes A)$-模并不一定同构. 例如, 设 $R = k$ 是一个域, $A = k[x]$ 为 k 上的一元多项式环, $M = A/(x)$, 则

$$(A \otimes A) \otimes_A M \not\cong M \otimes_A (A \otimes A).$$

(试证之). 但是, 若 $M = N_A$ 是某个 R-模 N 用 A 作标量扩充的结果, 则以上的两个 $A \otimes A$-模都典范地同构于 $N_{A \otimes A}$.

回忆本节开始提出的问题, 作为问题出发点的 A-模 M 需要表成某个 R-模 N 的标量扩充, 即 $M = A \otimes N$. 所以我们应当对于 M 作一些限定, 以避免上述的不同构情形的发生. 这就导致下述的定义.

定义 3.4 设 M 是一个 A-模. M 关于 $f\colon R \to A$ 的**下降资料**(descent data) 是指一个 $(A \otimes A)$-模同构

$$\theta \colon M \otimes A \to A \otimes M,$$

使得下面的图表交换:

$$\begin{array}{ccc} M \otimes A \otimes A & \xrightarrow{\theta_2} & A \otimes M \otimes A \\ & \searrow{\theta_1} \quad \swarrow{\theta_0} & \\ & A \otimes A \otimes M & \end{array} \quad (3.7)$$

其中 $\theta_i (i = 0, 1, 2)$ 是在 θ 第 i 个位置插入一个 A 的恒同映射的张量积, 详言之, 即

$$\theta_2(m \otimes a \otimes b) = (\theta(m \otimes a)) \otimes b,$$
$$\theta_0(a \otimes m \otimes b) = a \otimes (\theta(m \otimes b)),$$
$$\theta_1(m \otimes a \otimes b) = (1 \otimes a \otimes 1) \cdot d_1(\theta(m \otimes b))$$

(最后一个等式右端的 "$\cdot$" 表示 $A \otimes A \otimes A$ 在 $A \otimes A \otimes M$ 上的模作用, 即标量乘积).

定理 3.4 设 M 是具有关于 $f\colon R \to A$ 的下降资料 θ 的 A-模. 则存在 R-模 N 和 A-模同构

$$\phi \colon N_A \to M,$$

使得下面的 $(A \otimes A)$-模同态的图表交换:

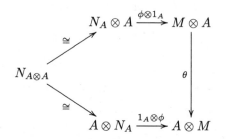

这样的偶对 (N, ϕ) 在自然的同构意义下是唯一的, 被称为 M 关于 $f: R \to A$ 的**下降模**(descended module).

证明 考虑 R-模同态的三角形图表

$$\begin{array}{c} M \xrightarrow{d_0} A \otimes M \\ {}_{d_1}\searrow \quad \nearrow_{\theta} \\ M \otimes A \end{array} \qquad (3.8)$$

此图表不一定交换. 但是, 无论如何, 我们有一对 R-模同态

$$M \underset{\theta d_1}{\overset{d_0}{\rightrightarrows}} A \otimes M.$$

令 K 为这一对映射的核, 即有正合序列

$$K \xrightarrow{\iota} M \underset{\theta d_1}{\overset{d_0}{\rightrightarrows}} A \otimes M. \qquad (3.9)$$

因为 d_0 和 θd_1 均为 R-模同态, 故 K 为 R-模. 由定义, ι 为嵌入映射, 它诱导出 A-模同态

$$\begin{aligned} \phi: \quad K \otimes A & \to M, \\ k \otimes 1 & \mapsto k. \end{aligned}$$

我们要做的事情是: 证明 ϕ 是 A-模同构, 进而证明 (K, ϕ) 符合本定理的要求及其唯一性.

用 A 从右边分别对 (3.8) 和 (3.9) 式作 R 上的张量积, 我们可得到 A-模图表

$$K \otimes A \longrightarrow M \otimes A \underset{\theta d_1 \otimes 1_A}{\overset{d_0}{\rightrightarrows}} A \otimes M \otimes A$$
$$\searrow_{d_1} \quad \nearrow_{\theta_2}$$
$$M \otimes A \otimes A$$

其中 A 从右边作用在模上. 由 θ_2 的定义, 易知此图表中底部的三角形是交换的. 由于 A 是平坦的, 所以此图表的行正合.

将 M 视为 R-模. 根据命题 3.3, 有 R-模正合列

$$M \longrightarrow A \otimes M \underset{d_1}{\overset{d_0}{\rightrightarrows}} A \otimes A \otimes M$$

如果仍然让 A 从右边作用在模上, 则此列为 A-模正合列.

现在考虑 A-模图表 (A 从右边作用在模上)

$$\begin{array}{c} M \otimes A \underset{\theta_2 d_1}{\overset{d_0}{\rightrightarrows}} A \otimes M \otimes A \\ \theta \downarrow \qquad\qquad \downarrow \theta_0 \\ A \otimes M \underset{d_1}{\overset{d_0}{\rightrightarrows}} A \otimes A \otimes M \end{array} \qquad (3.10)$$

其中竖直方向的两个映射 θ 和 θ_0 都是同构, 他们与两个顶部的水平方向的 d_0 组成一个交换的方形图表. 注意到定义下降资料的条件, 即 (3.7) 式, 我们有

$$\theta_0 \theta_2 d_1 = \theta_1 d_1 = d_1 \theta$$

(其中最后的等号是明显成立的). 所以图表 (3.10) 的两个底部的水平方向的映射与竖直方向的两个映射也构成交换的方形图表. 于是同构 θ 诱导出上下两行的核的同构. 已知上行的核是 $K \otimes A$, 直接计算可知下行的核同构于 M. 又由 $\theta_1 = \theta_0 \theta_2$ 容易推出

$$\theta(k \otimes 1) = 1 \otimes k,$$

故 θ 在 $K \otimes A$ 上的限制诱导出 A-模同构

$$K \otimes A \to M,$$
$$k \otimes 1 \mapsto (1 \otimes k \mapsto)k,$$

这恰好是 (3.9) 式之后的 ϕ.

下面我们证明 (K, ϕ) 符合本定理的要求, 即定理中的图表的交换性. 具体写出该图表中的两个斜箭头表示的同构映射, 它们分别是:

$$\sigma_1: \quad K_{A \otimes A} \to K_A \otimes A,$$
$$k \otimes (a \otimes b) \mapsto (k \otimes a) \otimes b,$$

和

$$\sigma_2: \quad K_{A \otimes A} \to A \otimes K_A,$$
$$k \otimes (a \otimes b) \mapsto a \otimes (k \otimes b),$$

其中 $k \in K, a, b \in A$. 于是有

$$(\theta \circ (\phi \otimes 1_A) \circ \sigma_1)(k \otimes (a \otimes b)) = (\theta \circ (\phi \otimes 1_A))((k \otimes a) \otimes b)$$
$$= \theta(ak \otimes b) = a \otimes bk,$$

$$((1_A \otimes \phi) \circ \sigma_2)(k \otimes (a \otimes b)) = (1_A \otimes \phi)(a \otimes (k \otimes b)) = a \otimes bk.$$

这就证明了定理所要求的图表的交换性, 即 $(N, \phi)(= (K, \phi))$ 的存在性得证.

最后我们证明唯一性. 设 (K, ϕ) 和 (N, ψ) 是满足定理要求的两个偶对, 则有 A-模同构 $\varepsilon = \psi^{-1}\phi: K_A \to N_A$, 即有交换图表

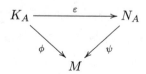

此图表与 A 作 R 上的张量积, 得到 $A \otimes A$-模的交换图表. 注意: 在上面 (N, ϕ) 存在性的证明中这些 $A \otimes A$-模的结构有两种, 它们分别对

应于由面映射 d_0, d_1 给出的 $A \otimes A$ 的两种 A-代数结构. 于是有两个 $A \otimes A$-模的交换图表

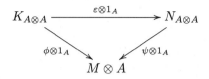

和

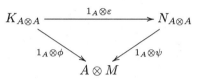

这两个图表被 $A \otimes A$-模同构 $\theta : M \otimes A \to A \otimes M$ 所联系. 将此二图表结合, 得到交换图表

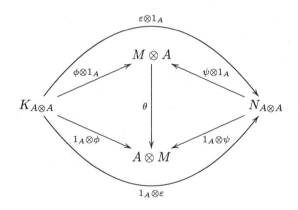

故有

(∗) $\qquad\qquad\qquad 1_A \otimes \varepsilon = \varepsilon \otimes 1_A.$

为了证明唯一性, 我们只需要证明下面的命题:

命题 3.5 设 X, Y 是 R-模, $f : R \to A$ 是忠实平坦 R-代数, 则用序列 (见命题 3.3)

$$R \xrightarrow{f} A \underset{d_1}{\overset{d_0}{\rightrightarrows}} A \otimes A$$

对 X, Y 作标量扩充所得到的 Hom-序列

$$\mathrm{Hom}_R(X, Y) \longrightarrow \mathrm{Hom}_A(X_A, Y_A) \rightrightarrows \mathrm{Hom}_{A \otimes A}(X_{A \otimes A}, Y_{A \otimes A})$$

正合.

说明 事实上, 如果此命题成立, 则由等式 (∗) 即知 A-模同构 $\varepsilon : K_A \to N_A$ 是某个 R-模同构 $\delta : K \to M$ 的标量扩充的结果, 即 $\delta_A = \varepsilon$. 于是图表

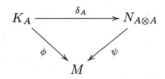

交换, 而这正是我们所需要的由 (K, ϕ) 到 (N, ψ) 的同构. 这就证明了 (N, ψ) (在同构意义下) 的唯一性.

命题 3.5 的证明 设 $u : X \to Y$ 是 R-模同态. 则由标量扩充得到下面的交换图表:

$$\begin{array}{ccccc} X & \longrightarrow & X_A & \underset{d_1}{\overset{d_0}{\rightrightarrows}} & X_{A \otimes A} \\ \downarrow u & & \downarrow u_A & & \downarrow u_{A \otimes A} \\ Y & \longrightarrow & Y_A & \underset{d_1}{\overset{d_0}{\rightrightarrows}} & Y_{A \otimes A} \end{array}$$

由于 $Y \to Y_A$ 是单射, 所以 u 被 u_A 完全决定, 即命题 3.5 中的序列的第一个映射是单的. 只要再证该序列的第一个映射的像包含第二个映射核. 设同态 $v : X_A \to Y_A$ 诱导出的由 $X_{A \otimes A}$ 到 $Y_{A \otimes A}$ 两个同态 $v \otimes 1_A$ 和 $1_A \otimes v$ 相等. 为方便起见, 我们将 X, Y 分别视为 X_A, Y_A 的子集, 则只须证明 v 将 X 映入 Y. 对于模 Y 应用命题 3.3, 我们只要证明: 对于任一 $x \in X$, $v(x)$ 满足等式 $d_0 v(x) = d_1 v(x)$. 事实上,

$$\begin{aligned} d_0 v(x) &= (1_A \otimes v) d_0(x) = (v \otimes 1_A)(\text{假设条件}) \\ &= (v \otimes 1_A) d_1(x) (\text{因为 } x \in X) \\ &= d_1 v(x). \end{aligned}$$

□

3.4.2 可表函子的层结构

我们先证明一个引理, 它将被应用于刻画可表函子的层结构.

引理 3.6 设 S 是拟紧的概形, $p: S' \to S$ 是概形的 fpqc 态射, S'' 是 S' 与自身在 S 上的纤维积:

$$\begin{array}{ccc} S''=S'\times_S S' & \xrightarrow{p_1} & S' \\ {\scriptstyle p_2}\downarrow & {\scriptstyle q}\searrow & \downarrow{\scriptstyle p} \\ S' & \xrightarrow{p} & S \end{array}$$

S'' 到两个 S' 的投射分别记为 p_1, p_2, $q = p \circ p_1 = p \circ p_2$. 又设 $\mathscr{F}$ 和 $\mathscr{G}$ 为两个拟凝聚 S-模, 并将 $q^*\mathscr{F}$ 与 $p_i^* p^* \mathscr{F}$ $(i=1, 2)$ 等同, $q^*\mathscr{G}$ 与 $p_i^* p^* \mathscr{G}$ $(i=1,2)$ 等同. 则下面的序列正合:

$$\operatorname{Hom}_S(\mathscr{F}, \mathscr{G}) \xrightarrow{p^*} \operatorname{Hom}_{S'}(p^*\mathscr{F}, p^*\mathscr{G}) \underset{p_2^*}{\overset{p_1^*}{\rightrightarrows}} \operatorname{Hom}_{S''}(q^*\mathscr{F}, q^*\mathscr{G}).$$

证明 此引理的条件和结论涉及的概念都是局部的, 所以证明可以归结到仿射概形的情形. 具体地说, 由于 S 是拟紧的并且 $f: S' \to S$ 是拟紧的, 所以 S' 由有限多个仿射子概形 S'_i $(i=1,\cdots,n)$ 所覆盖. 令

$$\overline{S}' = \coprod_i S'_i$$

为 S'_i $(i=1,2,\cdots,n)$ 的无缘并,

$$u: \overline{S}' \to S'$$

为自然投射. 则有 fpqc 态射

$$\overline{p} = p \circ u: \overline{S}' \to S.$$

于是有纤维积 $\overline{S}'' = \overline{S}' \times_S \overline{S}'$:

$$\begin{array}{ccc} \overline{S}''=\overline{S}'\times_S \overline{S}' & \xrightarrow{\overline{p}_1} & \overline{S}' \\ {\scriptstyle \overline{p}_2}\downarrow & {\scriptstyle \overline{q}}\searrow & \downarrow{\scriptstyle \overline{p}} \\ \overline{S}' & \xrightarrow{\overline{p}} & S \end{array}$$

在上述记号下, 容易验证下面的图表是交换的:

$$\begin{array}{ccccc}
\mathrm{Hom}_S(\mathscr{F},\mathscr{G}) & \xrightarrow{p^*} & \mathrm{Hom}_{S'}(p^*\mathscr{F},p^*\mathscr{G}) & \underset{p_2^*}{\overset{p_1^*}{\rightrightarrows}} & \mathrm{Hom}_{S''}(q^*\mathscr{F},q^*\mathscr{G}) \\
\parallel & & \downarrow{u^*} & & \downarrow{(u\times u)^*} \\
\mathrm{Hom}_S(\mathscr{F},\mathscr{G}) & \xrightarrow{\bar{p}^*} & \mathrm{Hom}_{\overline{S}'}(\bar{p}^*\mathscr{F},\bar{p}^*\mathscr{G}) & \underset{\bar{p}_2^*}{\overset{\bar{p}_1^*}{\rightrightarrows}} & \mathrm{Hom}_{\overline{S}''}(\bar{q}^*\mathscr{F},\bar{q}^*\mathscr{G})
\end{array}$$

其中右边的方块交换的含义是 $(u\times u)^* \circ p_i^* = \bar{p}_i \circ u^*$ ($i=1,2$). 显然 u 是忠实平坦的, 故 u^* 和 $(u\times u)^*$ 都是单射, 于是此图表的上面的行正合当且仅当下面的行正合. 由于 $\overline{S}'$ 是仿射概形, 所以我们可以在一开始就假定 S' 和 S 都是仿射概形. 设 $S' = \mathrm{Spec}\, R'$, $S = \mathrm{Spec}\, R$, R' 和 R 都是有 1 的交换环, $f: R \to R'$ 是忠实平坦的环同态 (则 $S'' = \mathrm{Spec}\,(R'')$, 其中 $R'' = R' \otimes_R R'$), M 和 N 是 R-模, 只要证明序列

$$\mathrm{Hom}_R(M,N) \longrightarrow \mathrm{Hom}_{R'}(M\otimes_R R', N\otimes_R R') \rightrightarrows \mathrm{Hom}_{R''}(M\otimes_R R'', N\otimes_R R'')$$

正合. 这恰是命题 3.5 的结论. $\square$

余下将要证明一个定理, 它体现了 Grothendieck 的一个观点, 即把层理解为一个可表函子. 这与通常的理解不同.

定理 3.7 *如果函子* $\mathscr{F}: (\mathrm{Sch}/S)^0 \to \mathrm{Sets}$ *是可表的 (即存在* $X \in \mathrm{Sch}/S$, *使得* $\mathscr{F}(\bullet) = \mathrm{Hom}_S(\bullet, X)$), *则* $\mathscr{F}$ *是 fpqc-层.*

证明 依命题的条件, 设

$$\mathscr{F}(\bullet) = \mathrm{Hom}_S(\bullet, X),$$

其中 X 是某个固定的 S-概形.

首先说明 $\mathscr{F}$ 是 $\mathcal{M}_{\mathrm{zariski}}$-层. 设有 S-概形态射

$$\coprod_{i\in I} T_i \longrightarrow T,$$

其中 $\{T_i\}_{i\in I}$ 是 T 的开覆盖. 回想 $\mathcal{M}$-层的定义, 为证明 $\mathscr{F}$ 是 $\mathcal{M}_{\mathrm{zariski}}$-层, 我们需要证明以下两点:

(1) $\mathrm{Hom}_S\left(\left(\coprod_{i\in I} T_i\right), X\right) \longrightarrow \prod_{i\in I} \mathrm{Hom}_S(T_i, X)$ 是双射;

(2) $\mathrm{Hom}_S(T, X) \longrightarrow \mathrm{Hom}_S\left(\coprod_{i\in I} T_i, X\right)$
$\Longrightarrow \mathrm{Hom}_S\left(\left(\coprod_{i\in I} T_i\right) \times_T \left(\coprod_{i\in I} T_i\right), X\right)$ 正合.

事实上, (1) 对于任意的 S-概形态射 $\coprod_{i\in I} T_i \to T$ 都成立; (2) 等价于

$$\mathrm{Hom}_S(T, X) \xrightarrow{\varphi} \prod_{i\in I} \mathrm{Hom}_S(T_i, X)$$
$$\underset{\psi}{\overset{\phi}{\Longrightarrow}} \prod_{i,j\in I} \mathrm{Hom}_S(T_i \times_T T_j, X) \qquad (3.11)$$

正合, 其中 φ 的定义为: 对于 $f \in \mathrm{Hom}_S(T, S)$,

$$\varphi(f) = (\cdots, f \circ \rho_i, \cdots) \in \prod_{i\in I} \mathrm{Hom}_S(T_i, X);$$

ϕ, ψ 定义为: 对于

$$(\cdots, f_i, \cdots) \in \prod_{i\in I} \mathrm{Hom}_S(T_i, X),$$

$\phi((\cdots, f_i, \cdots))$ 在 $\prod_{i,j\in I} \mathrm{Hom}_S(T_i \times_T T_j, X)$ 中 $\{i,j\}$ 处的分量为 $f_i \circ p_i$, $\phi((\cdots, f_i, \cdots))$ 在 $\prod_{i,j} \mathscr{F}(U_i \cap U_j)$ 中 $\{i,j\}$ 处的分量为 $f_j \circ p_j$, 其中 p_i, p_j 如下面图形所示, 是纤维积 $T_i \times_T T_j$ 到 T_i 和 T_j 的投射:

$$\begin{array}{ccc} T_i \times_T T_j & \xrightarrow{p_i} & T_i \\ {\scriptstyle p_j}\downarrow & & \downarrow{\scriptstyle f_i} \\ T_j & \xrightarrow{f_j} & T \end{array}$$

由于 S-概形的态射 $T \to X$ 实际上都是在局部定义的, 而 $\{T_i\}_{i\in I}$ 是 T 的开覆盖, 所以序列 (3.11) 是正合的.

再证 $\mathscr{F}$ 是 $\mathcal{M}_{\mathrm{fpqc}}$-层. 设 S-概形态射 $\theta: T' \to T$ 是 fpqc 态射. 只需证明:

(2′) 下面的序列正合:

$$\mathrm{Hom}_S(T,X) \xrightarrow{f^*} \mathrm{Hom}_S(T',X) \underset{p_2^*}{\overset{p_1^*}{\rightrightarrows}} \mathrm{Hom}_S(T'',X), \tag{3.12}$$

其中第一个箭头 f^* 的含义是明显的, $T'' = T' \times_T T'$, p_1, p_2 分别为 T'' 到两个 T' 的投射, p_i^* $(i=1,2)$ 是由 p_i 所诱导的态射.

容易看出

$$u: \mathrm{Hom}_S(T,X) \to \mathrm{Hom}_T(T, X \times_S T),$$
$$g \mapsto g'$$

是双射, 其中 g' 定义如下: 设 g 为 S-概形态射, 即有交换图表

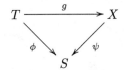

则概形态射 $g: T \to X$ 和 $\mathrm{id}: T \to T$ 决定了唯一的态射

$$g': T \to X \times_S T,$$

使得下面图表交换:

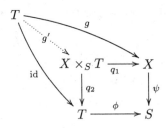

就规定 $g' = u(g)$. 注意: 对于给定的纤维积 $X \times_S T$, 这里的 T-概形态射集合 $\mathrm{Hom}_T(T, X \times_S T)$ 的含义是相对于固定的态射

$$q_2: X \times_S T \to T, \quad \mathrm{id}: T \to T$$

而言的, 其中 q_2 是 $X \times_S T$ 到 T 的投射. 即

$$\operatorname{Hom}_T(T, X \times_S T)$$
$$= \left\{ h: T \to X \times_S T \;\middle|\; \begin{array}{c} T \xrightarrow{h} X \times_S T \\ {}_{\mathrm{id}} \searrow \;\; \swarrow {}_{q_2} \\ T \end{array} \;\text{交换} \right\}$$

(于是 $u^{-1}(g') = q_1 \circ g'$).

类似地, 有双射

$$u': \operatorname{Hom}_S(T', X) \to \operatorname{Hom}_{T'}(T', X \times_S T')$$

和

$$u'': \operatorname{Hom}_S(T'', X) \to \operatorname{Hom}_{T''}(T'', X \times_S T'').$$

为简单起见, 以下以 X_R 代替 $X \times_S R$. 不难验证下面的图表交换:

$$\begin{array}{ccccc}
\operatorname{Hom}_S(T,X) & \xrightarrow{f^*} & \operatorname{Hom}_S(T',X) & \begin{array}{c} \xrightarrow{p_1^*} \\ \xrightarrow{p_2^*} \end{array} & \operatorname{Hom}_S(T'',X) \\
{\scriptstyle u} \downarrow & & {\scriptstyle u'} \downarrow & & \downarrow {\scriptstyle u''} \\
\operatorname{Hom}_T(T,X_T) & \xrightarrow{f^{*\prime}} & \operatorname{Hom}_{T'}(T',X_{T'}) & \begin{array}{c} \xrightarrow{p_1^{*\prime}} \\ \xrightarrow{p_2^{*\prime}} \end{array} & \operatorname{Hom}_{T''}(T'',X_{T''})
\end{array} \quad (3.13)$$

其中 $f^{*\prime}$ 的定义如下: 设 $g' \in \operatorname{Hom}_T(T, X_T)$, 则有 S-态射

$$q_1 \circ g' \circ f: T' \to X \quad \text{和} \quad \mathrm{id}: T' \to T'.$$

这两个态射决定了 T' 到 $X_{T'} = X \times_S T'$ 的唯一的态射 h', 使得下面的图表交换:

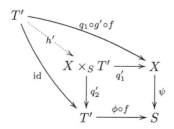

(q_i' ($i=1,2$) 是 $\psi: X \to S$ 与 $\phi \circ f: T' \to S$ 的纤维积 $X \times_S T'$ 到 X 和 T' 的投射). 则定义 $f^{*\prime}(g') = h'$. $p_i^{*\prime}(i=1,2)$ 的定义类似于 $f^{*\prime}$ 的定义. 所以, 为了证明 (2'), 只要证明图表 (3.13) 中底部的序列正合. 这个序列是下面的序列的特例:

$$\operatorname{Hom}_T(X,Y) \xrightarrow{f^{*\prime}} \operatorname{Hom}_{T'}(X',Y') \rightrightarrows \operatorname{Hom}_{T''}(X'',Y''), \quad (3.14)$$

其中 X, Y 为 T-概形, $f: T' \to T$ 为 fpqc 态射,

$$T'' = T' \times_T T', \quad X' = X \times_T T', \quad Y' = Y \times_T T',$$
$$X'' = X \times_T T'', \quad Y'' = Y \times_T T''.$$

(注意: 若取 $Y = X_T = X \times_S T$, 则 $Y' = (X \times_S T) \times_T T' \cong X \times_S T' = X_{T'}$. 同样, $Y'' \cong X_{T''}$). 各箭头的定义都是明显的 (参照上面 $f^{*\prime}$ 的定义, 例如, 对于给定的 $g' \in \operatorname{Hom}_T(X,Y)$, 有态射 $g' \circ q_1: X' \to Y$ (q_1 为 X' 到 X 的投射), 以及投射 $q_2: X' \to T'$, 由纤维积的定义, 有唯一的态射 $h': X' \to Y'$. 我们就定义 $f^{*\prime}(g') = h'$). 因为序列 (3.14) 中用到的概念都是局部定义的, 且 $f: T \to T'$ 是拟紧的, 故可假定 T, T', X, Y 都是仿射的. 于是 X, Y 都是由拟凝聚 $\mathscr{O}_T$- 模定义的. 上一节的引理 3.6 保证了序列 (3.14) 的正合性. □

§3.5 层 范 畴

设有 Grothendieck 拓扑 $T = (\operatorname{Cat} T, \operatorname{Cov} T)$, 且范畴 $\mathfrak{C}$ 内存在乘积. 又设有 T 上取值于 $\mathfrak{C}$ 的预层 $\mathscr{F}, \mathscr{G}$. 从 $\mathscr{F}$ 到 $\mathscr{G}$ 的**态射**(morphism) $f: \mathscr{F} \to \mathscr{G}$ 是指反变函子的态射 (自然变换): 即是说对 Cat T 的每个对象 U 给出 $\mathfrak{C}$ 内的态射 $f_U: \mathscr{F}(U) \to \mathscr{G}(U)$, 使得对 Cat T 内的任一态射 $i: U \to V$ 有以下交换图:

$$\begin{array}{ccc} \mathscr{F}(V) & \xrightarrow{f_V} & \mathscr{G}(V) \\ \downarrow{\mathscr{F}(i)} & & \downarrow{\mathscr{G}(i)} \\ \mathscr{F}(U) & \xrightarrow{f_U} & \mathscr{G}(U) \end{array}$$

所有由 $\mathscr{F}$ 到 $\mathscr{G}$ 的态射所组成的集合记做 $\mathrm{Hom}(\mathscr{F},\mathscr{G})$。

我们称取值于交换群范畴的层 (或预层) 为**交换层**(abelian sheaf) (或**交换预层**(abelian presheaf))。

给出交换预层 $\mathscr{F}$ 我们可以构造交换层 $\mathscr{F}^{++}$ (称为 $\mathscr{F}$ 的层化) 和态射 $i: \mathscr{F} \to \mathscr{F}^{++}$，满足这样的条件：任一从 $\mathscr{F}$ 到交换层 $\mathscr{G}$ 的态射必可唯一的分解为 $\mathscr{F} \xrightarrow{i} \mathscr{F}^{++} \to \mathscr{G}$. (参见 3.2.2 节).

设 T 为 Grothendieck 拓扑. 由 T 上所有的交换层所组成的范畴记为 $\mathfrak{Ab}_T$. 我们亦称 T 上的 $\mathfrak{Ab}_T$ 为一个 **topos**. 关于 topos 的一般理论可以参看 [SGA 4]，一个简单的介绍是 [Ill 04].

定理 3.8　　$\mathfrak{Ab}_T$ 是 Abel 范畴，并且

(1) $\mathfrak{Ab}_T$ 有足够的内射对象；

(2) 设有 $\mathscr{F}_i \in \mathfrak{Ab}_T, i \in I$，则 $\mathfrak{Ab}_T$ 内存在直积 $\prod \mathscr{F}_i$ (这条件称为 AB3*)；

(3) 设有 $\mathscr{F}_i \in \mathfrak{Ab}_T, i \in I$，则 $\mathfrak{Ab}_T$ 内存在直和 $\bigoplus \mathscr{F}_i$. 设有 $\mathscr{F} \in \mathfrak{Ab}_T$ 和有向集 $\{\mathscr{F}_i\}$，其中 $\mathscr{F}_i$ 为 $\mathscr{F}$ 的子层，则对 $\mathscr{F}$ 的任一子集 $\mathscr{G}$ 有

$$\left(\sup_{i \in I} \mathscr{F}_i\right) \cap \mathscr{G} = \sup_{i \in I}(\mathscr{F}_i \cap \mathscr{G}).$$

该条件称为 AB5.

注　　从 $\mathscr{F}_i$ 是 $\mathscr{F}$ 的子层及直和存在，知可取直和所决定之态射 $\bigoplus_{i \in I} \mathscr{F}_i \to \mathscr{F}$ 的像为 $\sup_{i \in I} \mathscr{F}_i$.

证明　　我们先来证明 $\mathfrak{Ab}_T$ 为 Abel 范畴.

(1) 设 $\mathscr{F}, \mathscr{G} \in \mathfrak{Ab}_T$，则 $\mathrm{Hom}(\mathscr{F},\mathscr{G})$ 为交换群，其零元 Θ 为这样的层：对任一 $U \in T, \Theta(U) = 0$.

(2) 设 $\mathscr{F} \to \mathscr{G}$ 为 $\mathfrak{Ab}_T$ 内的态射. 定义预层 $\mathscr{K}$ 如下：对 $U \in \mathscr{T}$，设 $\mathscr{K}(U) = \mathrm{Ker}(\mathscr{F}(U) \to \mathscr{G}(U))$. 我们断定 $\mathscr{K}$ 是层. 原因是这样：设 $\{U_i \to U\} \in \mathrm{Cov}\, T$，则有交换图

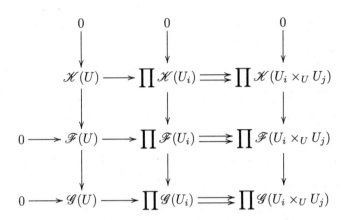

其中第二、三行及所有的列为正合. 于是得知第一行亦是正合. 于是证得 $\mathscr{K}$ 为层. 由定义知有态射 $\mathscr{K} \to \mathscr{F}$. 余下证明 $\mathscr{K} \to \mathscr{F}$ 为 $\mathscr{F} \to \mathscr{G}$ 的核. 首先由定义, $\mathscr{K}$ 为预层态射 $\mathscr{F} \to \mathscr{G}$ 的核, 所以对任意预层 $\mathscr{X}$ 必得正合序列

$$0 \to \mathrm{Hom}(\mathscr{X}, \mathscr{K}) \to \mathrm{Hom}(\mathscr{X}, \mathscr{F}) \to \mathrm{Hom}(\mathscr{X}, \mathscr{G}).$$

于是必然对层 $\mathscr{X}$ 也是正合. 但是 Hom 的定义对预层和层是一样的 (即定义中并没有提及是预层或是层), 所以对任意层 $\mathscr{X}$ 以上序列仍然正合. 这就是说 $\mathscr{K} \to \mathscr{F}$ 为 $\mathscr{F} \to \mathscr{G}$ 的核了.

(3) 给出态射 $f : \mathscr{F} \to \mathscr{G} \in \mathfrak{Ab}_T$, 交换群同态 $f_U : \mathscr{F}(U) \to \mathscr{G}(U)$ 的余核 $(\mathrm{Cok}\, f_U)$ 是 $\mathscr{C}(U) = \mathscr{G}(U)/f_U(\mathscr{F}(U))$ (正确的是指同态 $\mathscr{G}(U) \to \mathscr{C}(U)$). 于是对任意层 $\mathscr{X}$ 有正合序列

$$\begin{array}{ccccccc}
0 & \longrightarrow & \mathrm{Hom}(\mathscr{C}, \mathscr{X}) & \longrightarrow & \mathrm{Hom}(\mathscr{G}, \mathscr{X}) & \longrightarrow & \mathrm{Hom}(\mathscr{F}, \mathscr{X}) \\
& & \updownarrow & & \updownarrow & & \updownarrow \\
& & \mathrm{Hom}(\mathscr{C}^{++}, \mathscr{X}) & & \mathrm{Hom}(\mathscr{G}^{++}, \mathscr{X}) & & \mathrm{Hom}(\mathscr{F}^{++}, \mathscr{X})
\end{array}$$

其中每列的双射是层化 $\bullet \to \bullet^{++}$ 的性质. 但 $\mathscr{F}, \mathscr{G}$ 是层, 于是 $\mathscr{F} \cong$

$\mathscr{F}^{++}, \mathscr{G} \cong \mathscr{G}^{++}$，这样上图便给出以下正合序列：

$$\mathrm{Hom}(\mathscr{F}, \mathscr{X}) \longleftarrow \mathrm{Hom}(\mathscr{G}, \mathscr{X}) \longleftarrow \mathrm{Hom}(\mathscr{C}^{++}, \mathscr{X}),$$

即是说 $\mathscr{G} \to \mathscr{C}^{++}$ 是 $\mathrm{Cok}(\mathscr{F} \to \mathscr{G})$.

(4) 有了 Ker 及 Cok 便可取像为 $\mathrm{Im} f = \mathrm{Ker Cok} f$，余像为 $\mathrm{Coim} f = \mathrm{Cok Ker} f$. 这就证明了 $\mathfrak{Ab}_T$ 是 Abel 范畴.

(5) 设有 $\mathscr{F}_i \in \mathfrak{Ab}_T, i \in I$. 则显然预层 $U \to \prod_{i \in I} \mathscr{F}_i(U)$ 是层. 即 $\mathfrak{Ab}_T$ 内存在直积. 另外, 取交换群直和 $\mathscr{S}(U) = \bigoplus_{i \in I} \mathscr{F}_i(U)$, 则对任何层 $\mathscr{X}$, 从自然单射 $\mathscr{F}_i \to \mathscr{S}$ 得双射

$$\mathrm{Hom}(\mathscr{S}, \mathscr{X}) \to \prod_i \mathrm{Hom}(\mathscr{F}_i, \mathscr{X}).$$

由层化的性质 $\mathscr{S} \to \mathscr{S}^{++}$ 得双射

$$\mathrm{Hom}(\mathscr{S}^{++}, \mathscr{X}) \to \prod_i \mathrm{Hom}(\mathscr{F}_i, \mathscr{X})$$

(从 $\mathscr{F}_i$ 是层知 $\mathscr{F}_i^{++} \cong \mathscr{F}_i$). 于是知道 $\mathscr{F}_i \to \mathscr{S}^{++}$ 是在 $\mathfrak{Ab}_T$ 内 $\{\mathscr{F}_i\}_{i \in I}$ 的直和.

至于 $\mathfrak{Ab}_T$ 内存在足够内射对象, 我们不证了. 这是 Abel 范畴的一个一般性的结果. 证明见文献 A. Grothendieck [Gro 57] Ch I, 1.10.I, 1.10. □

本节余下我们考虑一个特殊情形: 环上的 fppf 层.

固定交换环 R, 取概形 $S = \mathrm{Spec}\, R$. 常以 Sch/R 记 Sch/S. 我们在本节考虑 R 上的 fppf 层 $\mathscr{F}$, 即

$$\mathscr{F} : (\mathrm{Sch}/R)_{\mathrm{fppf}}^{\mathrm{opp}} \to \mathrm{Sets},$$

其中 Sets 是集合范畴. 若 A 是 R-代数, 我们又以 $\mathscr{F}(A)$ 记 $\mathscr{F}(\mathrm{Spec}\, A)$. 从 $(\mathrm{Sch}/R)_{\mathrm{fpqc}} \supseteq (\mathrm{Sch}/R)_{\mathrm{fppf}}$, 用 Grothendieck 定理, 我们把 R 概形 $X \in \mathrm{Sch}/R$ 看成 R 上的 fppf 层. 即是说我们不区分 X 和层 $\mathrm{Hom}_R(\bullet, X)$. 这样 $X(A)$ 是指 $\mathrm{Hom}_R(\mathrm{Spec}\, A, X)$.

我们将用以下术语: 设 A 为 R-代数, 我们说一组 A-代数 $\{B_i\}_{i \in I}$ 为 fppf 覆盖 A, 如果: (1) I 是有限的; (2) 每一 B_i 是平坦有限展示的 A-代数; (3) $\bigcup_{i \in I} \operatorname{Spec} B_i = \operatorname{Spec} A$. 在本节我们简写 fppf 覆盖为覆盖. 所以 "B 覆盖 A" 是说 B 是忠实平坦有限展示的 A-代数.

用以上术语. 一个预层 $\mathscr{F} : (\mathrm{Sch}/S)^{\mathrm{opp}} \to \mathrm{Sets}$ 是 fppf 层的充分必要条件是:

(1) 对任何有限个 R-代数 B_i, 标准映射 $\mathscr{F}(\prod_i B_i) \to \prod_i \mathscr{F}(B_i)$ 是双射.

(2) 对任何 R-代数 A 及任一忠实平坦有限展示的 A-代数 B, 序列

$$\mathscr{F}(A) \xrightarrow{\mathscr{F}(\phi)} \mathscr{F}(B) \underset{\mathscr{F}(i_2)}{\overset{\mathscr{F}(i_1)}{\rightrightarrows}} \mathscr{F}(B \otimes_A B)$$

是正合的, 其中 $\phi : A \to B$ 是 B 作为 A-代数的结构同态, $i_1(b) = b \otimes 1$, $i_2(b) = 1 \otimes b$.

考虑任意范畴 $\mathfrak{C}, \mathfrak{D}$. 设有函子 $T : \mathfrak{C} \to \mathfrak{D}, S : \mathfrak{D} \to \mathfrak{C}$. 可以构造函子 $\mathfrak{D}^{\mathrm{opp}} \times \mathfrak{C} \to \mathrm{Sets} : (B, A) \mapsto \mathrm{Hom}_{\mathfrak{C}}(SB, A)$. 留意从 $\mathfrak{D}$ 内的 $B \to B'$ 和 $\mathfrak{C}$ 内的 $A \to A'$, 我们得

$$\mathrm{Hom}_{\mathfrak{C}}(SB', A) \to \mathrm{Hom}_{\mathfrak{C}}(SB, A) \to \mathrm{Hom}_{\mathfrak{C}}(SB, A').$$

同样可造函子 $\mathfrak{D}^{\mathrm{opp}} \times \mathfrak{C} \to \mathrm{Sets} : (B, A) \mapsto \mathrm{Hom}_{\mathfrak{D}}(B, TA)$. 如果这两个从 $\mathfrak{D}^{\mathrm{opp}} \times \mathfrak{C}$ 到 Sets 的函子之间存在函子同构 $\rho_{BA} : \mathrm{Hom}_{\mathfrak{C}}(SB, A) \to \mathrm{Hom}_{\mathfrak{D}}(B, TA)$, 则我们说 S 是 T 的左伴随函子, 而 T 是 S 的右伴随函子.

以 $\mathfrak{P}/S$ 记 Sch/S 上的预层 $(\mathrm{Sch}/S)^{\mathrm{opp}} \to \mathrm{Sets}$ 所组成的范畴. 以 $(\mathfrak{F}/S)_{\mathrm{fppf}}$ 记 S 上的 fppf 层所组成的范畴, 以 $i : (\mathfrak{F}/S)_{\mathrm{fppf}} \to \mathfrak{P}/S$ 记包含函子. 则可以证明 i 有左伴随函子 $++ : \mathfrak{P}/S \to (\mathfrak{F}/S)_{\mathrm{fppf}}$ 使得 $++$ 与有限反向极限交换. 见 Grothendieck et al. [SGA 3], IV, 4.3, 及 §3.2. 若 $\mathscr{P} \in \mathfrak{P}/S$, 则称 $\mathscr{P}^{++}$ 为 $\mathscr{P}$ 的层化.

设 $\{\mathscr{F}_j\}$ 是 $(\mathfrak{F}/S)_{\mathrm{fppf}}$ 的一个**反向族** (inverse family). 则可在 Sets 内计算反向极限 $\varprojlim \mathscr{F}_j(T)$, 其中 $T \in \mathrm{Sch}/S$. 可以证明预层 $\varprojlim i(\mathscr{F}_j)$:

$T \mapsto \varprojlim \mathscr{F}_j(T)$ 是层, 并且可以定义 $(\mathfrak{F}/S)_{\text{fppf}}$ 内的反向极限 $\varprojlim \mathscr{F}_j$, 使得 $i(\varprojlim \mathscr{F}_j) = \varprojlim i(\mathscr{F}_j)$.

若有 $(\mathfrak{F}/S)_{\text{fppf}}$ 内的**正向族** (direct family) $\{\mathscr{F}_j\}$. 则预层 $\varinjlim i(\mathscr{F}_j)$: $T \mapsto \varinjlim \mathscr{F}_j(T)$ 不一定是层. 可以证明层化后 $(\varinjlim i(\mathscr{F}_j))^{++}$ 是 $\{\mathscr{F}_j\}$ 的正向极限, 即

$$\varinjlim \mathscr{F}_j = (\varinjlim i(\mathscr{F}_j))^{++}.$$

以上的讨论引出以下的定义.

设 $f: \mathscr{F} \to \mathscr{G}$ 为层态射 (注意: f 是函子态射). 则有预层态射 $i(f): i(\mathscr{F}) \to i(\mathscr{G})$. 此时 f 的核 $\operatorname{Ker} f$ 是 $i(f)$ 的核 $\operatorname{Ker}(i(f))$, 因为 $\operatorname{Ker}(i(f))$ 是一个层. 但是 $i(f)$ 的像 $\operatorname{Img}(i(f))$ 不一定是层. 所以作为层态射的像必须取 $\operatorname{Img} f$ 为 $\operatorname{Img}(i(f))^{++}$ (层化 $\operatorname{Img}(i(f))$). 当 $\operatorname{Img} f = \mathscr{G}$ 时我们说 f 是层满射.

设有概形态射 $f: X \to Y$. 若把 X, Y 看做 fppf 层, 则 f 便定出层态射 $\tilde{f}: X \to Y$. 我们需要找寻一个条件用来决定何时 $\tilde{f}$ 是一个层满射. 可以证明以下的结果.

设 $f: \mathscr{F} \to \mathscr{G}$ 为 fppf 层态射, 则 f 为层满射的充分必要条件是: 对任一 R-代数 A 及任意 $\alpha \in \mathscr{G}(A)$ 存在 R-代数 B, fppf 覆盖 A 及 $\beta \in \mathscr{F}(B)$ 使得 $f(\beta) = \alpha_B \in \mathscr{G}(B)$, 在这里 α_B 是指 α 在 $\mathscr{G}(A) \to \mathscr{G}(B)$ 之下的象.

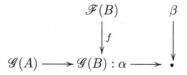

利用上面的关于层满射的充分必要条件不难证明: 有限展示忠实平坦的概形态射为 fppf 层满射.

现在我们先来了解层满射的充分必要条件. 说 $f: \mathscr{F} \to \mathscr{G}$ 是满射是指预层的像的层化 $(\operatorname{Img}(i(f)))^{++} = \mathscr{G}$. 所以我们需要了解预层的层化过程.

我们引入一个条件. 设预层 $\mathscr{G}$ 是预层 $\mathscr{F}$ 的子预层, 如果对任何 R-代数 C 及任一 $\alpha \in \mathscr{F}(C)$, 存在一组 C-代数 $\{B_i\}_{i\in I}$ 覆盖 C 使得对所有 $i \in I$, α 在 $\mathscr{F}(B_i)$ 内的像 α_{B_i} 属于 $\mathscr{G}(B_i)$. 我们就说 "$\mathscr{G}$ 在 $\mathscr{F}$ 内满足条件 $\diamondsuit$".

以上关于层满射的充分必要条件是由以下条件推出:

设 in : $\mathscr{G} \to \mathscr{F}$ 为预层的包含态射. 则层化后 $(\text{in})^{++} : \mathscr{G}^{++} \to \mathscr{F}^{++}$ 为同构的充分必要条件是 $\mathscr{G}$ 在 $\mathscr{F}$ 内满足 $\diamondsuit$.

余下我们假定是使用 fppf 拓扑. 我们将对以上的条件提供证明.

为了了解 $\mathscr{P}^{++}$, 由于这是运算 $\mathscr{P} \to \mathscr{P}^+$ 操作两次所得的, 因此第一步是了解 $\mathscr{P}^+$: 设

$$\mathscr{P} : (\text{Sch}/R)^{\text{opp}} \to \text{Sets}$$

是一个预层. 则预层 $\mathscr{P}^+ : (\text{Sch}/R)^{\text{opp}} \to \text{Sets}$ 是这样定义的: 对任一 R-代数 A, 取

$$\mathscr{P}^+(A) = \varinjlim \text{Ker}\left(\prod_i \mathscr{P}(B_i) \rightrightarrows \mathscr{P}(B_i \otimes_A B_j) \right),$$

其中 $\varinjlim$ 是对所有的 $\{B_i\}_{i\in I}$ fppf 覆盖 A 进行的 (见 §3.1).

首先我们证明

$$\mathscr{P}^+(A) = \varinjlim \text{Hom}_{\mathfrak{P}}(\mathscr{G}, \mathscr{P}),$$

其中我们对 $\tilde{A}$ 内满足条件 $\diamondsuit$ 的子预层 $\mathscr{G}$ 取正向极限.

从定义出发. B_i 的 A-代数结构态射 $A \to B_i$ 给出函子态射 $\tilde{B}_i \stackrel{\psi_i}{\to} \tilde{A}_i$. 设 $\mathscr{T}$ 为 $\tilde{B}_i$ (在预层范畴 $\mathfrak{P}$ 内) 的直和 (I 为有限集). 取态射 $\psi : \mathscr{T} \to \tilde{A}$ 的分量为 ψ_i. 以 $\text{Img}\,\psi$ 记 ψ 在 $\mathfrak{P}$ 内的像. 则 ψ 决定态射 $\tilde{\psi} : \mathscr{T} \to \text{Img}\,\psi$. 在 $\mathfrak{P}$ 内有正合序列

$$\mathscr{T} \times_{\tilde{A}} \mathscr{T} \underset{pr_2}{\overset{pr_1}{\rightrightarrows}} \mathscr{T} \stackrel{\tilde{\psi}}{\to} \text{Img}\,\psi.$$

再者 $\mathscr{T} \times_{\tilde{A}} \mathscr{T} = \bigoplus_{i,j} \tilde{B}_i \times_{\tilde{A}} \tilde{B}_j = \bigoplus_{i,j}(B_i \otimes B_j)^\sim$. 引用 Yoneda 引理, $\text{Hom}_{\mathfrak{P}}(\mathscr{T}, \mathscr{P}) = \prod_i \mathscr{P}(B_i)$ 对任一预层 $\mathscr{P}$ 成立. 于是有 Sets 内正合

序列
$$\mathrm{Hom}_{\mathfrak{P}}(\mathrm{Img}\,\psi, \mathscr{P}) \longrightarrow \prod_i \mathscr{P}(B_i) \rightrightarrows \prod_{i,j} \mathscr{P}(B_i \otimes_A B_j).$$
亦即是说: 在 $\mathscr{P}^+$ 的定义中的 Ker 可以表达为 $\mathrm{Hom}_{\mathfrak{P}}(\mathrm{Img}\,\psi, \mathscr{P})$. 所以
$$\mathscr{P}^+ = \varinjlim \mathrm{Hom}_{\mathfrak{P}}(\mathrm{Img}\,\psi, \mathscr{P}),$$
在这里我们把 $\mathrm{Img}\,\psi$ 看做 $\tilde{A}$ 的子函子. 如此便引起下一步: 这个 $\mathrm{Img}\,\psi$ 有什么性质?

我们先证明: 预层 $\tilde{A}$ 的子预层 $\mathscr{G}$ 在 $\tilde{A}$ 内满足条件 $\diamond$, 当且仅当存在 $\{B_i\}_{i\in I}$ fppf 覆盖 A 使得所有由结构态射 $A \to B_i$ 所决定的态射 $\tilde{B}_i \to \tilde{A}$ 均分解为 $\tilde{B}_i \to \mathscr{G} \to \tilde{A}$.

证明如下: 设 $\{B_i\}$ 有以上的性质. 现取任一 R-代数 C 及 $\alpha \in \tilde{A}(C) = \mathrm{Hom}_R(A, C)$. 求 C 的覆盖 $\{C_i\}$ 使得 $\alpha_{C_i} \in \mathscr{G}(C_i)$. 从 $\{B_i\}$ 得 $C_i = C \otimes_A B_i$. 则 C_i 为平坦 C-代数而且 $\{C_i\}$ 覆盖 C. α 在 $\tilde{A}(C_i)$ 的像为 $\alpha_{C_i} : A \xrightarrow{\alpha} C \to C_i$, 但 C_i 是在 A 上取张量积. 因此 α_{C_i} 亦可分解为 $A \xrightarrow{\psi_i} B_i \to C_i$ (这只是说: $\alpha(a) \otimes 1 = 1 \otimes \psi_i(a)$). 如此由 $A \to B_i$ 所决定之态射 $\tilde{B}_i(C_i) \to \tilde{A}(C_i)$ 的像包含 α_{C_i}. 从 $\{B_i\}$ 的假设性质, 我们便有分解

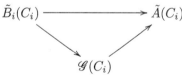

因之 $\alpha_{C_i} \in \mathscr{G}(C_i)$.

反过来, 若 $\mathscr{G}$ 在 $\tilde{A}$ 内满足 $\diamond$. 现取 α 为 $\mathrm{id}_A \in \tilde{A}(A)$. 则按 $\diamond$ 存在 $\{B_i\}$ 覆盖 A, 使得 α 在 $\tilde{A}(B_i)$ 的像 α_{B_i} 是属于 $\mathscr{G}(B_i)$. 但 α_{B_i} 是结构态射 $A \to B_i$, 于是决定态射 $\tilde{B}_i \to \tilde{A}$. 而说 $\alpha_{B_i} \in \mathscr{G}(B_i) = \mathrm{Hom}_{\mathfrak{P}}(\tilde{B}_i, \mathscr{G})$, 即是有分解

证毕.

从以上观察可推出: 若 $\mathscr{P}$ 为预层, 则

$$\mathscr{P}^+(A) = \varinjlim \mathrm{Hom}_{\mathfrak{P}}(\mathscr{G}, \mathscr{P}),$$

其中我们对 $\tilde{A}$ 内满足条件 $\diamond$ 的子预层 $\mathscr{G}$ 取正向极限. 按此说法可以定义态射 $i_{\mathscr{P}} : \mathscr{P} \to \mathscr{P}^+$ 如下: 若 A 为 R-代数. 则取 $i_{\mathscr{P}}(A)$ 为态射

$$\mathscr{P}(A) \cong \mathrm{Hom}_{\mathfrak{P}}(\tilde{A}, \mathscr{P}) \subset \varinjlim_{\mathscr{G}} \mathrm{Hom}_{\mathfrak{P}}(\mathscr{G}, \mathscr{P}).$$

可以证明对一预层 $\mathscr{P}$ 进行两次 + 的操作所得的预层 $(\mathscr{P}^+)^+$ 是一个层 (见 §3.2).

我们证明: $i_{\mathscr{P}^+} : \mathscr{P}^+ \to \mathscr{P}^{++}$ 是单态射. 并且 $\mathscr{P}^+$ 在 $\mathscr{P}^{++}$ 内满足条件 $\diamond$.

对 R-代数 A 有 $i_{\mathscr{P}^+}(A) : \mathscr{P}^+(A) \to \mathscr{P}^{++}(A)$. 说 $i_{\mathscr{P}^+}$ 是单态射是指: 若 $v, w \in \mathscr{P}^+(A)$, $i_{\mathscr{P}^+}(v) = i_{\mathscr{P}^+}(w)$, 则 $v = w$. 要做证明, 便要利用 $\mathscr{P}^+(A)$ 的不同表现方式. 首先注意 $\mathscr{P}^+(A) = \mathrm{Hom}_{\mathfrak{P}}(\tilde{A}, \mathscr{P}^+)$. 这样说两个态射 $v, w : \tilde{A} \to \mathscr{P}^+$ 在 $\mathscr{P}^{++}(A)$ 中等同, 也就是说在态射

$$i_{\mathscr{P}^+}(A) : \mathrm{Hom}_{\mathfrak{P}}(\tilde{A}, \mathscr{P}^+) \to \varinjlim \mathrm{Hom}_{\mathfrak{P}}(\mathscr{G}, \mathscr{P}^+)$$

下的像等同. 即有 $\mathscr{G}$ 及 $v', w' \in \mathrm{Hom}_{\mathfrak{P}}(\mathscr{G}, \mathscr{P})$ 使得 $i_{\mathscr{P}} \circ v' = v|_{\mathscr{G}}$, $i_{\mathscr{P}} \circ w' = w|_{\mathscr{G}}$ 及 $v|_{\mathscr{G}} = w|_{\mathscr{G}}$. 这里我们用了 $\mathscr{P}^+(A) = \varinjlim \mathrm{Hom}_{\mathfrak{P}}(\mathscr{G}, \mathscr{P})$. 由于 $\mathscr{G}$ 是满足条件 $\diamond$, 故有 $\{B_i\}_{i \in I}$ 覆盖 A 并且有分解

现在我们有下图

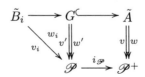

§3.5 层范畴

从 $i_{\mathscr{P}} \circ v_i = i_{\mathscr{P}} \circ w_i$ 知有 $\tilde{B}_i$ 内满足 ◇ 的子预层 $\mathscr{Z}_i$ 使得 $v_i|_{\mathscr{Z}_i} = w_i|_{\mathscr{Z}_i}$. 设 $\{C_{ij}\}_j$ 覆盖 B_i 使有分解 $\gamma_{ij} : \tilde{C}_{ij} \to \mathscr{Z}_i \to \tilde{B}_i$. 于是 $\gamma_{ij} \circ v_i = \gamma_{ij} \circ w_i$.

因为 $\{C_{ij}\}_{i,j}$ 覆盖 A, 所以 $\tilde{C}_{ij}$ 在 $\tilde{A}$ 的象的并集 $\mathscr{Z}$ 满足条件 ◇. 这时又有 $v'|_{\mathscr{Z}} = w'|_{\mathscr{Z}}$. 把 v, w 看成 $\mathscr{P}^+(A) = \varinjlim \mathrm{Hom}_{\mathfrak{P}}(\mathscr{G}, \mathscr{P})$ 之元. 则 $v|_{\mathscr{Z}} = v'|_{\mathscr{Z}}$ 及 $w|_{\mathscr{Z}} = w'|_{\mathscr{Z}}$, 所以 $v = w$.

下面我们证明: 如果 $i_{\mathscr{P}} : \mathscr{P} \to \mathscr{P}^+$ 是单态射, 则 $\mathscr{P}$ 在 $\mathscr{P}^+$ 内满足条件 ◇.

取任意 R-代数 A 及 $\alpha \in \mathscr{P}^+(A)$. 把 $\mathscr{P}^+(A)$ 看做 $\varinjlim \mathrm{Hom}_{\mathfrak{P}}(\mathscr{G}, \mathscr{P})$. 则有 $\tilde{A}$ 内满足 ◇ 的子预层 $\mathscr{G}$ 及 $\alpha' \in \mathrm{Hom}_{\mathfrak{P}}(\mathscr{G}, \mathscr{P})$, 使得 α' 代表 α. 这时若把 $\mathscr{P}^+(A)$ 看做 $\mathrm{Hom}_{\mathfrak{P}}(\tilde{A}, \mathscr{P}^+)$, α 看做态射 $\tilde{A} \to \mathscr{P}^+$, 则有交换图

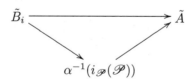

从此看出 $\alpha^{-1}(i_{\mathscr{P}}(\mathscr{P})) \supseteq \mathscr{G}$. 因为 $\mathscr{G}$ 在 $\tilde{A}$ 内满足 ◇, 故此 $\alpha^{-1}(i_{\mathscr{P}}(\mathscr{P}))$ 在 $\tilde{A}$ 内满足 ◇. 于是存在 $\{B_i\}$ 覆盖 A 使其存有分解

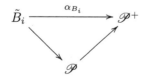

与 $\alpha : \tilde{A} \to \mathscr{P}^+$ 合成, 便有

$$\tilde{B}_i \xrightarrow{\alpha_{B_i}} \mathscr{P}^+$$
$$\searrow \quad \nearrow$$
$$\mathscr{P}$$

亦即是 α 在 $\mathscr{P}^+(B_i)$ 的像 α_{B_i} 属于 $\mathscr{P}(B_i)$. 证毕.

应用以上结果于 $i_{\mathscr{P}^+} : \mathscr{P}^+ \to \mathscr{P}^{++}$ 便得 $\mathscr{P}^+$ 在 $\mathscr{P}^{++}$ 内满足 ◇. 我们可以证明这样的结果:

设预层 $\mathscr{T}$ 有子预层 $\mathscr{P}$. 以 $\text{in}: \mathscr{P} \hookrightarrow \mathscr{T}$ 记包含态射. 则 $\mathscr{P}$ 在 $\mathscr{T}$ 内满足条件 $\diamond$ 当且仅当 $(\text{in})^{++}: \mathscr{P}^{++} \to \mathscr{T}^{++}$ 为同构.

先证明: 设有层 $\mathscr{F}$. 若 $\mathscr{P}$ 满足 $\diamond$, 则由 in 所决定之映射

$$h(\text{in}): \text{Hom}_{\mathfrak{P}}(\mathscr{T}, \mathscr{F}) \to \text{Hom}_{\mathfrak{P}}(\mathscr{P}, \mathscr{F})$$

为双射. 只要证明任一 $\phi: \mathscr{P} \to \mathscr{F}$ 可以唯一的扩张至 $\phi': \mathscr{T} \to \mathscr{F}$, 即对任一 R-代数 A 及任一 $\alpha \in \mathscr{T}(A)$, 必须定义 $\phi'_A(\alpha) \in \mathscr{F}(A)$. 由假设 $\mathscr{P}$ 在 $\mathscr{T}$ 内满足 $\diamond$, 故有 $\{B_i\}_{i \in I}$ 覆盖 A 使得 $\alpha_{B_i} \in \mathscr{P}(B_i)$. 考虑图表

$$\begin{array}{ccc} \prod_i \mathscr{P}(B_i) & \underset{w'}{\overset{v'}{\rightrightarrows}} & \prod_{i,j} \mathscr{P}(B_i \otimes_A B_j) \\ \downarrow \prod_i \phi(B_i) & & \downarrow \prod_{i,j} \phi(B_i \otimes_A B_j) \\ \mathscr{F}(A) \xrightarrow{u} \prod_i \mathscr{F}(B_i) & \underset{w'}{\overset{v'}{\rightrightarrows}} & \prod_{i,j} \mathscr{F}(B_i \otimes_A B_j) \end{array}$$

下一行正合是因 $\mathscr{F}$ 是层. 在上行有

$$(\alpha_{B_i})_{B_i \otimes_A B_j} = \alpha_{B_i \otimes_A B_j} = (\alpha_{B_j})_{B_i \otimes_A B_j},$$

于是 v, w 在 $\prod \mathscr{F}(B_i)$ 的子集 $\{(\phi(\alpha_{B_i}))_{i \in I}\}$ 上等值. 故存在唯一 $\alpha' \in \mathscr{F}(A)$. 取 $\phi'_A(\alpha) = \alpha'$.

现在证明: 若预层 $\mathscr{P}$ 在预层 $\mathscr{T}$ 内满足 $\diamond$, 则包含态射诱导出同构 $\mathscr{P}^{++} \to \mathscr{T}^{++}$. 事实上因为层化函子 ++ 是 $\mathfrak{F} \to \mathfrak{P}$ 的左伴随函子, 即是说有同构

$$\text{Hom}_{\mathfrak{F}}(\mathscr{P}^{++}, \mathscr{F}) \cong \text{Hom}_{\mathfrak{P}}(\mathscr{P}, \mathscr{F}),$$

其中 $\mathscr{P}$ 为预层, $\mathscr{F}$ 为层, 利用上段结果构造交换图

$$\begin{array}{ccc} \text{Hom}_{\mathfrak{F}}(\mathscr{T}^{++}, \mathscr{F}) & \xleftarrow{\approx} & \text{Hom}_{\mathfrak{P}}(\mathscr{T}, \mathscr{F}) \\ \approx \downarrow & & \downarrow h(\text{in}) \\ \text{Hom}_{\mathfrak{F}}(\mathscr{P}^{++}, \mathscr{F}) & \xleftarrow{\approx} & \text{Hom}_{\mathfrak{P}}(\mathscr{P}, \mathscr{F}) \end{array}$$

其中右直下箭头为双射. 故知左边箭头亦为双射. 因为 $\mathscr{F}$ 是任意的层, 所以得出 $\mathscr{P}^{++}$ 与 $\mathscr{T}^{++}$ 同构.

反过来, 现设 $\mathscr{P}^{++}$ 与 $\mathscr{T}^{++}$ 同构, 将证子预层 $\mathscr{P}$ 在 $\mathscr{T}$ 内满足条件 $\Diamond$. 考虑以下图表:

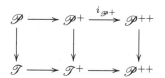

前面已证明 $i_{\mathscr{P}+}$ 是单射并且透过 $i_{\mathscr{P}+}$ 把 $\mathscr{P}^+$ 看做 $\mathscr{P}^{++}$ 的子预层时, $\mathscr{P}^+$ 在 $\mathscr{P}^{++}$ 内满足条件 $\Diamond$. 据假设 $\mathscr{P}^{++}$ 与 $\mathscr{T}^{++}$ 同构. 把 $\mathscr{P}^+$ 看在 $\mathscr{T}^{++}$ 内, 设 $\mathscr{P}_1$ 为 $\mathscr{P}^+$ 在 $\mathscr{T}$ 内之逆像, 我们断言 $\mathscr{P}$ 在 $\mathscr{P}_1$ 内满足 $\Diamond$. 为证此, 取 R-代数 A 及 $\alpha \in \mathscr{P}_1(A)$. 以 ξ 记 α 在 $\mathscr{P}^+(A)$ 的象. 按 $\mathscr{P}^+(A) = \varinjlim \operatorname{Hom}_{\mathfrak{P}}(\mathscr{G}, \mathscr{P})$, 取 $\eta \in \operatorname{Hom}_{\mathfrak{P}}(\mathscr{G}, \mathscr{P})$ 代表 ξ, 其中 $\mathscr{G}$ 在 $\tilde{A}$ 内满足 $\Diamond$. 把以上资料放在下图中:

我们把 ξ 看做 $\mathscr{P}^+(A) = \operatorname{Hom}_{\mathfrak{P}}(\tilde{A}, \mathscr{P}^+)$ 的元. 从此图看出 $\xi^{-1}(\mathscr{P}) \supseteq \mathscr{G}$. 而 $\mathscr{G}$ 在 $\tilde{A}$ 内满足 $\Diamond$. 所以 $\alpha^{-1}(\mathscr{P})$ 在 $\tilde{A}$ 满足 $\Diamond$. 按前面关于 $\tilde{A}$ 满足 $\Diamond$ 的子预层的讨论. 这就说有 $\{B_i\}$ 覆盖 A, 使得有分解

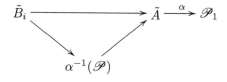

于是有分解

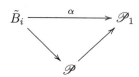

这就证明了 $\mathscr{P}$ 在 $\mathscr{P}_1$ 内满足 ◊.

现在总结: 假设 $\mathscr{P}^{++}$ 与 $\mathscr{T}^{++}$ 同构. $\mathscr{P}^+$ 在 $\mathscr{P}^{++}$ 内满足 ◊. 故 $\mathscr{P}^+$ 在 $\mathscr{T}^{++}$ 内满足 ◊. 作为逆象, 所以 $\mathscr{P}_1$ 在 $\mathscr{T}$ 内满足 ◊. 而已证 $\mathscr{P}$ 在 $\mathscr{P}_1$ 内满足 ◊, 因此, $\mathscr{P}$ 在 $\mathscr{T}$ 内满足 ◊.

作为推论可得:

设 $f: \mathscr{F} \to \mathscr{G}$ 为层态射. 则 f 为层满射的充分必要条件是: 对任一 R-代数 A 及任意 $\alpha \in \mathscr{G}(A)$, 存在代数 B 覆盖 A 及 $\beta \in \mathscr{F}(B)$ 使得 $f(\beta) = \alpha_B \in \mathscr{G}(B)$ (这里 α_B 是指 α 在 $\mathscr{G}(A) \to \mathscr{G}(B)$ 下之像).

把 f 看做预层态射时之象记为 $\mathrm{Img}\, f$. 则 f 为层满射是指 $(\mathrm{Img}\, f)^{++} = \mathscr{G}$. 按以上讨论, 这就等价于要求预层 $\mathrm{Img}\, f$ 在 $\mathscr{G}$ 内满足条件 ◊.

按条件 ◊, 已给 A 及 α, 存在 $\{B_i\}_{i \in I}$ 覆盖 A 及 $\beta_i \in \mathscr{F}(B_i)$ 使得 $f(\beta_i) = \alpha_{B_i}$. 所以若设 f 为层满射, 便取 $B = \prod B_i$ 及 β 等于 (β_i) 在同构 $\mathscr{F}(B) \xrightarrow{\sim} \prod \mathscr{F}(B_i)$ 下之逆像. 反过来, 存在 B 及 β 立即得 f 是层满射.

进一步, 当我们把概形看做 fppf 层的时候, 便有以下推论:

设 $f: X \to Y$ 是概形态射. 则以下两条件等价:

(1) 把 X, Y 看做 fppf 层时所诱导出的层态射 $\tilde{f}$ 是层满射;

(2) 对任意点 $y \in Y$ 存在开邻域 $U(y) \xhookrightarrow{i} Y$, 有限展示忠实平坦的态射 $q(y): V(y) \to U(y)$ 及态射 $s(y): V(y) \to X$, 使得 $fs(y) = iq(y)$.

先证 (1) $\Longrightarrow$ (2). 取 $U(y)$ 为 y 的开仿射邻域 $\mathrm{Spec}\, A$, A 为 R-代数. 包含态射 $i: U(y) = \mathrm{Spec}\, A \hookrightarrow Y$ 属于 $\mathrm{Hom}(\mathrm{Spec}\, A, Y) = Y(A)$. 由假设 $\tilde{f}$ 是层满射, 按前段推论, 知有代数 B 覆盖 A 及 $\beta \in X(B) = \mathrm{Hom}(\mathrm{Spec}\, B, X)$ 使 $\tilde{f}(\beta) = i_B$. 取 $V = \mathrm{Spec}\, B$, q 为结构同态 $A \to B$ 所决定的概形态射 $V \to U$. 则有

$$\begin{array}{ccc} V & \xrightarrow{\beta} & X \\ {\scriptstyle q}\downarrow & & \downarrow{\scriptstyle f} \\ U & \xrightarrow{i} & Y \end{array}$$

这就是 (2) 所求.

现证 (2) $\implies$ (1). 首先我们可以缩小 $U(y)$. 又可以把 V 换为它的有限个元的仿射覆盖. 然后再取这仿射覆盖的仿射概形的直和. 如此做法便可假设 $U(y)$ 及 V 均为仿射概形. 设 $U(y) = \mathrm{Spec}\, A(y)$, $V = \mathrm{Spec}\, A'(y)$.

为了证明 $\tilde{f}$ 是层满射, 我们需要证明: 对 R-代数 A 及 $\alpha \in Y(A)$, 存在 B 覆盖 A, $\beta \in X(B)$, 使 $\tilde{f}(\beta) = \alpha_B$.

取 $\mathrm{Spec}\, A$ 的覆盖 $\mathrm{Spec}\, A_{f_i}$ $(i = 1, 2, \cdots, n)$ 使得 $\alpha \in Y(A) = \mathrm{Hom}(\mathrm{Spec}\, A, Y)$ 把每一 $\mathrm{Spec}\, A_{f_i}$ 映做形如 $U(y_i)$ 的开子集. 由假设 (2) 有交换图

$$\begin{array}{ccccc} \mathrm{Spec}\,(A_{f_i} \otimes_{A(y_i)} A'(y_i)) & \longrightarrow & \mathrm{Spec}\, A'(y_i) & \xrightarrow{\tau(y_i)} & X \\ \downarrow & & \downarrow {\scriptstyle q(y_i)} & & \downarrow f \\ \mathrm{Spec}\, A_{f_i} & \xrightarrow{\alpha} & \mathrm{Spec}\, A(y_i) & \hookrightarrow & Y \end{array}$$

我们以 β_i 记上图第一行两个映射的合成. 设 $B = \prod_i (A_{f_i} \otimes_{A(y_i)} A'(y_i))$ 及 $\beta = (\beta_i) \in X(B) = \prod_i X(A_{f_i} \otimes_{A(y_i)} A'(y_i))$. 则有

$$\begin{array}{ccc} \mathrm{Spec}\, B & \xrightarrow{\beta} & X \\ \downarrow & & \downarrow f \\ \mathrm{Spec}\, A & \xrightarrow{\alpha} & Y \end{array}$$

命题 3.9 设 $f: X \to Y$ 为有限展示忠实平坦的概形态射. 则 f 所决定的层态射 $\tilde{f}: X \to Y$ 为层满射.

证明 对每一 $y \in Y$, 取开仿射邻域 $U(y)$.

存在有限个开仿射的 $V_1, V_2, \cdots, V_n$ 在 $f^{-1}(U(y))$ 内使得 $\{f(V_i)\}$ 覆盖 $U(y)$. 令 $V'(y)$ 为概形 $V_1, V_2, \cdots, V_n$ 的直和. 以 $s(y): V'(y) \to X$ 记 $V_i \hookrightarrow X$ 所定之态射. 如此便得

$$\begin{array}{ccc} V & \longrightarrow & X \\ \downarrow & & \downarrow f \\ U & \longrightarrow & Y \end{array}$$

所需结论从前段等价关系得出. □

§3.6 位形的上同调

我们讲述**上同调**(cohomology) 计算的主要定理. 我们会使用第一章 §6 关于 Abel 范畴复形同调计算. 我们将讨论以下几点: (1) 预层的 Čech 上同调; (2) 交换层的上同调; (3) 高次直像的计算.

(1) 已给 Grothendieck 拓扑 $T = (\operatorname{Cat} T, \operatorname{Cov} T)$. 以 $\mathfrak{P}$ 记定义在 $\operatorname{Cat} T$ 上的交换预层所组成的范畴. 则 $\mathfrak{P}$ 为有足够内射对象的交换范畴. 因此可以对左正合函子求右导函子.

如果 $\mathfrak{A} = \{U_i \to U\}_{i \in I} \in \operatorname{Cov} T$, $\mathscr{F} \in \mathfrak{P}$, 则设

$$H^0(\mathfrak{A}, \mathscr{F}) = \operatorname{Ker}\left(\prod_i \mathscr{F}(U_i) \rightrightarrows \prod_{i,j} \mathscr{F}(U_i \times_U U_j)\right).$$

这样便得到加性左正合函子 $H^0(\mathfrak{A}, \bullet)$:

$$\mathfrak{P} \to \mathfrak{Ab} : \mathscr{F} \longmapsto H^0(\mathfrak{A}, \mathscr{F}).$$

若 U 为 $\operatorname{Cat} T$ 的对象. 范畴 $\mathfrak{I}_U$ 的对象为 $\operatorname{Cov} T$ 内的元素 $\{U_i \to U\}$. $\mathfrak{I}_U$ 的态射是指覆盖的加细映射 (本章 §3.2). 我们定义

$$\check{H}^0(U, \mathscr{F}) = \varinjlim_{\mathfrak{A} \in \mathfrak{I}_U} H^0(\mathfrak{A}, \mathscr{F}).$$

可以证明如此得来的 $\mathfrak{P} \to \mathfrak{Ab} : \mathscr{F} \longmapsto \check{H}^0(U, \mathscr{F})$ 是加性左正合函子. 于是它有右导函子 $R^q(\check{H}^0(U, \bullet))$. 我们称这个右导函子在预层 $\mathscr{F}$ 的取值 $R^q(\check{H}^0(U, \bullet))(\mathscr{F})$ 为 Čech 上同调群, 并记之为 $\check{H}^q(U, \mathscr{F})$.

如经典的上同调群一样, Čech 上同调群可以用 Čech 复形来计算. 给出 $\mathscr{F} \in \mathfrak{P}$ 和 $\mathfrak{A} = \{U_i \to U\}_{i \in I} \in \operatorname{Cov} T$. 由 $\mathfrak{A}$ 得出**单纯复形**(simplicial complex) $(\hat{j} : U_{i_0} \times_U \cdots \times_U U_{i_{q+1}} \to U_{i_0} \times_U \cdots \times_U \hat{U}_{i_j} \cdots \times_U U_{i_{q+1}}$ 是指取消因子 U_{i_j})

$$U \longleftarrow \{U_i\}_{i \in I} \underset{\hat{1}}{\overset{\hat{0}}{\rightrightarrows}} \{U_i \times_U U_j\}_{(i,j) \in I^2} \underset{\hat{2}}{\overset{\hat{0}}{\underset{\hat{1}}{\rightrightarrows}}} \{U_i \times_U U_j \times_U U_k\}_{(i,j,k) \in I^3} \rightrightarrows \cdots$$

用上 $\mathscr{F}$ 便得上单纯复形(cosimplicial complex)

$$\prod_i \mathscr{F}(U_i) \xrightarrow[\mathscr{F}(\hat{1})]{\mathscr{F}(\hat{0})} \prod_{(i,j)} \mathscr{F}(U_i \times_U U_j) \xrightarrow[\mathscr{F}(\hat{2})]{\overset{\mathscr{F}(\hat{0})}{\mathscr{F}(\hat{1})}} \prod_{(i,j,k)} (U_i \times_U U_j \times_U U_k) \rightrightarrows \cdots$$

我们引入符号

$$C^q(\mathfrak{U}, \mathscr{F}) = \prod_{(i_0, \cdots, i_q) \in I^{q+1}} \mathscr{F}(U_{i_0} \times_U \cdots \times_U U_{i_q}).$$

定义上边缘算子 $d^q : C^q(\mathfrak{U}, \mathscr{F}) \to C^{q+1}(\mathfrak{U}, \mathscr{F})$ 如下:

$$(d^q s)_{i_0, \cdots, i_{q+1}} = \sum_{j=0}^{q+1} (-1)^j \mathscr{F}(\hat{j})(s_{i_0, \cdots, \hat{i}_j, \cdots, i_{q+1}}).$$

如常可算出 $d^{q+1} \circ d^q = 0, q \geqslant 0$. 从这个复形 $\{C^q(\mathfrak{U}, \mathscr{F}), d^q\}$ 计算得来的上同调群我们记为 $H^q(C^{\bullet}(\mathfrak{U}, \mathscr{F}))$.

利用 δ 函子的理论我们可以证明

$$\check{H}^q(U, \mathscr{F}) = \varinjlim_{\mathfrak{U} \in \mathfrak{I}_U} H^q(C^{\bullet}(\mathfrak{U}, \mathscr{F})).$$

(2) 已给 Grothendieck 拓扑 $T = (\text{Cat } T, \text{Cov } T)$. 以 $\mathfrak{S}$ 记定义在 T 上的交换层所组成的范畴. 则 $\mathfrak{S}$ 为有足够内射对象的交换范畴. 因此, 如果 f 是从 $\mathfrak{S}$ 到 Abel 范畴的加性左正合函子, 则右导函子 $R^q f$ 存在.

现取 $U \in \text{Cat } T$. 则函子

$$\Gamma_U : \mathfrak{S} \to \mathfrak{Ab} : \mathscr{F} \mapsto \mathscr{F}(U)$$

为加性左正合的. 于是有右导函子 $R^q \Gamma_U$. 我们称 $R^q \Gamma_U(\mathscr{F})$ 为第 q 个上同调群, 并记为 $H^q(U, \mathscr{F})$, (或为 $H^q(T; U, \mathscr{F})$, 或 $H^q_T(U, \mathscr{F})$).

利用 Čech 上同调的谱序列可得双射

$$\check{H}^p(U, \mathscr{F}) \to H^p(U, \mathscr{F}), \quad p = 0, 1.$$

(3) 下面我们讨论**高次像**(higher image).

两个 Grothendieck 拓扑之间的态射 $\phi : T \to T'$ 是指一个函子 $\phi : \mathrm{Cat}\, T \to \mathrm{Cat}\, T'$, 满足以下条件:

(i) 如果 $\{U_i \xrightarrow{\phi_i} U\} \in \mathrm{Cov}\, T$, 则

$$\{\phi(U_i) \xrightarrow{\phi(\phi_i)} \phi(U)\} \in \mathrm{Cov}\, T'.$$

(ii) 如果 $\{U_i \to U\} \in \mathrm{Cov}\, T$ 和 $V \to U$ 为 $\mathrm{Cat}\, T$ 的态射, 则对所有 i,

$$\phi(U_i \times_U V) \to \phi(U_i) \times_{\phi(U)} \phi(V)$$

均为态射.

我们继续前面的记号 $\mathfrak{P}, \mathfrak{S}$ 等. 以 $i : \mathfrak{S} \to \mathfrak{P}$ 记包含函子. 若 $\mathscr{F}$ 为预层则以 $\mathscr{F}^{++}$ 记 $\mathscr{F}$ (对拓扑 T) 的层化. 以 $++: \mathfrak{P} \to \mathfrak{S}$ 记层化函子. 设 $\mathscr{F}' \in \mathfrak{P}'$, 定义 $\phi^p \mathscr{F}'$ 如下: 对 $U \in \mathrm{Obj}(\mathrm{Cat}\, T)$, 取 $\phi^p \mathscr{F}'(U) = \mathscr{F}'(\phi(U))$. 从 $\phi : \mathfrak{T} \to \mathfrak{T}'$ 我们得 $\phi^p : \mathfrak{P}' \to \mathfrak{P}$. 这样我们便定义 $\phi^s : \mathfrak{S}' \to \mathfrak{S}$ 为

$$\mathfrak{S}' \xrightarrow{\iota'} \mathfrak{P}' \xrightarrow{\phi^p} \mathfrak{P} \xrightarrow{++} \mathfrak{S}.$$

可以证明 ϕ^s 为加性左正合.

利用 Leray 谱序列可以计算 ϕ^p 的左导函子 $R^q(\phi^p) : \mathfrak{S}' \to \mathfrak{S}$ 如下: 对 $\mathscr{F}' \in \mathfrak{S}'$, $R^q(\phi^p)(\mathscr{F}')$ 是预层 $U \longmapsto H^q(f(U), \mathscr{F}')$ 对应拓扑 T 的层化.

作为以上的例子我们考虑 fppf 拓扑.

取概形 X, 我们定义小 fppf 位形 X_{fppf}. 我们取 $\mathrm{Cat}(X_{\mathrm{fppf}})$ 的对象为忠实平坦有限展示概形态射 $T \to X$, 取 $\mathrm{Cov}(X_{\mathrm{fppf}})$ 的元素为 $(\mathrm{Sch}/X)_{\mathrm{fppf}}$ 的元素

$$\left\{ \begin{array}{c} U_i \longrightarrow U \\ \searrow \quad \swarrow \\ X \end{array} \right\},$$

但要求 $U_i \to X, U \to X$ 均属于 $\mathrm{Cat}(X_{\mathrm{fppf}})$.

§3.6 位形的上同调   107

现设有概形态射 $f: X' \to X$, 则把 $T \to X$ 映为 $T \times_X X' \to X'$ 的函子定义拓扑态射 $\phi: X_{\text{fppf}} \to X'_{\text{fppf}}$. 在 X_{fppf} 上的交换层范畴记做 $\mathfrak{S}$. 则有加性左正合函子 $\phi^s: \mathfrak{S}' \to \mathfrak{S}$. 我们以 f_* 记这个函子并称它为**直像函子**(direct image functor). 按前所引命题, 则 $R^q f_* \mathscr{F}'$ 是 X_{fppf} 上的预层 $T \mapsto H^q(T \times_X X', \mathscr{F})$ 的层化.

取 Grothendieck 拓扑的态射 $\phi: T \to T'$. 以 $\mathfrak{P}$ 记定义在 T 上的交换预层所组成的范畴. 以 $\mathfrak{S}$ 记定义在 T 上的交换层所组成的范畴.

设 $\mathscr{F} \in \mathfrak{P}$. 取 $U' \in T'$. 引入范畴 $I_{U'}$ 如下: 此范畴的对象是 (U, i'), 其中 $U \in T$ 和 $i': U' \to \phi(U)$; 态射 $(U_1, i'_1) \to (U_2, i'_2)$ 是指态射 $i: U_1 \to U_2$ 使得下图交换:

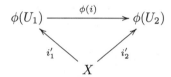

用 $(U, i') \mapsto \mathscr{F}(U)$ 得函子 $\mathscr{F}_{U'}: I_{U'}^{\text{opp}} \to \mathfrak{Ab}$. 现定义

$$(\phi_p(\mathscr{F}))(U') = \varinjlim_{I_{U'}^{\text{opp}}} \mathscr{F}_{U'} = \varinjlim_{(U, i')} \mathscr{F}(U),$$

这样便得

$$\mathfrak{P} \to \mathfrak{P}': \mathscr{F} \mapsto \phi_p(\mathscr{F}).$$

利用层化函子 $\mathfrak{P} \to \mathfrak{S}: \mathscr{A} \mapsto A^{++}$ 得

$$\phi_s: \mathfrak{S} \to \mathfrak{S}': \mathscr{F} \mapsto (\phi_p(\mathscr{F}))^{++}.$$

现在设有概形态射 $f: X \to X'$. 则把 $U \to X$ 映为 $U \times_X X' \to X'$ 的函子定义 étale 拓扑态射 $\phi: X_{\text{ét}} \to X'_{\text{ét}}$. 以 $\mathfrak{S}_{\text{ét}}$ 记定义在 $X_{\text{ét}}$ 上的交换层所组成的范畴. 对 $\mathscr{F} \in \mathfrak{S}_{\text{ét}}$, 取 $f^*\mathscr{F}$ 为 $\phi_s(\mathscr{F})$, 称之为 $\mathscr{F}$ 的**逆像**(inverse image). 可以证明 f^* 是 f_* 的左伴随函子, 即

$$f^* \dashv f_*.$$

设 X 为概形,$X_{\text{ét}}$ 为 X 的 étale 拓扑位形.

在 $X_{\text{ét}}$ 上的交换层所组成的范畴 $\mathfrak{S}(X_{\text{ét}})$ 是 Abel 范畴. 这个 Abel 范畴为有足够内射对象的 Abel 范畴.

如前,以 $\mathfrak{Ab}$ 记交换群范畴. 可以证明

$$X_{\text{ét}} \to \mathfrak{Ab} : \mathscr{F} \mapsto \mathscr{F}(X) = \Gamma(X, \mathscr{F})$$

是左正合函子. 于是可取右导函子得复形 $R\Gamma(X,\mathscr{F})$. 这个复形的 n 次上同调群 $H^n(R\Gamma(X,\mathscr{F}))$ 记为 $H^n_{\text{ét}}(X,\mathscr{F})$ 或 $H^n(X_{\text{ét}},\mathscr{F})$. 这便是概形 X 的 n 次 **étale 上同调群** (étale cohomology group).

设 X 为概形,U 为 X 的开子概形. 取 $Z = X \setminus U$,以 i,j 记包含态射

$$Z \xrightarrow{i} X \xleftarrow{j} U.$$

定义范畴 $\mathrm{T}(X)$ 如下:对象是 $(\mathscr{F}_1, \mathscr{F}_2, \phi)$,其中 $\mathscr{F}_1 \in \mathfrak{S}(Z_{\text{ét}})$,$\mathscr{F}_2 \in \mathfrak{S}(U_{\text{ét}})$ 及 $\phi : \mathscr{F}_1 \to i^*j_*\mathscr{F}_2$. 态射 $(\mathscr{F}_1,\mathscr{F}_2,\phi) \to (\mathscr{F}'_1,\mathscr{F}'_2,\phi')$ 是指 (ψ_1,ψ_2),其中 $\psi_1 : \mathscr{F}_1 \to \mathscr{F}'_1$, $\psi_2 : \mathscr{F}_2 \to \mathscr{F}'_2$ 使得下图交换:

$$\begin{array}{ccc} \mathscr{F}_1 & \xrightarrow{\phi} & i^*j_*\mathscr{F}_2 \\ \psi_1 \downarrow & & \downarrow i^*j_*\psi_2 \\ \mathscr{F}'_1 & \xrightarrow{\phi'} & i^*j_*\mathscr{F}'_2 \end{array}$$

从伴随关系 $j^* \dashv j_*$ 知,对 $\mathscr{F} \in \mathfrak{S}(X_{\text{ét}})$ 有 $\mathrm{Hom}(\mathscr{F}, j_*j^*\mathscr{F}) \cong \mathrm{Hom}(j^*\mathscr{F}, j^*\mathscr{F})$. 对应于恒等态射 $\mathrm{id} : j^*\mathscr{F} \to j^*\mathscr{F}$ 的态射 $\mathscr{F} \to j_*j^*\mathscr{F}$ 记为 $\phi_{\mathscr{F}}$. 可以证明把 $\mathscr{F} \in \mathfrak{S}(X_{\text{ét}})$ 映为 $(i^*\mathscr{F}, j_*\mathscr{F}, \phi_{\mathscr{F}})$ 给出 $\mathfrak{S}(X_{\text{ét}})$ 到 $\mathrm{T}(X)$ 的等价. (见 [Mil 80] Chap II, Thm 3.10).

利用法则 $\mathscr{F} \mapsto (0,\mathscr{F},0)$ 得出函子

$$j_! : \mathfrak{S}(U_{\text{ét}}) \to \mathrm{T}(X) \equiv \mathfrak{S}(X_{\text{ét}}).$$

设 X 为代数簇,则有完备簇 $\bar{X}$ 使 X 为 $\bar{X}$ 之开子簇 $j : X \to \bar{X}$ (Nagata, J. Math. Kyoto Univ, 3(1963) 85-102). 设 $\mathscr{F}$ 为 X 的 ét

挠层, 即 $\mathscr{F}$ 取值于挠交换群范畴. 我们定义**紧支上同调**(cohomology of compact support) $H^n_c(X_{\text{ét}}, \mathscr{F})$ 为 $H^n(\bar{X}_{\text{ét}}, j_!(\mathscr{F}))$(见 [SGA 4-3, Exp XVII]; [Del 77] [Arcata] IV §5). 这与 $\bar{X}$ 的选取无关 (见 [Mil 80], Chap VI, Prop 3.1).

单看这个 étale 上同调群的定义是空的. 首先你需要知道几个基本的例子:

(1) 设 k 是代数数域, $X = \text{Spec } k$. 这时 $X_{\text{ét}}$ 是什么? 这些上同调群 $H^\bullet_{\text{ét}}(X, *)$ 是什么? 这与数论里 Galois 上同调群有关, 参看扶磊的教本 [Fu 11] Chap 4 和 227 页.

(2) 在 X 是代数曲线时, 上同调群 $H^\bullet_{\text{ét}}(X, *)$ 是什么? 参看 Deligne [Del 77] ([Arcata] Chap III, 27-38 页) 及 [Mil 80] (Chap V).

(3) 若 X 是有限域上的代数簇, Galois 群作用于上同调群 $H^\bullet_{\text{ét}}(X, *)$. 在这作用下 Frobenius 元的特征值的计算便是 Weil 猜想的问题. 有两个证明, 参见 Deligne ([Del 74]) 和 Laumon([LM 87]). Kiehl 为此写了两部书 [FK 88], [KW 01].

(4) 当 X 是 Abel 簇时, 上同调群 $H^\bullet_{\text{ét}}(X, *)$ 是与 p-可除群及 Dieudonne 晶体有关. 这是一个颇大的学问! 参看 [Tat 66], [DeJ 98], [Mes 07], [Rap 94].

老实说, 应该认真地念一部 étale cohomology 的书, 否则是空空的没有感觉, 不会有深刻的学问做研究的基础. 你可以看原著 SGA4, 或者一部教本如 [Fu 11].

第 4 章　叠

在前面几章我们谈到了可表函子以及与其相关的一些概念和结果. 现在考虑从交换环范畴到集合范畴的某个函子 F, 我们希望 F 可以由一个概形来表示. 从实例知道, 并不是任意的 F 都能满足我们的希望, 也就是说, 为了能做到这一点, 必须对于 F 加上一些限制条件. 为了提供这样的较为方便的条件, Artin 引入了代数空间, 而 Deligne 和 Mumford (见参考文献 Deligne 和 Mumford [DM 69] §4) 引入了叠 (英文: stacks, 法文: champs) 的概念. 这两个概念各自推广了概形这种代数结构. 现今已有专著分别介绍代数空间理论 (Knutson [Knu 71]) 和叠论 (Laumon 及 Moret-Bailly [LM 20]). 从这些专著的庞大的篇幅来看, 读者会同意本书并不是详细讨论这些理论的地方. 我们在这里只能对这些概念的定义作一些解说, 以便有助于读者对于这些知识及本书后面的章节的学习.

Artin (见参考文献 Artin [Art 71], 第 16 页) 曾说, 找到不是概形的代数空间的例子并不容易. 事实上, 一维代数空间和二维光滑代数空间都一定是概形 (但是存在不是概形的有奇点的二维代数空间). 可以证明: 任一代数空间中皆存在稠密子集, 而这个子集是仿射概形. 我们可以笼统地说: 代数空间是用代数函数把仿射概形粘合起来得出的结构. 但是这种说法并不会使得以下将要介绍的定义变得容易理解.

给定一组用代数的方法所定义的条件, 进而考虑满足这组条件的数学结构的等价类所组成的集合. 这就是"模问题"中所遇到的函子, 记为 F. Grothendieck 指出: F 要满足两个条件. 第一, F 要满足"下降条件", 即 F 是一个层. 这个条件在第 3 章中已讨论过. 第二, 要求 F 的"无穷小" (infinitesimal) 结构满足"形变" (deformation) 条件. 本章 §4.2 将介绍形变理论. 复解析空间的形变理论是 Kodaira 和 Spencer 最先提出的 (见参考文献 Kodaira [Kod 86]). Grothendieck (见参考文献 Grothendieck [FGA, 190]) 讨论了代数集合的形变理论. Schlessinger [Sch 68] 提供了一个常用的条件用以决定 F 是否是"投射可表的"(pro-representable), 这比 Artin 所用的"万有形变"(universal deformation) 略强. 关于形变理论看 [Har 10], [Sei 10].

虽然本章主要是定义, 但是熟习了后看原始文献会方便点.

§4.1 2-范　畴

4.1.1 定义

一个 **2-范畴**(2-category) 由下述资料组成:

(1) 一个范畴 $\mathfrak{C}$, 其对象为 $\mathrm{Obj}\,\mathfrak{C}$, 态射的全体为
$$\mathrm{Mor}(\mathfrak{C}) = \bigcup_{A,B \in \mathrm{Obj}\,\mathfrak{C}} \mathrm{Mor}_{\mathfrak{C}}(A, B)$$
态射的合成为
$$\mathrm{Mor}_{\mathfrak{C}}(A, B) \times \mathrm{Mor}_{\mathfrak{C}}(B, C) \to \mathrm{Mor}_{\mathfrak{C}}(A, C) : (f, u) \mapsto u \bullet f,$$
以及对于每个对象 $A \in \mathrm{Obj}\,\mathfrak{C}$, 有恒同态射 $1_A : A \to A$. 这个范畴被称为**底范畴**(underlying category). 有时我们把正在定义的 2-范畴也简记为 $\mathfrak{C}$.

(2) 对于每一对对象 $A, B \in \mathrm{Obj}\,\mathfrak{C}$, 集合 $\mathrm{Mor}_{\mathfrak{C}}(A, B)$ 是一个范畴. 其中常用的术语有:

(i) 范畴 $\mathrm{Mor}_{\mathfrak{C}}(A, B)$ 的对象将被称为从 A 到 B 的 **1-态射** (1-morphism) 或 **1-胞腔**(1-cell).

(ii) 在范畴 $\mathrm{Mor}_{\mathfrak{C}}(A, B)$ 中从一个 1-胞腔 $f : A \to B$ 到另一个 1-胞腔 $g : A \to B$ 的态射将被称做 **2-态射** (2-morphism) 或 **2-胞腔** (2-cell), 记做 $\alpha : f \to g$,

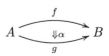

从 A 到 B 的 1-胞腔之间的所有 2-态射的集合记做

$$2\text{-Mor}_{\mathfrak{C}}(A,B) = \left\{ A \underset{}{\overset{\Downarrow}{\rightrightarrows}} B \right\}.$$

(iii) 对于范畴 $\text{Mor}_{\mathfrak{C}}(A,B)$ 的对象的三元组 f, g, h, 2-态射 $\alpha : f \to g$ 和 $\beta : g \to h$ 在 $\text{Mor}_{\mathfrak{C}}(A,B)$ 中的合成被称为**竖直合成**(vertical composition),记做 $\beta \circ \alpha$,

$$A \xrightarrow[h]{f \ \Downarrow\alpha \ g \ \Downarrow\beta} B \quad \text{合成为} \quad A \xrightarrow[g]{f \ \Downarrow\beta\circ\alpha} B.$$

其恒同态射记做

$$A \xrightarrow[f]{f \ \Downarrow 1_f} B.$$

(3) 对于 $\text{Obj}\,\mathfrak{C}$ 中的对象三元组 A, B, C, 范畴的双函子

$$\text{Mor}_{\mathfrak{C}}(A,B) \times \text{Mor}_{\mathfrak{C}}(B,C) \to \text{Mor}_{\mathfrak{C}}(A,C),$$

把一对对象 (1-胞腔) $(f : A \to B, u : B \to C)$ 映到 $u \bullet f : A \to C$, 并且把一对态射 (2-胞腔)

$$A \xrightarrow[g]{f \ \Downarrow\alpha} B \quad \text{和} \quad B \xrightarrow[v]{u \ \Downarrow\gamma} C$$

映到 2-胞腔

$$A \xrightarrow[g]{f \ \Downarrow\alpha} B \xrightarrow[v]{u \ \Downarrow\gamma} C = A \xrightarrow[v\bullet g]{u\bullet f \ \Downarrow\gamma\star\alpha} C,$$

我们把它称做**水平合成**(horizontal composition), 记为 $\gamma \star \alpha : u \bullet f \Rightarrow v \bullet g$. 注意, 在水平合成的定义中隐含着我们同时需要的 $\bullet$ 和 $\star$ 两者.

把 Obj $\mathfrak{C}$ 作为对象, 同时对于对象的任一有序对 (A,B) 把集合 2-$\mathrm{Mor}_\mathfrak{C}(A,B)$ 作为态射, 这些资料构成了一个范畴. 这就是说对于 Obj $\mathfrak{C}$ 中的对象三元组 A,B,C, 我们合成映射

$$2\text{-}\mathrm{Mor}_\mathfrak{C}(A,B) \times 2\text{-}\mathrm{Mor}_\mathfrak{C}(B,C) \to 2\text{-}\mathrm{Mor}_\mathfrak{C}(A,C),$$

$$\alpha,\gamma \mapsto \gamma \star \alpha,$$

它满足范畴中的合成应当具有的通常条件. 特别地, 我们有恒同态射

$$A \underset{1_A}{\overset{1_A}{\rightrightarrows}} A \quad \Downarrow 1_{1_A}.$$

这些资料满足以下法则:

(1) 在

$$A \underset{g}{\overset{f}{\rightrightarrows}} B \underset{v}{\overset{u}{\rightrightarrows}} C \quad \Downarrow\alpha\ \Downarrow\beta\ \Downarrow\gamma\ \Downarrow\delta$$

的情形, 合成 $(\delta \star \beta) \circ (\gamma \star \alpha)$ 与 $(\delta \circ \gamma) \star (\beta \circ \alpha)$ 相等 (**互换法则** (interchange rule)).

(2) 在

$$A \underset{f}{\overset{f}{\rightrightarrows}} B \underset{u}{\overset{u}{\rightrightarrows}} C \quad \Downarrow 1_f\ \Downarrow 1_u$$

的情形, 我们有 $1_u \star 1_f = 1_{u \bullet f}$.

一个 2-范畴称为 **(2,1)-范畴** ((2,1)-category), 如果它里面所有的 2-胞腔都是同构.

2-范畴的一个所谓"例子"是所有范畴的范畴 Cat. 它的对象 Obj (Cat) 是所有范畴组成的类. 对于任意两个范畴 $\mathfrak{A},\mathfrak{B}$, 从 $\mathfrak{A}$ 到 $\mathfrak{B}$ 的所有函子组成的类(class) 是函子范畴 $\mathrm{Mor}_{\mathrm{Cat}}(\mathfrak{A},\mathfrak{B})$(注意: 这样的类不一定是集合, 这与我们以前的定义不同). 从一个函子 $T: \mathfrak{A} \to \mathfrak{B}$ 到另一个函子 $S: \mathfrak{A} \to \mathfrak{B}$ 的 2-胞腔就是一个自然变换 $\alpha: T \to S$. 注

意 α 是由它的分量给出的,这样的分量我们将记为 $\alpha A : TA \to SA$ $(A \in \mathrm{Obj}\,\mathfrak{A})$. 自然变换 $\alpha : T \to S$ 和 $\beta : S \to R$ 的竖直合成定义为

$$(\beta \circ \alpha) A = \beta(\alpha A),$$

其恒同态射 $1_T : T \to T$ 由 $(1_T)A = 1_{TA}$ 给出. 对于水平合成

$$\mathfrak{A} \underset{S}{\overset{T}{\rightrightarrows}} \Downarrow\alpha\; \mathfrak{B} \underset{V}{\overset{U}{\rightrightarrows}} \Downarrow\gamma\; \mathfrak{C},$$

我们规定 $U \cdot T$ 就是由通常的函子合成 $UT : \mathfrak{A} \to \mathfrak{C}$ 给出的. 于是有

$$\mathfrak{A} \underset{S}{\overset{T}{\rightrightarrows}} \Downarrow\alpha\; \mathfrak{B} \overset{U}{\longrightarrow} \mathfrak{C} \quad \text{合成为} \quad \mathfrak{A} \underset{US}{\overset{UT}{\rightrightarrows}} \Downarrow U\alpha\; \mathfrak{C},$$

其中 $(U\alpha)A = U\alpha_A$;以及

$$\mathfrak{A} \overset{T}{\longrightarrow} \mathfrak{B} \underset{V}{\overset{U}{\rightrightarrows}} \Downarrow\gamma\; \mathfrak{C} \quad \text{合成为} \quad \mathfrak{A} \underset{VT}{\overset{UT}{\rightrightarrows}} \Downarrow\gamma T\; \mathfrak{C},$$

其中 $(\gamma T) A = \gamma_{TA}$ $(A \in \mathfrak{A})$. 现在我们定义

$$\gamma \star \alpha : UT \to VS$$

为下面的交换图的对角线:

$$\begin{array}{ccc} UT & \overset{\gamma T}{\longrightarrow} & VT \\ \downarrow U\alpha & & \downarrow V\alpha \\ US & \overset{\gamma S}{\longrightarrow} & VS \end{array}$$

这里的 $\alpha, \gamma \mapsto \gamma \star \alpha$ 尚需验证是双函子.

按照惯例,一个对象 A 的名字也被用于它的恒同态射 1_A,一个箭头 f 的名字也被用于它的恒同 2-胞腔 1_f.

为了继续讨论由所有范畴组成的 2-范畴的例子,我们把

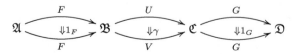

记做

$$\mathfrak{A} \xrightarrow{F} \mathfrak{B} \underset{V}{\overset{U}{\rightrightarrows}} {\Downarrow \gamma} \mathfrak{C} \xrightarrow{G} \mathfrak{D} .$$

依据上面的交换图, 这里的水平合成为

$$G \star \gamma \star F : G \cdot U \cdot F \to G \cdot V \cdot F,$$

这是一个自然变换; 其中的 "·" 表示函子的合成. 更详细地说, 首先我们有

$$\mathfrak{A} \xrightarrow{G} \mathfrak{B} \underset{V}{\overset{U}{\rightrightarrows}} {\Downarrow \gamma} \mathfrak{C} = \mathfrak{A} \underset{VG}{\overset{UG}{\rightrightarrows}} {\Downarrow \gamma G} \mathfrak{C} .$$

这就是说: 对于每个 $A \in \mathrm{Obj}\,\mathfrak{A}$, 由 $\mathfrak{A}$ 到 $\mathfrak{C}$ 的函子 $\gamma G : UG \to VG$ 给出一个 $\mathfrak{C}$ 中的态射 $(\gamma G)_A : UG(A) \to VG(A)$. 然后, 函子 $F : \mathfrak{C} \to \mathfrak{D}$ 把此态射映成

$$F((\gamma G)_A) : F(UG(A)) \to F(VG(A)).$$

这样, 任一 $A \in \mathrm{Obj}\,\mathfrak{A}$ 就对应于一个态射 $F((\gamma G)_A)$, 这个对应满足通常的交换图. 这就给出了自然变换 $G \star \gamma \star F$.

我们将常常在记号中略去 $\bullet, \circ, \star$. 例如把 $G \star \gamma \star F$ 记为 $G\gamma F$.

Benabou 引入了 2-胞腔上的一个运算**粘连**(pasting). 其中有两种基本的情形. 考虑下面的"粘连"图:

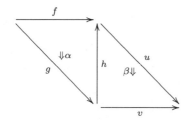

此图被认为是两个图

$$\overset{f}{\underset{hg}{\rightrightarrows}} {\Downarrow \alpha} \xrightarrow{u} \quad \text{和} \quad \xrightarrow{g} \overset{uh}{\underset{v}{\rightrightarrows}} {\Downarrow \beta}$$

左边的图的水平合成给出 $1_u\alpha$, 记做 $u\alpha$; 右边的图给出 βg. 于是我们可以做竖直合成

$$\begin{array}{c}uf\\ \Downarrow u\alpha\\ uhg\quad\Downarrow\beta g\\ vg\end{array}$$

此时 "粘连" 图的含义就是指 2-胞腔

$$\beta g \cdot u\alpha : uf \Longrightarrow uhg \Longrightarrow vg.$$

第二种情形由下面的 "粘连" 图给出:

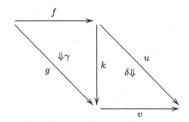

其含义是 2-胞腔

$$v\gamma \cdot \delta f : uf \Longrightarrow vkf \Longrightarrow vg.$$

4.1.2 2-函子

一个 **2-函子** (2-functor) $R : \mathfrak{A} \to \mathfrak{B}$ 把 $\mathfrak{A}$ 的对象映到 $\mathfrak{B}$ 的对象, $\mathfrak{A}$ 的 1- 胞腔映到 $\mathfrak{B}$ 的 1- 胞腔, $\mathfrak{A}$ 的 2-胞腔映到 $\mathfrak{B}$ 的 2-胞腔, 同时保持定义域和值域、以及所有类型的恒同态射与合成都不变.

一个 **2-自然变换** (2-natural transformetion) $\rho : R \to L$ (其中 R 和 L 都是从 $\mathfrak{A}$ 到 $\mathfrak{B}$ 的 2-函子). 对于 $\mathfrak{A}$ 的每一个对象 (0-胞腔) A 指定 $\mathfrak{B}$ 中的一个 1-胞腔 ρ_A 或 $\rho A : RA \to LA$, 要求它是 **1-自然的** (1-natural), 即对于 $f : A \to B$ 有 $\rho B \cdot Rf = Lf \cdot \rho A$, 亦即下图交换:

$$\begin{array}{ccc}RA & \xrightarrow{Rf} & RB\\ \downarrow\rho A & & \downarrow\rho B\\ LA & \xrightarrow{Lf} & LB\end{array}$$

还要求 ρ 是 **2-自然的** (2-natural), 即对于 $\mathfrak{A}$ 中的任一 2-胞腔 $\alpha: f \Rightarrow g$, 有

$$RA \underset{Rg}{\overset{Rf}{\rightrightarrows}} RB \;=\; RA \xrightarrow{\rho A} LA \underset{Lg}{\overset{Lf}{\rightrightarrows}} LB.$$

定理 4.1 (2 Yoneda 引理) 设 $p: \mathfrak{F} \to \mathfrak{C}$ 是一个纤维范畴, 又设 $X \in \mathfrak{C}$. 则"赋值"(evaluation) 函子

$$e_X : \mathrm{Mor}_{\mathfrak{C}}(\mathfrak{C}/X, \mathfrak{F}) \to \mathfrak{F}$$
$$(f: \mathfrak{C}/X \to \mathfrak{F}) \mapsto f(1_X)$$

是范畴等价.

4.1.3　2-伴随

2-范畴 $\mathfrak{C}$ 中的一个 **2-伴随** (2-adjunction) $\eta, \epsilon : l \dashv r : A \to B$ 包括 1-胞腔 $r: A \to B$ 和 $l: B \to A$, 2-胞腔 $\eta : 1 \Rightarrow rl$ 和 $\epsilon : lr \Rightarrow 1$, 使得

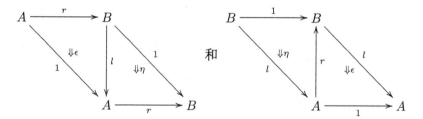

和

都等于恒同.

§4.2　形 变 理 论

4.2.1　Zariski 切空间

设 Λ 为完备的 Noether 局部环, μ 为 Λ 的极大理想, $k = \Lambda/\mu$. 以 k 为剩余域的局部 Artin Λ- 代数组成的范畴记为 $\mathfrak{C}$.

设 $A \in \mathfrak{C}$, $\mathfrak{m}$ 为 A 的极大理想. 考虑

$$t_A^* := \mathfrak{m}/(\mathfrak{m}^2 + \mu A).$$

直观上我们可以这样想: 设有空间 X 及基点 $x_0 \in X$, 将 A 看做 X 上的函数环, $\mathfrak{m}$ 看做 $\{f \in A \mid f(x_0) = 0\}$, 则 t_A^* 可被视为 $\mathfrak{m}$ 内的元素的 "线性部分". 例如, 若 $f(x)$ 在 x_0 处有泰勒展开:

$$f(x) = f(x_0) + f'(x_0)(x - x_0) + \frac{f''(x_0)}{2!}(x - x_0)^2 + \cdots$$

(其中 $f(x_0) = 0$), 则 $f'(x_0)(x - x_0)$ 是 f 的线性部分. 更重要的是: t_A^* 自然是 $A/\mathfrak{m} = \Lambda/\mu = k$ 上的模, 即 k-向量空间. 于是可以取它在 k 上的对偶空间:

$$t_A := \mathrm{Hom}_k(t_A^*, k).$$

称 t_A 为环 A 的 **Zariski 切空间** (Zariski tangent space).

以 ε 记 t 在 $k[t]/(t^2)$ 中的像. 则 $k[\varepsilon]$ 是二维 k-向量空间,

$$k[\varepsilon] = k \cdot 1 \oplus k \cdot \varepsilon,$$

其中 $\varepsilon^2 = 0$, 1 为 $k[\varepsilon]$ 的恒等元, $k \cdot \varepsilon$ 为 $k[\varepsilon]$ 的极大理想. 可以证明:

$$t_a \cong \mathrm{Hom}_{\Lambda\text{-代数}}(A, k[\varepsilon]). \tag{4.1}$$

设有函子 $F: \mathfrak{C} \to \mathrm{Sets}$, 使得 $F(k)$ 只含有一个元素, 并且自然映射

$$h: F(k[\varepsilon] \times_k k[\varepsilon]) \longrightarrow F(k[\varepsilon]) \times F(k[\varepsilon])$$

为双射, 其中 $k[\varepsilon] \times_k k[\varepsilon]$ 为 $k[\varepsilon]$ 与自身在 k 上的纤维积, 即: 使得剩余域为 k 的局部 Artin 代数图表

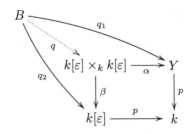

中长方形部分交换 (其中 $p: k[\varepsilon] \to k$ 定义为 $p(x \oplus y\varepsilon) = x$), 并且具有如下的泛性质: 对于任意的

$$q_2: B \to k[\varepsilon] \quad \text{和} \quad q_1: B \to k[\varepsilon],$$

存在唯一的 $q: B \to k[\varepsilon] \times_k k[\varepsilon]$, 使得整个图表交换. 不难看出,

$$k[\varepsilon] \times_k k[\varepsilon] = \{(x \oplus y_1\varepsilon, x \oplus y_2\varepsilon) \mid x, y_1, y_2 \in k\}.$$

定义映射 $*$ 如下:

$$*: \quad k[\varepsilon] \times_k k[\varepsilon] \to k[\varepsilon],$$

$$(x \oplus y_1\varepsilon, x \oplus y_2\varepsilon) \mapsto x \oplus (y_1 + y_2)\varepsilon.$$

应用双射 h 和 $*$, 我们可以定义 $F(k[\varepsilon])$ 上的二元运算 (加法):

$$F(k[\varepsilon]) \times F(k[\varepsilon]) \xrightarrow{h^{-1}} F(k[\varepsilon] \times_k k[\varepsilon]) \xrightarrow{F(*)} F(k[\varepsilon]). \tag{4.2}$$

进一步地, 由 (4.1), 有环同构

$$k \cong \text{End}_{\Lambda\text{-代数}}(k[\varepsilon]),$$
$$a \mapsto \alpha_a,$$

其中 α_a 的定义为:

$$\alpha_a(x \oplus y\varepsilon) = x \oplus ay\varepsilon.$$

此同构给出了 k 在 $k[\varepsilon]$ 上的作用, 从而诱导出 k 在集合 $F(k[\varepsilon])$ 上的作用 (即对于任一 $a \in k$, $F(\alpha_a)$ 是 $F(k[\varepsilon])$ 到自身的映射). 将此作用视为 k 在 $F(k[\varepsilon])$ 上的数乘, 结合 (4.1) 式定义的 $F(k[\varepsilon])$ 上的加法, 不难验证 $F(k[\varepsilon])$ 是 k-向量空间. 我们称 $F(k[\varepsilon])$ 为函子 F 的 **Zariski 切空间**. 注意: 上述的加法和数乘都是基于在 $k[\varepsilon]$ 中的元素的一次项系数的运算而定义的, 这与环的 Zariski 切空间的定义相吻合. 确切地说, 当 F 可由 $\mathfrak{C}$ 中的某个对象 A 表示时 (即 F 同构于 h^A, 其中 $h^A(B) = \text{Hom}_{\Lambda\text{-代数}}(A, B)$, B 为 $\mathfrak{C}$ 的任一对象), $F(k[\varepsilon])$ 恰是 A 的 Zariski 切空间.

4.2.2 形变的直观解释

设 Y 为 k 上的概形. 又设 A 为 $\mathfrak{C}$ 中的一个对象. 则典范同态 $A \to A/\mathfrak{m} = k$ 诱导出态射 $\operatorname{Spec} k \to \operatorname{Spec} A$ ($\operatorname{Spec} k$ 的闭点映到 $\operatorname{Spec} A$ 的唯一的闭点 $\mathfrak{m}$). 考虑 A 上的具有如下性质的概形 X/A: X 在 $\operatorname{Spec} A$ 的闭点上的纤维 X_0 与 Y 同构 (这样的 X 的同构类记为 $\mathcal{F}(A)$):

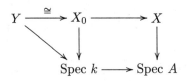

直观地, 有下面的图像:

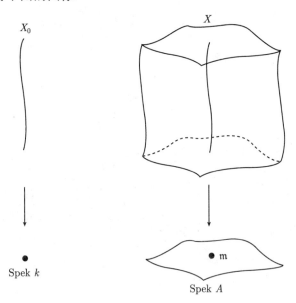

在这里, $\operatorname{Spec} A$ 视为闭点 $\mathfrak{m}$ 的 "无穷小邻域", X 即可视为 X_0 或 Y 的 "无穷小形变". 现取 A 的切向量 $v^G \in \operatorname{Hom}_{\Lambda\text{-代数}}(A, k[\varepsilon])$. 对应于 v^G 有态射 $v: \operatorname{Spec} k \to \operatorname{Spec} A$, 即得下面的交换图表:

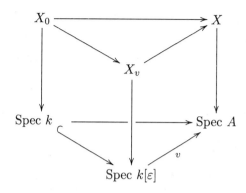

其中 $X_v \in \mathcal{F}(k[\varepsilon])$. 这时我们可以把 X_v 看做 $\mathcal{F}$ 的切向量. 直观地说, X_v 是"无穷小形变" X 沿切向 v 的"微分".

另一方面, 我们把 $\operatorname{Spec} A$ 的闭子概形 $\operatorname{Spec}(A/\mathfrak{m}^{n+1})$ (只有一个点!) 看做 $\mathfrak{m} \in \operatorname{Spec} A$ 的"n 阶邻域", 则 X_n 可以看做 X 的"n 阶形变", 其中 X_n 如下图所示:

$$\begin{array}{ccc} X_n & \longrightarrow & X \\ \downarrow & & \downarrow \\ \operatorname{Spec}(A/\mathfrak{m}^{n+1}) & \longrightarrow & \operatorname{Spec} A \end{array}$$

是 X 在 $\operatorname{Spec}(A/\mathfrak{m}^{n+1})$ 上的纤维.

我们希望以上的"直观"讨论对于读者理解后面的定义有所帮助.

形变理论是当今数论的一个基本工具. 例如, 在 Wiles 的 Fermat 定理的证明中就被用到. 在 Mazur 学派的引导下该理论正在发展之中. 在 Fontaine 和 Mazur 的文章 (见参考文献 Fontaine 和 Mazur [FM 93]) 中提出的"猜想 1"是与 Langlands 纲领同样重要的数论猜想. 参看 [Kis 10], [Kis 091].

4.2.3 仿射情形下的形变

本节给出仿射概形形变中的一些定义, 并陈述一个重要的定理 (Schlessinger 定理).

如 4.2.1 小节中一样，设 Λ 为完备的 Noether 局部环，μ 为 Λ 的极大理想，$k = \Lambda/\mu$. 以 k 为剩余域的局部 Artin Λ-代数组成的范畴记为 $\mathfrak{C}$，其中的态射规定为 Λ-代数的局部同态. 又设有函子 $F : \mathfrak{C} \to \mathrm{Sets}$，使得 $F(k)$ 只含有一个元素 ζ_0.

定义 4.1　一个**无穷小形变**(infinitesimal deformation)是指一个偶对 (A, η)（其中 A 为 $\mathfrak{C}$ 中的一个对象，$\eta \in F(A)$)，并且在集合 $F(A)$ 到 $F(k)$ 的映射下 η 映为 $F(k)$ 的唯一的元素 ζ_0.

以 $\widehat{\mathfrak{C}}$ 记完备的 Noether 局部 Λ- 代数 $\bar{A}$ 组成的范畴. 则对于所有的正整数 n, $\bar{A}/\mathfrak{m}^n$ 是 $\mathfrak{C}$ 中的对象，其中 $\mathfrak{m}$ 为 A 的极大理想（特别地，$\bar{A}/\mathfrak{m} = k$）.

定义 4.2　一个**形式形变**(formal deformation)是指一个偶对 $(\bar{A}, \{\xi_n\}_{n \geqslant 0})$，其中 $\bar{A}$ 为 $\widehat{\mathfrak{C}}$ 的对象，$\xi_n \in F(A/\mathfrak{m}^{n+1})$ 满足：对于所有的 n，有
$$\pi_n : F(A/\mathfrak{m}^{n+1}) \to F(A/\mathfrak{m}^n),$$
$$\xi_n \mapsto \xi_{n-1},$$
其中 π_n 是典范同态.

我们可以将函子 F 扩充为范畴 $\widehat{\mathfrak{C}}$ 上的函子 $\widehat{F}$，即对于 $\widehat{\mathfrak{C}}$ 的任一对象 $\bar{A}$，定义
$$\widehat{F}(\bar{A}) = \varprojlim F(\bar{A}/\mathfrak{m}^n),$$
其中的反向极限是对于典范同态 $\bar{A}/\mathfrak{m}^{n+1} \to \bar{A}/\mathfrak{m}^n$ 在函子 F 下的像而言的.

设 $\bar{A}$ 为 $\widehat{\mathfrak{C}}$ 中的任一确定的对象，令
$$h_{\bar{A}}(B) = \mathrm{Hom}(B, \bar{A}),$$
其中 B 为 $\mathfrak{C}$ 的任意对象. 则 $h_{\bar{A}}$ 是 $\mathfrak{C}$ 到 Sets 的一个函子. 对于任一 $u \in h_{\bar{A}}(B)$ 和任意的 n，有唯一的 $u_n : \bar{A}/\mathfrak{m}^n \to B$，使得下面的图表交换：

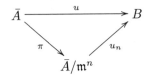

其中 π 为典范同态. 于是, 对于给定的形式形变 $(\bar{A}, \{\xi_n\})$, 借助于 u_n 可以定义函子态射

$$T_{(\bar{A}, \{\xi_n\})}: h_{\bar{A}} \to F,$$
$$u \mapsto F(u_n(\xi_n)). \tag{4.3}$$

定义 4.3 如果 (4.3) 式所定义的函子态射 $T_{(\bar{A}, \{\xi_n\})}$ 是同构, 则称形式形变 $(\bar{A}, \{\xi_n\})$ **投射表出**(pro-represents) F, 同时亦称函子 F 是**投射可表的**(pro-representable).

定义 4.4 设 A, B 是 $\mathfrak{C}$ 的两个对象, $p: B \to A$ 为满同态. 如果 $\operatorname{Ker} p$ 是 B 的非零主理想 (t) 并且 $\mathfrak{m}_B \cdot (t) = (0)$ (其中 $\mathfrak{m}_B$ 为 B 的极大理想), 则称 p 是**一个小扩张**(small extension).

定理 4.2 (Schlessinger 定理) 设 $\mathfrak{C}$ 为如前所述的范畴, $F: \mathfrak{C} \to \text{Sets}$ 是一个函子. 则 F 是投射可表的当且仅当对于 $\mathfrak{C}$ 中任意的对象 A, A', A'' 以及任意的同态 $A' \to A, A'' \to A$, 映射

$$(*) \qquad F(A' \times_A A'') \longrightarrow F(A') \times_{F(A)} F(A'')$$

具有下述性质:

(1) 如果 $A' \to A$ 是小扩张, 则 $(*)$ 是满射;
(2) 如果 $A = k$, $A' = k[\varepsilon]$ (其中 $\varepsilon^2 = 0$), 则 $(*)$ 是双射;
(3) 如果 $A' = A''$ 且 $A' \to A$ 是小扩张, 则 $(*)$ 是双射;
(4) $\dim_k F[\varepsilon] < \infty$ (其中 $\varepsilon^2 = 0$, $\dim_k F[\varepsilon]$ 的定义见 4.2.1 节的末尾).

4.2.4 一般情形下的形变

设 S 是一个域或一个代数整数环上的局部有限型 (locally of finite type) 概形. 固定一个函子 $F: (\text{Sch}/S)^{\text{opp}} \to \text{Sets}$. 对于 $X = \operatorname{Spec} A \in \text{Sch}/S$, 将 $F(X)$ 记为 $F(A)$. 设 s 是 S 的一个满足下述条件的点: 它的剩余域 $k(s)$ 在 S 的结构层 $\mathscr{O}_S$ 上是有限型的. 又设 $k'/k(s)$ 为域的有限扩张, $\zeta_0 \in F(k')$.

定义 4.5 在上述记号下，ζ_0 的一个**无穷小形变**(infinitesimal deformation)是指一个偶对 (A, η)，其中 A 是剩余域为 k' 的 Artin 局部 $\mathscr{O}_S$-代数，$\eta \in F(A)$，它在典范同态 $A \to k'$ 对应的集合映射 $F(A) \to F(k')$ 下映为 ζ_0。

定义 4.6 ζ_0 的一个**形式形变**(formal deformation)是指一个偶对 $(\bar{A}, \{\xi_n\}_{n \geqslant 0})$，其中 $\bar{A}$ 是以 k' 为剩余域的完备 Noether 局部 $\mathscr{O}_S$-代数，$\xi_n \in F(A/\mathfrak{m}^{n+1})$ 满足：对于所有的 n，有

$$\pi_n : F(A/\mathfrak{m}^{n+1}) \to F(A/\mathfrak{m}^n),$$
$$\xi_n \mapsto \xi_{n-1}$$

(π_n 是典范同态)，且 $\xi_0 = \zeta_0$。

现在考虑 S 上的 étale 拓扑。若将这个拓扑的层记为 F，则 F 可视为 S 上的 étale 概形范畴到 Sets 范畴的函子。设 K 是域。将 Spec K 等同于从 $(\text{Sch}/S)^{\text{opp}}$ 到 Sets 的一个函子。又设

$$\zeta_0 : \text{Sch}/S \to F$$

是函子单态射。将 ζ_0 视为 F 的一个点。以 $\bar{A}$ 记 F 在点 ζ_0 处的"局部环"关于其极大理想的完备化。令 $\xi : \text{Spec } \bar{A} \to F$ 为典范态射，并记

$$\xi_n : \text{Spec } \bar{A}/\mathfrak{m}^{n+1} \longrightarrow \text{Spec } \bar{A} \xrightarrow{\xi} F,$$

其中 $\mathfrak{m}$ 是 $\bar{A}$ 的极大理想。则 $(\bar{A}, \{\xi_n\})$ 是 $\zeta_0 (\in F(K))$ 的一个形式形变。

定义 4.7 设有函子 $F : (\text{Sch}/S)^{\text{opp}} \to \text{Sets}$ 及有下述资料：

(1) 一个指标集 I；

(2) 对于每个 $x \in I$，给定一个有限型的 $\mathscr{O}_S$-域 k^x 和一个元素 $\zeta_0^x \in F(k^x)$；

(3) 对于每个 $x \in I$，给定 ζ_0^x 的一个形式形变 $(\bar{A}^x, \{\xi_n^x\})$，使得对于任一有限型 Artin 局部 $\mathscr{O}_S$-代数 B 和任一 $\eta \in F(B)$，存在唯一的一个 $x \in I$ 和一个映射 $\bar{A}^x \to B$ 将 $\{\xi_n^x\}$ 映为 η。

则我们说 F 为**投射可表函子**(pro-representable functor)。

一个投射可表函子 F 称为**有效投射可表函子**(effectively pro-representable functor), 如果在上面定义中的每个 $\{\xi_n^x\}$ 都是由某个 $\bar{\xi}^x \in F(\bar{A}^x)$ 诱导的.

一个形式形变 $(\bar{A}, \{\xi_n\})$ 称为**有效的**(effective), 如果它是由某个 $\bar{\xi} \in F(\bar{A})$ 诱导出的.

一个形式形变 $(\bar{A}, \{\xi_n\})$ 称为**全的**(versal) (相应地, 称为 **泛的** (universal)), 如果它具有下述性质: 设 (B', η') 是 ξ_0 的一个无穷小形变, B' 的极大理想 $\mathfrak{m}_{B'}$ 满足

$$\mathfrak{m}_{B'}^{m+1} = 0.$$

对于任一商 $B' \to B \to 0$, 以 η 表示 η' 诱导出的 $F(B)$ 中的元素. 则任一将 ξ_n 映为 η 的同态 $\bar{A}/\mathfrak{m}^{n+1} \to B$ 可被嵌入 (相应地, 唯一地嵌入) 到下述 $\mathscr{O}_S$-代数的交换图表中:

使得

定义 4.8 假设 $F(A)$ 对于任意有限型 S-代数 A 都有定义, 并且对于 $\bar{A} = \varprojlim A_i$ (其中 A_i 皆为有限型 S-代数), 如果 $F(\bar{A})$ 也有定义, 就有

$$F(\bar{A}) = \varinjlim F(A_i),$$

则称函子 F 为概形 S 上的**局部有限展示**(locally of finite presentation).

在上述定义下, 有下面的 Artin 定理 (见 Artin [Art 691, Theorem 1.6]).

定理 4.3 (Artin 代数化定理) 假设函子 $F: (\mathrm{Sch}/S)^{\mathrm{opp}} \to \mathrm{Sets}$ 是 S 上的局部有限展示, 并且 $\zeta_0 \in F(k')$ 有一个有效的全形式形变 $(\bar{A}, \bar{\xi})$. 则存在有限型 S-概形 X、闭点 $x \in X$ (其剩余域为 $k(x) = k'$)、元素 $\xi \in F(X)$, 以及一个同构 $\widehat{\mathscr{O}}_{X,x} \cong \bar{A}$ (其中 $\widehat{\mathscr{O}}_{X,x}$ 是 $\mathscr{O}_{X,x}$ 的完备化), 使得对于任一 $n \geqslant 0$, ξ 在 $F(\bar{A}/\mathfrak{m}^{n+1})$ 中诱导出 ξ_n. 此时称

(X, x, ξ) 为 ξ_0 的一个全形式形变. 进一步, 如果 $(\bar{A}, \bar{\xi})$ 是泛形式形变, 则同构 $\widehat{\mathscr{O}}_{X,x} \cong \bar{A}$ 是唯一的.

§4.3 余切复形

本节从余切复形观点讨论形变.

4.3.1 Lichtenbaum-Schlessinger 的构造

我们从 Lichtenbaum-Schlessinger 的构造开始.

一个环同态 $A \to B$ 的**余切复形**(cotangent complex) 是指以下构造的 B-模复形:
$$L_2 \xrightarrow{d_2} L_1 \xrightarrow{d_1} L_0.$$

首先选取 A 上的以集合 $x = \{x_i\}$ (可能是无限集) 中的元素为变元的多项式环 $R = A[x]$, 使得 B (作为 A-代数) 可以表成 R 的商. 设 I 是定义 B 的理想, 则有正合序列
$$0 \to I \to R \to B \to 0.$$

其次选取一个自由 R-模 F 和一个满同态 $j : F \to I$, 并设 Q 为此同态的核, 则有正合序列:
$$0 \to Q \to F \xrightarrow{j} I \to 0.$$

有了上述选取的 R 和 F, 以下的构造上不需要进一步的选择了. 令 F_0 是 F 中由所有形如 $j(a)b - j(b)a$ 的 Koszul 关系 ($\forall\, a, b \in F$) 生成的子模. 注意 $j(F_0) = 0$, 所以 $F_0 \subseteq Q$.

取 $L_2 = Q/F_0$. 任取 $x \in I$, $a \in Q$, 则存在某个 $x' \in F$ 使得 $x = j(x')$. 于是 $xa = j(x')a \equiv j(a)x' \pmod{F_0}$. 但 $a \in Q$ 蕴含着 $j(a) = 0$, 故 $xa = 0$. 所以 L_2 是 B-模.

取 B-模 $L_1 = F \otimes_R B = F/IF$, 令 $d_2 : L_2 \to L_1$ 是由包含映射 $Q \to F$ 诱导的映射.

取 B-模 $L_0 = \Omega_{R/A} \otimes_R B$. 为了定义映射 d_1, 只要先做映射 $L_1 \to I/I^2$, 然后用导子 $d : R \to \Omega_{R/A}$, 它诱导出一个 B-模同态 $I/I^2 \to L_0$ ([Mat 86] Chap 9).

显然有 $d_1d_2 = 0$, 即是说我们定义了一个 B-模复形. 这就是我们所求的环同态 $A \to B$ 的余切复形. 还应注意到 L_1 和 L_0 都是自由 B-模: L_1 是自由的, 其原因是它的定义来自自由 R-模 F; L_0 是自由的, 其原因是 R 作为 A 上的多项式环导致 $\Omega_{R/A}$ 成为自由 R- 模.

对于任一 B-模 M, 我们定义

$$T^i(B/A, M) = h^i(\mathrm{Hom}_B(L_\bullet, M))$$

为复形 $\mathrm{Hom}_B(L_\bullet, M)$ 的第 i 个上同调模.

可以证明以上这些模 (在同构的意义下) 与上述构造中所有选取无关 (见 [Har 10] p.20; [LS 67]).

4.3.2 余切复形

Quillen [Qui 70] 把 $L_\bullet$ 推广到全复形, Illusie [Ill 71] 又用 topos 的语言重写了 Quillen 的工作. 推广前一段我们将构造一个 topos 上的环同态 $A \to B$ 的余切复形.

1. **标准单纯复形化解**

我们来描述由一对伴随函子所定义的单纯复形化解.

首先回想一下 Godement [God 73] 附录中的符号. 2-范畴的水平合成

$$\mathfrak{A} \xrightarrow{F} \mathfrak{B} \underset{V}{\overset{U}{\rightrightarrows}} \mathfrak{C} \xrightarrow{G} \mathfrak{D}$$

(中间有 $\Downarrow \gamma$)

给出一个自然变换

$$G \star \gamma \star F : G \bullet U \bullet F \to G \bullet V \bullet F,$$

其中 "$\bullet$" 表示函子的合成, $\gamma : U \to V$ 是一个自然变换. 自然变换 $G \star \gamma \star F$ 赋予每个 $A \in \mathrm{Obj}\, \mathfrak{A}$ 一个态射

$$(G \star \gamma \star F)_A = F((\gamma G)_A) : F(UG(A)) \to F(VG(A)).$$

现在我们给出 [Ill 71] I.1.5 的一个小结.

有限全序集所组成的范畴记为 $\bar{\Delta}$. 我们可以记这个范畴的对象为 $\boldsymbol{n} := \{0, 1, \cdots, n\}$, n 为非负整数. 范畴的态射 $\phi : \boldsymbol{m} \to \boldsymbol{n}$ 为保序的集合映射.

设 $E \in \mathrm{Obj}\ \bar{\Delta}$. 又设 $\{S_i : \mathfrak{C} \to \mathfrak{C} : i \in E\}$ 是一个范畴 $\mathfrak{C}$ 的一些函子的集合. 用 E 中的序定义函子合成 $\circ_{i \in E}$. 例如, 如果 $E = [0, 1, \cdots, n]$, 则
$$\circ_{i \in E} S_i = S_0 \circ S_1 \circ \cdots \circ S_n.$$
如果 $E = \varnothing$, 则 $\circ_{i \in E} S_i = \mathrm{id}_{\mathfrak{C}}$.

♣ 如果 $S_i = S\ (\forall\ i \in E)$, 我们就用 S^E 记合成 $\circ_{i \in E} S_i$.

以 $\mathrm{End}(\mathfrak{B})$ 记从 $\mathfrak{B}$ 到 $\mathfrak{B}$ 的函子的范畴.

设 $T : \mathfrak{A} \to \mathfrak{B}$ 左伴随于 $U : \mathfrak{B} \to \mathfrak{A}$, 即 $T \dashv U$. 此伴随关系的单位记为 $a : 1 \to UT$, 余单位记为 $b : TU \to 1$.

由伴随关系 $(T \dashv U)$ 定义的**标准单纯复形化解**(standard simplicial resolution) 是如下给出的 $\mathrm{End}(\mathfrak{B})$ 中的增广单纯对象:

$(T, U)_n = (TU)^{[0, \cdots, n]}$ (在如 ♣ 所示函子合成的符号下);

$(T, U)_{-1} = (TU)(\varnothing) = \mathrm{id}_{\mathfrak{B}}$;

$d_i^n = (TU)^{[0, \cdots, i-1]} \star b \star (TU)^{[i+1, \cdots, n]}$, $s_i^n = (TU)^{[0, \cdots, i-1]} \star a \star (TU)^{[i+1, \cdots, n]}$ (我们是在使用 2-范畴的记号).

增广映射是余单位 $b : TU \to 1$.

2. 模的标准自由化解

设 T 是一个 topos, A 是 T 的一个环.

对于 $X \in \mathrm{Obj}\ T$, 以 $A^{(X)}$ 记由 X 生成的自由 A- 模. 这是预层 $U \mapsto A(U)^{X(U)}$ 的层化 (见第三章或 SGA 4 III). 它是一个平 A-模. 用 A-Mod 记 A- 模的范畴. 函子 $A^{(-)}$ 左伴随于遗忘函子 forget : $A\text{-Mod} \to T$, 即对于所有的 $X \in \mathrm{Obj}\ T$ 和 $M \in \mathrm{Obj}\ A\text{–Mod}$, 有同构
$$\mathrm{Hom}_{A\text{–Mod}}(A^{(X)}, M) \xrightarrow{\approx} \mathrm{Hom}_T(X, M).$$

按前段由伴随关系 $(A^{(-)} \dashv \mathrm{forget}(-))$ 定义的标准单纯复形是化解 $\mathrm{End}(A\text{-Mod})$ 的单纯复形对象: 记为 $M \mapsto F_A(M) \to M$ 具有函子

性. 称 $F_A(M) \to M$ 为 M 的**标准自由化解**(standard free resolution).

3. 环态射的标准自由化解

设 T 是一个 topos, $A \to B$ 是 T 的一个环态射.

对于 $M \in \text{Obj } A\text{-Mod}$, 以

$$S_A(M) := \bigoplus_{i \in \mathbb{N}} S_A^i(M)$$

记 M 的对称代数. 用 A-Alg 表示 A-代数范畴. 函子 $M \mapsto S_A(M)$ 左伴随于遗忘函子 $A\text{-Alg} \to A\text{-Mod}$, 即对于任一 A-代数 B, 我们有函子同构

$$\text{Hom}_{A-\text{Alg}}(S_A(M), B) \xrightarrow{\approx} \text{Hom}_{A\text{-Mod}}(M, B).$$

对于 $X \in T$, 由 X 生成的自由 A-代数 $A[X]$ 定义为 $A[X] := S_A(A^{(X)})$. 函子 $X \mapsto A[X]$ 左伴随于由 A-Alg 到 T 的遗忘函子, 即有函子同构

$$\text{Hom}_{A-\text{Alg}}(A[X], B) \xrightarrow{\approx} \text{Hom}_T(X, B).$$

我们用 $P_A(B) \to B$ 来记由伴随 $(A[-] \dashv \text{forget}(-))$ 所定义的标准单纯复形化解, 并称之为 B 在 A 上的**标准自由化解**(standard free resolution). 注意: 对于 $n > 0$, 有 $P_A(B)_0 = A[B]$, $P_A(B)_n = A[P_A(B)_{n-1}]$.

4. 代数的余切复形

如前, 有限全序集所组成的范畴记为 $\bar{\Delta}$. 范畴 $\mathfrak{C}$ 中的一个**单纯对象**(simplicial object) 或说 $\mathfrak{C}$ 的单纯复形, 是指一个从 $\bar{\Delta}$ 到 $\mathfrak{C}$ 的反变函子. 两个单纯对象之间的态射是自然变换. 以这些单纯复形为对象的范畴记做 $\text{Simpl}(\mathfrak{C})$. 设 T 是一个 topos. 则 T 上的单纯层范畴 $\text{Simpl}(T)$ 是一个 topos.

设 T 是一个 topos, A 是 T 的一个环, B 是一个 A-代数, M 是一个 B-模. 我们有典范同构

$$\text{Hom}_B(\Omega^1_{B/A}, M) \xrightarrow{\approx} \text{Der}_A(B, M),$$

其中 $\Omega^1_{B/A}$ 是预层 $U \mapsto \Omega^1_{B(U)/A(U)}$ 的层化.

设 $A \to B$ 是 topos T 的**单纯环态射**(simplicial ring homomorphism),即单纯 topos $\mathrm{Simpl}(T)$ 的环态射。这个 $\mathrm{Simpl}(T)$ 是指 topos T 上的**单纯层**(simplicial sheaf)。此时在 $\mathrm{Simpl}(T)$ 中的 B-模 $\Omega^1_{B/A}$ 有 n 次分量:

$$(\Omega^1_{B/A})_n := \Omega^1_{B_n/A_n}.$$

对应于有限全序集所组成的范畴 $\bar{\Delta}$ 中的态射 $u: [0,m] \to [0,n]$,我们有映射 $(\Omega^1_{B/A})_n \to (\Omega^1_{B/A})_m$——是由下面的图表定义的 $\Omega^1_{B_n/A_n} \to \Omega^1_{B_m/A_m}$:

$$\begin{array}{ccc} B_n & \xrightarrow{B_u} & B_m \\ \uparrow & & \uparrow \\ A_n & \xrightarrow{A_u} & A_m \end{array}$$

设 $A \to B$ 是 topos T 的一个环态射。用 $L_{B/A}$ 记单纯 B-模

$$L_{B/A} := \Omega^1_{P_A(B)/A} \otimes_{P_A(B)} B.$$

称之为 B/A 的**余切复形**(cotangent complex)。

4.3.3 光滑映射

我们从 EGA IV_4 – 17.1 中的定义的仿射情形出发。

定义 4.9 给定环 A 和一个 A-代数 B。我们称 B 在 A 上**形式地光滑**(formally smooth) (相应地,**形式地非分歧**(formally unramified),**形式地平展**(formally étale)),如果对于任意的 A-代数 C 和 C 的任一满足 $J^2 = 0$ 的理想 J,典范映射

$$\mathrm{Hom}_{A-\mathrm{Alg}}(B, C) \to \mathrm{Hom}_{A-\mathrm{Alg}}(B, C/J)$$

是满的 (相应地,单的,双射)。如果进一步 B 是有限展示的 A-代数,我们则称 B 在 A 上**光滑**(smooth) (相应地,**非分歧**(unramified),**平展**(étale))。

上述情形可以用下图展现：

设群 G 作用在一个集合 S 上. 我们称非空集 S 是群 G 作用下的**主齐次空间**(principal homogeneous space) 或**挠子**(torsor) (参看 [LCZ 06] 代数群引论, 第二篇五章 3 节), 如果对于任一 $s \in S$, 映射 $g \mapsto g(s)$ 是由 G 到 S 的双射.

命题 4.4 设 k 是一个代数封闭域. 设 $R \to B$ 是 k-代数同态. 又设 $B' \to B$ 是 k-代数满同态, 其核 I 满足 $I^2 = 0$ (这意味着 I 有自然的 B-模结构, 因此也有 R-模结构).

(1) 如有 $R \to B$ 的两个提升 $f, g : R \to B'$, 则 $\theta = g - f$ 是 R 到 I 的 k-导子.

(2) 反之, 如果 $f : R \to B'$ 是一个提升, $\theta : R \to I$ 是一个 k-导子, 则 $g = f + \theta : R \to B'$ 是 $R \to B$ 的另一个提升.

如下图表所示:

换句话说, $R \to B$ 到 k-代数同态 $R \to B'$ 的提升的集合在群 $\mathrm{Der}_k(R, I) = \mathrm{Hom}_R(\Omega_{R/k}, I)$ 的加法作用下是一个主齐次空间 (只要此提升的集合非空). 参见 [Har 10] Lem 4.5, 28 页.

所谓**无穷小加厚**(infinitesimal thickening) $Y \subseteq Y'$ 的含义是: Y 是另一个概形 Y' 的闭子概形, 并且定义 Y 的理想 I 在 Y' 内是幂零的.

命题 4.5 (1) 设 X 是代数封闭域 k 上非奇异有限型仿射概形, 又设 $f : Y \to X$ 是从 k 上的仿射概形 Y 到 X 的一个态射, 以及 $Y \subseteq Y'$ 是 Y 的一个无穷小加厚. 则态射 f 可提升为一个态射 $g : Y' \to X$ 使得 $g|_Y = f$.

(2) 设 X 是代数封闭域 k 上的有限型概形. 假设对于任意一个态射 $f:Y\to X$ (其中 Y 是 k 上有限的局部 Artin 环), 以及任意一个以平方为零的理想层所定义的无穷小加厚 $Y\subseteq Y'$, 都存在提升 $g:Y'\to X$, 则 X 是非奇异的. 如下图表所示:

$$\begin{array}{ccc} Y & \xrightarrow{f} & X \\ \downarrow & \nearrow{g} & \downarrow \\ Y' & \longrightarrow & \mathrm{Spek}\, k \end{array}$$

[Har 10] Prop 4.4 p.27, Prop.4.6, p.29. 亦见 EGA IV$_4$–17.5.

4.3.4 形变

给定 k-代数 B_0, 以及一个局部 Artin 环 C, 其极大理想记为 $\mathfrak{m}_C$, 其剩余域记为 k. B_0 在 C 上的一个**形变** (deformation) 是一个在 C 上平坦的环 B 连同一个满同态 $B\to B_0$, 使得诱导出的映射 $B\otimes_C k\to B_0$ 是同构.

给定一个序列
$$0\to J\to C'\to C\to 0,$$
其中 C 是一个剩余域为 k 的局部 Artin 环, C' 是映射到 C 的另一个局部 Artin 环, J 是一个理想, 满足 $\mathfrak{m}_{C'}J=0$, 于是 J 可被视为 k- 向量空间.

假设我们有一个 k-代数 B_0 和 B_0 在 C 上的一个形变 B. 所谓 B 在 C' 上的一个**扩充** (extension) 是指 B_0 在 C' 上的一个形变 B' 满足: 存在一个满同态 $B'\to B$, 它诱导出同构 $B'\otimes_{C'}C\to B$.

使用前面定义的 B_0/k 的余切复形, 从 B_0-模 $B_0\otimes J$ 得 $T^i(B_0/k, B_0\otimes J)$. 以下定理解释 Lichtenbaum-Schlessinger 函子 T^i 的意义.

定理 4.6 (1) 存在一个元素 $\delta\in T^2(B_0/k, B_0\otimes J)$, 称为**阻碍**(obstruction), 具有性质: $\delta=0$ 当且仅当存在 B 的扩充 B';

(2) 如果扩充存在, 则这样的扩充的等价类的集合是在 $T^1(B_0/k, B_0\otimes J)$ 的作用下的一个挠子.

参见 [Har 10] Thm 10.1, 78 页.

定义 4.10 设 X_0 是 k 上的概形, C 是 k 上的 Artin 环, 我们定义 X_0 在 C 上的**形变**(deformation) 为一个在 C 上是平坦的概形 X, 连同一个闭浸入 $i: X_0 \hookrightarrow X$, 使得诱导的映射 $i \times_C k: X_0 \to X \times_C k$ 是同构. 这样的两个形变 X_1, i_1 和 X_2, i_2 是等价的, 如果存在 C 上的与 i_1 和 i_2 相容的态射 $f: X_1 \to X_2$, 即使得 $i_2 = f \circ i_1$.

如果 C' 是另一个 Artin 环, 且有一个满同态 $C' \to C$. 设 X 是 X_0 在 C 上的一个形变, 则 X 在 C' 上的扩充是 X_0 在 C' 上的一个形变 X', 连同一个闭浸入 $X \to X'$, 它诱导出同构 $X \xrightarrow{\sim} X' \times_{C'} C$. 两个这样的扩充 X' 和 X'' 是等价的, 如果存在与 X 到它们二者的闭浸入相容的形变的同构 $X' \xrightarrow{\sim} X''$.

因为函子 T^i 的构造与局部化相容, 我们便可以构造层 $\mathscr{T}^i$. 设有概形态射 $f: X \to Y$ 及 $\mathscr{O}_X$-模 $\mathscr{F}$. 则可构造层 $\mathscr{T}^i = \mathscr{T}^i(X/Y, \mathscr{F})$ 使得对任何开仿射集 $V \subset Y$ 及开仿射集 $U \subset f^{-1}(V)$ 让局部地有 $\mathscr{O}_X(U)$-模 M 使 $\mathscr{F} = \tilde{M}$. 则 $\mathscr{T}^i(U) = \mathscr{T}^i(U/V, M)$. 当然我们也可以用前面 Illusie 的造法得到层 $\mathscr{T}^i$. 我们简写 $\mathscr{T}^i(X/k, \mathscr{O}_X)$ 为 $\mathscr{T}^i_X$.

命题 4.7 给定一个序列

$$0 \to J \to C' \to C \to 0,$$

其中 C 是一个剩余域为 k 的局部 Artin 环, C' 是映射到 C 的另一个局部 Artin 环, J 是一个理想, 满足 $\mathfrak{m}_{C'} J = 0$. 如果 X_0 非奇异, 则:

(1) 在 $H^2(X_0, \mathscr{T}_{X_0} \otimes J)$ 中只存在一个关于 X 在 C' 上的扩充 X' 的存在的障碍;

(2) 如果这样的扩充存在, 则它们的等价类的集合是构成 $H^1(X_0, \mathscr{T}_{X_0} \otimes J)$ 下的一个挠子.

参见 [Har 10] 10.3, p.82.

§4.4 代数空间

设 S 是一个概形. S 上的仿射概形的范畴记为 (Aff/S). 在 (Aff/S)

上赋予 étale 拓扑. 我们首先引入 S-空间的概念.

定义 4.11 一个 S-**空间** (S-space) 是指 $(A\!f\!f/S)$ 上的一个集合层. S-空间的范畴记为 (Es/S).

对于任一 S-概形 X, 相应地有一个 S-空间, 即层 (函子):

$$(A\!f\!f/S) \to \mathrm{Sets},$$
$$U \mapsto X(U) := \mathrm{Hom}_S(U, S).$$

这个 S-空间仍记为 X.

对于一般的 S-空间 Y 和 $(A\!f\!f/S)$ 的任一对象 U, 我们将元素 $y \in Y(U)$ 视为范畴 (Es/S) 中由 U 到 Y 的态射

$$y: U \to Y.$$

定义 4.12 设 X, Y 为两个 S-空间,

$$f: X \to Y$$

为 S-空间的态射. 如果对于 $(A\!f\!f/S)$ 的任意对象 U 和任意的 $y \in Y(U)$, 由 y 和 f 给出的纤维积 $U \times_Y X$ 都是概形, 则称态射 f 是**概形性的** (schematic). 称这个 f 是 étale 满射, 若所有投射 $U \times_Y X \to U$ 都是 étale 满射.

定义 4.13 一个**代数 S-空间** (algebraic S-space) 是指满足下述两个条件的 S-空间 X:

(1) 对角线态射 $X \to X \times_S X$ 是概形性的并且是拟紧的;

(2) 存在概形 X' 和代数空间的概形性 étale 满射

$$\pi: X' \to X.$$

命题 4.8 (1) 代数 S-空间 X 是 $X' \times_X X'$ (这里 $X' = X \times_S X$) 关于某个等价关系的商. 确切地说, X 是下述态射的层余核:

$$X' \times_X X' \xrightarrow[pr_2]{pr_1} X' \times_S X' \xrightarrow[pr_2]{pr_1} X'$$

(2) 代数 S-空间是有效投射可表的.

§4.5 叠

4.5.1 定义

定义 4.14 设有位形 $\mathfrak{C}$. 一个 $\mathfrak{C}$ 上的**叠** (stack) 是指 $\mathfrak{C}$ 上的一个满足以下条件在 $\mathfrak{C}$ 上的范畴 $\mathfrak{S} \xrightarrow{p} \mathfrak{C}$,

(1) $p : \mathfrak{S} \to \mathfrak{C}$ 是一个纤维范畴 (见第 1 章),

(2) 从任意 $U \in \mathrm{Obj}\,\mathfrak{C}$ 及任意 $x, y \in \mathfrak{S}_U$ 得出的 $\mathrm{Mor}(x, y)$ 是纤维 $\mathfrak{C}_U$ 上的层;

(3) 若 $\mathscr{U} = \{f_i : U_i \to U\}_{i \in I}$ 为位形的覆盖, 则 $\mathfrak{S}$ 内任一相对于 $\mathscr{U}$ 的下降资料均为有效 (见第 3 章).

引理 4.9 设有位形 $\mathfrak{C}$ 及纤维范畴 $p : \mathfrak{S} \to \mathfrak{C}$. 则 $\mathfrak{S}$ 为叠之充分必要条件是: 选定位形 $\mathfrak{C}$ 的任一覆盖 $\mathscr{U} = \{f_i : U_i \to U\}_{i \in I}$, 则由法则 "$X \in \mathfrak{S}_U \mapsto X$ 的典范下降资料" 所决定的函子

$$\mathfrak{S}_U \longrightarrow DD(\mathscr{U})$$

是函子等价.

定义 4.15 设有位形 $\mathfrak{C}$. 按以下法则 $\mathfrak{C}$ 上的叠组成一个 **2-范畴**(2-category of stacks):

(1) 此范畴之对象是 $\mathfrak{C}$ 上的叠 $p : \mathfrak{S} \to \mathfrak{C}$;

(2) 此范畴之 1-态射 $(\mathfrak{S}, p) \to (\mathfrak{S}', p')$ 为满足以下条件的函子 $G : \mathfrak{S} \to \mathfrak{S}'$:(i)$p' \circ G = p$, (ii)$G$ 映强卡氏态射为强卡氏态射 (见第 1 章);

(3) 此范畴之 2-态射为自然变换 $t : G \to H$, 其中 $G, H : (\mathfrak{S}, p) \to (\mathfrak{S}', p')$ 并且对任意 $x \in \mathrm{Obj}\,\mathfrak{S}$ 有 $p'(t_x) = \mathrm{id}_{p(x)}$.

4.5.2 群胚

若一个范畴内的任一态射均为同构, 则称此范畴为一个**群胚**(groupoid) (见 [LCZ 06] 代数群引论, 第二篇第一章 1.9.4 小节).

若纤维范畴 $p: \mathfrak{S} \to \mathfrak{C}$ 之所有纤维 $\mathfrak{S}_U, U \in \mathrm{Obj}\,\mathfrak{C}$ 均为群胚, 则称 $\mathfrak{S}$ 为 $\mathfrak{C}$ 上之**群胚纤维范畴** (category fibred in groupoids).

引理 4.10 设有函子 $p: \mathfrak{S} \to \mathfrak{C}$. 则 $\mathfrak{S}$ 为 $\mathfrak{C}$ 上之群胚纤维范畴的充分必要条件是:

(1) 对于 $\mathfrak{C}$ 中的任一态射 $f: V \to U$ 和 $\mathfrak{S}$ 中的任一对象 x 使得 $p(x) = U$, 存在 $\mathfrak{S}$ 中的 $\phi: y \to x$ 使得 $p(\phi) = f$;

(2) 对于每一对态射 $\phi: y \to x$ 及 $\psi: z \to x$ 和任一态射 $f: p(z) \to p(y)$ 使得 $p(\phi) \circ f = p(\psi)$, 存在 f 的唯一的提升 $\chi: z \to y$ 使得 $\phi \circ \chi = \psi$.

如下图表所示:

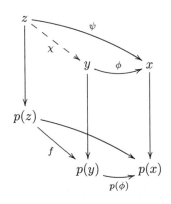

定义 4.16 设有位形 $\mathfrak{C}$. 定义 $\mathfrak{C}$ 上的**群胚叠**(stack in groupoids) 为 $\mathfrak{C}$ 上的一个范畴 $\mathfrak{S}, p: \mathfrak{S} \to \mathfrak{C}$, 使得:

(1) $p: \mathfrak{S} \to \mathfrak{C}$ 是 $\mathfrak{C}$ 上的群胚纤维范畴;
对于所有的 $U \in \mathrm{Obj}\,\mathfrak{C}$ 和所有的 $x, y \in \mathrm{Obj}\,\mathfrak{S}_U$, 预层 $\mathrm{Isom}(x, y)$ 是位形 $\mathfrak{C}/U$ 上的层;

(2) 对于 $\mathfrak{C}$ 中的所有覆盖 $\mathscr{U} = \{U_i \to U\}$, 关于 $\mathscr{U}$ 的所有的下降资料 (x_i, ϕ_{ij}) 都是有效的.

设 S 是一个概形. S 上的仿射概性范畴记为 $(A\!f\!f/S)$. 在 $(A\!f\!f/S)$ 上赋予 étale 拓扑.

称位形 $(A\!f\!f/S)$ 上的群胚纤维范畴为 S-**群胚** (S-groupoid).

设有 S-群胚 $a: \mathscr{X} \to (A\!f\!f/S)$. 若 $U \to S \in (A\!f\!f/S)$, 则 $\mathscr{X}$ 在 U 上的纤维记为 $\mathscr{X}_U = \mathscr{X}(U)$.

定义 $(A\!f\!f/S)$ 上的预层 $\mathrm{Isom}(x, y)$ 如下:

$$\mathrm{Isom}(x, y) : (A\!f\!f/U) \to \mathrm{Sets},$$
$$(V \to U) \mapsto \mathrm{Hom}_{\mathscr{X}_V}(x_V, y_V),$$

其中 $x_V \in \mathscr{X}_V$ 是 x 在 $V \to U$ 下的拉回, y_V 类似.

定义 4.17 称一个位形 $(A\!f\!f/S)$ 上的群胚叠为 **S-叠** (S-stack).

设 X 是 $(A\!f\!f/S)$ 上的一个预层. 与 X 相关联有如下的 S- 群胚 $\mathscr{X}$: 对于 $U \in \mathrm{Obj}\,(A\!f\!f/S)$, 令 $\mathrm{Obj}\,\mathscr{X}_U = X(U)$, 再令每个范畴 $\mathscr{X}_U$ 的态射都是恒同态射 (特别地, 如果 $x, y \in \mathrm{Obj}\,\mathscr{X}_U$, $x \neq y$, 则 $\mathrm{Hom}_{\mathscr{X}_U} = \varnothing$); 对于 $(A\!f\!f/S)$ 中的态射 $\varphi: V \to U$, $x \in X(U)$, 在 $\mathscr{X}$ 中立于 φ 之上的态射定义为 $x|_V = X(\varphi)x \to x$.

如果 X 是一个 S-代数空间, 则上述的 $\mathscr{X}$ 是 S-叠.

设 $\mathscr{F}, \mathscr{G}$ 是两个 S-叠. 它们之间的一个**态射** (morphism) $f: \mathscr{F} \to \mathscr{G}$ 是指使得图表

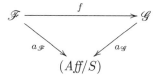

交换的函子. 如果 f 是范畴的等价, 则说 $\mathscr{F}$ 和 $\mathscr{G}$ 是**同构的** (isomorphic). $\mathrm{Hom}_S(\mathscr{F}, \mathscr{G})$ 定义为一个范畴, 它的对象是 $\mathscr{F}$ 到 $\mathscr{G}$ 的态射 (称为 **1-态射** (1-morphism)), 它的态射是自然变换 (称为 **2-态射** (2-morphism)).

定义 4.18 一个 S-叠 $\mathscr{X}$ 称为**可表的** (representable), 如果存在一个代数 S-空间 X 和一个 S-叠的 1-同构:

$$X \xrightarrow{\sim} \mathscr{X}.$$

一个 S-叠的 1-态射 $F: \mathscr{X} \to \mathscr{Y}$ 称为**可表的** (representable), 如果对于任一 $U \in \mathrm{Obj}\,(A\!f\!f/S)$ 和任一 $y \in \mathrm{Obj}\,\mathscr{Y}_U$ (将 y 视为由 U 到 $\mathscr{Y}$ 的 S-叠的 1-态射), U 和 $\mathscr{X}$ 关于 y 和 F 的纤维积 $U \times_{\mathscr{Y}} \mathscr{X}$ 是可表的.

我们大概可说一个 Sch 上的群胚叠 $\mathfrak{G}$ 是指

(1) 对任意概形 U 给出群胚 $\mathfrak{G}_U$;

(2) 对任意概形态射 $f : V \to U$ 给出函子 $f^* : \mathfrak{G}_U \to \mathfrak{G}_V$;

(3) 对可合成态射 $V \xrightarrow{f} U \xrightarrow{g} T$ 给出自然变换 $f^* \circ g^* \to (g \circ f)^*$

使得:

(i) (态射粘合) 对概形 U, 对像 $x, y \in \mathfrak{G}_U$, 覆盖 $\{V_i \to U\}$, 态射 $\phi_i : x_{U_i} \to y_{U_i}$ 满足 $\phi_i|_{U_i \cap U_j} = \phi_j|_{U_i \cap U_j}$, 则存在唯一态射 $\phi : x \to y$ 使得 $\phi|_{U_i} = \phi_i$;

(ii) (对像粘合) 给定覆盖 $\{V_i \to U\}$, 对像 $x_i \in \mathfrak{G}_{U_i}$, 同构 $\phi_{ji} : x_i|_{U_i \cap U_j} \to x_j|_{U_i \cap U_j}$ 满足 $\phi_{jk}\phi_{ki} = \phi_{ji}$, 则存在除同构外唯一 $x \in \mathfrak{G}_U$, 同构 $\psi_i : x_{U_i} \to x_i$ 使得 $\phi_{ji} = \psi_j \circ \psi_i^{-1}$.

定义 4.19 一个 S-叠 $\mathscr{X}$ 称为**代数叠**(algebraic stack), 如果

(1) 对角线态射 $\mathscr{X} \to \mathscr{X} \times_S \mathscr{X}$ 是可表的、分离的、拟紧的;

(2) 存在一个代数 S-空间 X 和 S-叠的 1-态射 $X \to \mathscr{X}$, 它是满射且是光滑的.

有了叠的定义, 当然可以把整套 EGA, SGA 搬到叠论. 这个工作几乎做完了. 从学习来看可能最好是看别人怎样用叠论, 如 [DM 69], [Laf 02] 及 [Ngo 10]. 这四位作者 Deligne, Mumford, Lafforgue, Ngo 都拿了 Fields 奖! 近年叠论的研究非常活跃, 可看 Columbia University 在网上的 stack project 及 Harvard Gaitsgory, UC Berkeley Olsson, 中科院的郑维喆的工作, 还有教科书 [LM 00].

第 5 章　Hilbert 函子

希尔伯特 (Hilbert, 1862—1943 年), 德国数学家, 是 20 世纪最具影响力的数学家之一. 他于 1900 年, 在巴黎的国际数学家大会上提出 23 个问题, 这些问题成为 20 世纪的数学研究的重要指导方向.

模形式理论中经常用到两个函子, 即 Hilbert 函子和 Picard 函子. Grothendieck (见参考文献 Grothendieck [Gro56] FGA 221, 232) 讨论了这两个函子的性质. Mumford (见参考文献 Mumford [Mum 66]) 提出了一些补充和简化. 现今人们一般都引用 Altman 及 Kleimam (见参考文献 Altman 和 Kleimam [AK 79], [AK 80]) 的论述.

固定一个概形 S. 设有概形 X/S 及一个有理系数的一元多项式 P, 则相应于 X/S 和 P 的 **Hilbert 函子** (Hilbert functor) 定义为

$$\mathscr{H}ilb_{X/S}^P : (\mathrm{Sch}/S)^{\mathrm{opp}} \to \mathrm{Sets},$$

$$Z \mapsto \left\{ V \;\middle|\; \begin{array}{l} V \text{ 为 } X \times_S Z \text{ 的子概形}, \\ V \to Z \text{ 为平坦固有态射}, \\ \mathscr{O}_V \text{ 的 Hilbert 多项式为 } P \end{array} \right\}$$

(Hilbert 多项式的定义见 5.1.3 小节). 关于 Hilbert 函子的基本结果是:

定理 5.1 若 X/S 为射影概形, P 为有理系数多项式, 则函子 $\mathscr{H}ilb_{X/S}^P$ 可由射影概形 $Hilb_{X/S}^P \to S$ 表示.

我们将在本章最后给出这里的 $Hilb_{X/S}^P$ 的解释和此定理的证明.

Hironaka 给出过反例, 指出在定理 5.1 中至少要求 $X \to S$ 是拟射影的, 才能保证结论成立. Altman 及 Kleimam 所证的定理比定理 5.1 略强, 请读者参考他们的文章. 在这里我们按照 Mumford (见参考文献 Mumford [Mum 66]) 考虑最简单的射影态射

$$X = \mathbb{P}^n \times_{\mathbb{Z}} S \to S$$

的情形 (参见参考文献 Hartshorne [AG], II, §4 或 Grothendieck 和

Dieudonné [EGA II], 5.5, 第 104 页).

我们常称概形 V 的结构层 $\mathcal{O}_V$ 的 Hilbert 多项式为 V 的 Hilbert 多项式. 我们亦定义函子

$$\mathscr{H}ilb_{X/S} : (\mathrm{Sch}/S)^{\mathrm{opp}} \to \mathrm{Sets},$$

$$Z \mapsto \left\{ V \left| \begin{array}{l} V \text{为} X \times_S V \text{的子概形}, \\ V \to Z \text{为平坦固有态射} \end{array} \right. \right\}.$$

若 Z 为连通概形, 则有无交并

$$\bigcup_P \mathscr{H}ilb^P_{X/S}(Z) = \mathscr{H}ilb_{X/S}(Z).$$

§5.1 Hilbert 多项式

5.1.1 射影空间

设

$$R = \bigoplus_{d=0}^{\infty} R_d$$

为有 1 的交换分次环. 对于任一 $f \in R_d (d > 0)$, 以 $(R_f)_0$ 记分式环 R_f 的零次元所组成的子环. 令

$$U_f = \{\mathfrak{p} \mid \mathfrak{p} \text{为} R \text{ 的齐次素理想}, f \notin \mathfrak{p}\} \ (\cong \mathrm{Spec}\,(R_f)_0).$$

则

$$\{U_f \mid f \in R_d,\ d > 0\}$$

组成 $X = \mathrm{Proj}\,R$ 的拓扑基 (见参考文献 Hartshorne [AG], II, 命题 2.5).

对于任一正整数 n, 令

$$R(n)_d = R_{d+n}, \quad R(n) = \bigoplus_{d=0}^{\infty} R(n)_d.$$

以 $\mathcal{O}_X(n)$ 记由 $R(n)$ 所决定的 $\mathcal{O}_X$-模. 又常将 $\mathcal{O}_X(n)$ 简记为 $\mathcal{O}(n)$ (见参考文献 Hartshorne [AG], II, 命题 5.12).

5.1.2 可逆层

现在设对于任一 $n > 0$, R_n 作为 R_0-模是由

$$\overbrace{R_1 \otimes \cdots \otimes R_1}^{n\ \text{个}}$$

生成的. 则有

(1) $\mathscr{U} = \{U_f \mid f \in R_1\}$ 为 $X = \operatorname{Proj} R$ 的开覆盖.

(2) 对于任意的 $f, g \in R_1$, 易见 f/g 在 $U_f \cap U_g$ 上可逆. 于是定义了 $\check{H}^1(\mathscr{U}, \mathscr{O}_X)$ 中的一个元素, 从而决定了 X 上的一个**可逆层** (invertible sheaf). 此层即是上述的 $\mathscr{O}(1)$.

(3) 可逆层 $\mathscr{O}(1)^{\otimes d}$ 由 $\check{H}^1(\mathscr{U}, \mathscr{O}_X)$ 的上闭链 $(f/g)^d$ 所决定. 任取 $f \in R_1, h \in R_d$, 则 $h/f^d \in \mathscr{O}_X(U_f)$. 由 $h/g^d = (f/g)^d \cdot h/f^d$ 知: 可将 h/f^d 粘合为 $\Gamma(X, \mathscr{O}(1)^{\otimes d})$ 的元素 $\varphi(h)$. 这就给出同构:

$$\varphi : R_d \to \Gamma(X, \mathscr{O}(1)^{\otimes d}).$$

分次环的最基本的例子当然是多项式环 $R = \mathbb{Z}[X_0, \cdots, X_n]$. 我们称单项式 $X_0^{d_0} X_1^{d_1} \cdots X_n^{d_n}$ 的**权** (weight) 为 $d_0 + d_1 + \cdots + d_n$. 以 R_d 记权为 d 的单项式的 $\mathbb{Z}$-线性组合所组成的交换群, 则

$$R = \bigoplus_{d=0}^{\infty} R_d.$$

以 $\mathbb{P}^n_{\mathbb{Z}}$ 或 $\mathbb{P}^n$ 记 $\operatorname{Proj} \mathbb{Z}[X_0, \cdots, X_n]$. 令

$$U_i = \{(X_0, X_1, \cdots, X_n) \in \mathbb{P}^n \mid X_i \neq 0\}, \quad \mathscr{O}_i = \mathscr{O}_X|_{U_i}.$$

则 $\{U_i \mid 0 \leqslant i \leqslant n\}$ 为 $\mathbb{P}^n$ 的开覆盖. 用同构

$$m_{ij} : \mathscr{O}_j|_{U_i \cap U_j} \to \mathscr{O}_i|_{U_i \cap U_j},$$

$$f \mapsto \left(\frac{X_j}{X_i}\right)^m f$$

把 $\mathscr{O}_i$ 和 $\mathscr{O}_j$ 在 $U_i \cap U_j$ 上粘合起来, 便得到上小节的可逆层 $\mathscr{O}(m)$, 记为 $\mathscr{O}_{\mathbb{P}^n}(m)$ (又称 $\mathscr{O}(1)$ 为**超平面丛** (hyperplane bundle). 见参考文献 Griffiths 和 Harris [GH 78], 第 145 页).

对于任一概形 S, 以 π 记投射 $\mathbb{P}^n \times_{\mathbb{Z}} S \to \mathbb{P}^n$. 我们亦以 $\mathscr{O}(1)$ 记 $\pi^*(\mathscr{O}_{\mathbb{P}^n}(1))$. 若 $\mathscr{F}$ 为 $\mathbb{P}^n \times_{\mathbb{Z}} S$ 上的凝聚层, 则记

$$\mathscr{F}(m) = \mathscr{F} \otimes_{\mathscr{O}_{\mathbb{P}^n \times S}} (\mathscr{O}(1)^{\otimes m}).$$

5.1.3 Hilbert 多项式

对于交换环 A, 我们以 $\mathbb{P}^n_A$ 记 $\mathbb{P}^n \times_{\mathbb{Z}} \operatorname{Spec} A$.

设 k 是一个域. Serre 证明了: 若 $\mathscr{F}$ 为 $\mathbb{P}^n_k$ 上的凝聚层, 则

$$\sum_{i=0}^{n} (-1)^i \dim_k H^i(\mathbb{P}^n_k, \mathscr{F}(m))$$

是一个以 m 为变元的有理系数多项式. 称此多项式为 $\mathscr{F}$ 的 **Hilbert 多项式** (Hilbert polynomial) (见参考文献 Hartshorne [AG], I, §7 和 III, §5 及 Ex 5.2; Grothendieck 和 Dieudonné [EGA III], 第 1 册, 2.5.3; [EGA III], 第 2 册, 7.9; [EGA IV], 第 2 册, 5.3).

5.1.4 平坦凝聚层的 Hilbert 多项式

现在设 S 为 Noether 概形, $\mathscr{F}$ 为 $\mathbb{P}^n \times_{\mathbb{Z}} S$ 上的凝聚层,

$$\pi : \mathbb{P}^n \times_{\mathbb{Z}} S \to S$$

为投射. 则 $\mathscr{F}$ 在 S 上平坦当且仅当存在整数 m_0, 使得当 $m \geqslant m_0$ 时有 $\pi_*(\mathscr{F}(m))$ 是局部自由层 (见参考文献 Mumford [Mum 66], 第 7 讲, 推论 3). 设 $s \in S$, $\mathscr{O}_{S,s}$ 为层 $\mathscr{O}_S$ 在 s 处的茎, $\kappa(s)$ 为 $\mathscr{O}_{S,s}$ 的剩余域. 则 $\operatorname{Spec} \kappa(s)$ 的唯一的点映射到 $s \in S$ 以及 $\mathscr{O}_{S,s}$ 到 $\kappa(s)$ 的典范同态给出了态射:

$$i_s : \operatorname{Spec} \kappa(s) \to S.$$

π 在 s 处的纤维 $\mathbb{P}^n_s$ 由 π 和 i_s 的纤维积决定:

$$\begin{array}{ccc} \mathbb{P}^n_s & \xrightarrow{j_s} & \mathbb{P}^n \times_{\mathbb{Z}} S \\ \downarrow & & \downarrow \\ \operatorname{Spec} \kappa(s) & \xrightarrow{i_s} & S \end{array}$$

以 $\mathscr{F}_s$ 记 $j_s^*\mathscr{F}_s$. 则可以定义 $\mathscr{F}_s$ 的 Hilbert 多项式. 事实上, 可以证明: 若 $\mathscr{F}$ 是平坦的凝聚层, 则:

(1) 存在正整数 m_0, 使得对于所有的 $m \geqslant m_0$, $\pi_*(\mathscr{F}(m))$ 为局部自由层;

(2) $\mathscr{F}_s$ 的 Hilbert 多项式是局部恒等的, 即: 对于任意的 $s \in S$, 存在 s 的邻域 U, 使得对于任意的 $s_0, s_1 \in U$, $\mathscr{F}_{s_0}$ 的 Hilbert 多项式与 $\mathscr{F}_{s_1}$ 的 Hilbert 多项式皆相等 (见参考文献 Mumford [Mum 66], 第 7 讲, 推论 3; Hartshorne [AG], III, §9, 定理 9.9; Grothendieck 和 Dieudonné [EGA III], 第 2 册, 7.9.1.);

(3) 若 $R^i\pi_*(\mathscr{F}) = 0$ 对所有的 $i \geqslant i_0$ 成立, 则对于 $i \geqslant i_0, s \in S$, 必有 $H^i(\mathbb{P}_s^n, \mathscr{F}_s) = 0$;

(4) 设 $\mathscr{E}$ 为 S 上的凝聚层及 $\varphi: \mathscr{E} \to \pi_*\mathscr{F}$ 为同态. 若对于任一 $s \in S$, $\varphi_s: \mathscr{E} \otimes k(s) \to H^0(\mathbb{P}_s^n, \mathscr{F}_s)$ 为同构, 则 φ 为同构, 并且 $\mathscr{E}$ 为局部自由层 (见参考文献 Mumford [Mum 66], 第 7 讲, 推论 3).

5.1.5 极丰层与 Hilbert 多项式

设 $f: X \to Y$ 为概形射影态射. 我们称 X 上的可逆层 $\mathscr{L}$ 为 (相对于 Y) **极丰的** (very ample) (或说 f-极丰), 如果存在浸入 $i: X \to \mathbb{P}^n \times_\mathbb{Z} Y$, 使得

$$i^*(\mathscr{O}(1)) \cong \mathscr{L}$$

(见参考文献 Hartshorne [AG], II, §5, 第 120 页; Grothendieck 和 Dieudonné [EGA II], 4.4.2). 对于射影态射 $f: X \to Y$, 由定义, f 可分解为

$$X \to \mathbb{P}^n \times_\mathbb{Z} Y.$$

从而可选定 X 上的极丰可逆层, 记之为 $\mathscr{O}(1)$. 若 $\mathscr{F}$ 为凝聚 $\mathscr{O}_X$-模, 则以 $\mathscr{F}(m)$ 记 $\mathscr{F} \otimes \mathscr{O}(1)^{\oplus m}$.

现在设 Y 是连通的且 $\mathscr{F}$ 在 Y 上是平坦的, 则

(1) 当 $m \gg 0$ 时, $f_*\mathscr{F}(m)$ 是局部自由层;

(2) 存在有理系数的多项式 $P(m)$, 使得对于 $m \gg 0$, $P(m) = f_*\mathscr{F}(m)$ 的秩.

我们称此 $P(m)$ 为 $\mathscr{F}$ 的 **Hilbert 多项式** (Hilbert polynomial). 考虑广泛一些的情形. 设

$$f: X \to Y$$

为概形的拟射影态射. 固定 X 上的极丰层 $\mathscr{O}(1)$. 设 $\mathscr{O}_X$-模 $\mathscr{F}$ 是有限展示的 (finitely presented) 并且具有固有支集 (proper support). 则对于 $s \in S$ 有 Hilbert 多项式 $P_{\mathscr{F}_s}(t) \in \mathbb{Q}[t]$ (见参考文献 Grothendieck 和 Dieudonné [EGA III], 第 1 册, 2.5.3). 对于 $n \in \mathbb{Z}$, $P_{\mathscr{F}_s}(n)$ 等于 $\mathscr{F}(n)$ 在纤维 X_s 上的 Euler 示性数

$$\chi(\mathscr{F}_s(n)) = \sum_{i=0}^{\infty} \dim_{\kappa(s)} H^i(X_s, \mathscr{F}_s(n)).$$

§5.2 m-正 则 性

5.2.1 Noether 模的支集和相伴素理想

设 R 为 Noether 环, M 为有限生成 R-模. M 的**支集** (support) $\operatorname{Supp} M$ 是指由满足条件 $M_{\mathfrak{p}} \neq 0$ 的素理想 $\mathfrak{p}(\in \operatorname{Spec} R)$ 所组成的集合. 因此, $\mathfrak{p} \in \operatorname{Supp} M$ 当且仅当存在 $m \in M$, 使得零化子 $\operatorname{Ann}(m) \subseteq \mathfrak{p}$.

称环 R 的素理想 $\mathfrak{p}$ 为 R-模 M 的**相伴素理想** (associated prime ideal), 如果存在 $m \in M$, 使得 $\operatorname{Ann}(m) = \mathfrak{p}$. 以 $\operatorname{Ass} M$ 记 M 的相伴素理想所组成的集合. 显然

$$\operatorname{Ass} M \subseteq \operatorname{Supp} M.$$

可以证明: $\operatorname{Supp} M$ 等于 $\operatorname{Ass} M$ 的闭包 (在 $\operatorname{Spec} R$ 的 Zariski 拓扑下). 事实上, 设 $\mathfrak{q}$ 为 R 的素理想, 若有 $0 \neq m \in M_{\mathfrak{q}}$ 及 R 的理想 $I \in \mathfrak{q}$, 使得 $I \cdot m = 0$ 及 $\sqrt{I} = \mathfrak{q}$, 则 $\mathfrak{q} \in \operatorname{Ass} M$.

以上的内容可参看交换代数的教科书 (例如, 参考文献 Bourbaki [Bou 61], 第 4 章; Matsumura [1]; 冯克勤 [Fen 86], 第四章; 李克正 [Li 99], 第五章.

5.2.2 有限集 $A(\mathscr{F})$

设 X 为 Noether 概形, $\mathscr{F}$ 为 X 上的凝聚层. 我们引入如下的定义 (见参考文献 Mumford [Mum 66], 第 7 讲, §2):

$$A(\mathscr{F}) = \left\{ x \in X \;\middle|\; \begin{array}{l} \exists\, 0 \neq s \in \mathscr{F}_x \text{ 及理想 } I \subseteq \mathscr{O}_x, \\ \text{使得 } I \cdot s = 0 \text{ 及 } \sqrt{I} = \mathscr{O}_x \text{的极大理想} \end{array} \right\}.$$

由 Ass M 是有限集知, $A(\mathscr{F})$ 为有限集.

5.2.3 m-正则性

设 A 为 Noether 环, $X = \mathbb{P}_A^n = \operatorname{Proj} A[X_0, \cdots, X_n]$, $\mathscr{F}$ 为 X 上的凝聚层. 则:

(1) (Grothendieck) 对于所有的 $i > n$ 和所有的 m, 有

$$H^i(X, \mathscr{F}(m)) = 0;$$

(2) (Serre) $\mathscr{F}$ 决定一整数 m_0, 使得对于所有的 $m \geqslant m_0$, $i > 0$, 有 $H^i(X, \mathscr{F}(m)) = 0$, 以及 $\mathscr{F}(m)$ 是由 $H^0(X, \mathscr{F}(m))$ 生成的 $\mathscr{O}_X$-模 (见 Hartshorne [AG], III, §2, 定理 2.7; III, §5, 定理 5.2).

我们称 $\mathbb{P}^n = \operatorname{Proj} \mathbb{Z}[X_0, \cdots, X_n]$ 上的一个凝聚层 $\mathscr{F}$ 为 m-**正则的** (m-regular), 如果对于所有的 $i > 0$, 有 $H^i(\mathbb{P}^n, \mathscr{F}(m-i)) = 0$ (见参考文献 Mumford [Mum 66], 第 14 讲; Grothendieck 等 [SGA6, II, XIII, §1: (b)-sheaf]).

5.2.4 Castelnuvo 命题

命题 5.2 (Castelnuvo) 设 $\mathscr{F}$ 为 $\mathbb{P}^n$ 上的 m-正则凝聚层. 则

(1) 对于 $k > m$, $H^0(\mathbb{P}^n, \mathscr{F}(k-1)) \otimes H^0(\mathbb{P}^n, \mathscr{O}(1))$ 生成

$$H^0(\mathbb{P}^n, \mathscr{F}(k));$$

(2) 对于任一 $i > 0$, 若 $k + i \geqslant m$, 则 $H^i(\mathbb{P}^n, \mathscr{F}(k)) = 0$.

推论 5.3 若 $k \geqslant m$, 则 $\mathscr{F}(k)$ 作为 $\mathscr{O}_{\mathbb{P}^n}$-模可由 $H^0(\mathbb{P}^n, \mathscr{F}(k))$ 生成.

我们先证明命题 5.2.

证明 对 n 用归纳法. 若 $n=0$, 结论显然成立.

首先证明命题中的结论 (2). 对于任一给定的 $\mathscr{F}$, 取超平面 H 使得 H 与 $A(\mathscr{F})$ 不相交 (因为 $A(\mathscr{F})$ 是有限集, 所以这样的 H 存在). 设 H 在 $x \in \mathbb{P}^n$ 处的局部方程为 f. 则对于 $\mathscr{F}_x$ 的任一相伴素理想 $\mathfrak{p}$, f 为 $\mathscr{O}_\mathfrak{p}$ 的可逆元. 故乘以 f 所定义的 $\mathscr{F}_x$ 的自同态是单射. 因此, 以 $\mathscr{F}(h)$ 与下面的正合序列 (见参考文献 Hartshorne [AG], III, §5, 第 227 页; Griffiths 和 Harris [GH 78], 第 134 和 177 页) 作张量积

$$0 \longrightarrow \mathscr{O}_{\mathbb{P}^n}(-H) \longrightarrow \mathscr{O}_{\mathbb{P}^n} \longrightarrow \mathscr{O}_H \longrightarrow 0$$

(其中 $\mathscr{O}_{\mathbb{P}^n}(-H) \cong \mathscr{O}_{\mathbb{P}^n}(-1)$), 便得到正合序列:

$$0 \longrightarrow \mathscr{F}(k-1) \longrightarrow \mathscr{F}(k) \longrightarrow \mathscr{F}_H(h) \longrightarrow 0,$$

其中 $\mathscr{F}_H(h) = \mathscr{F} \otimes \mathscr{O}_H \otimes \mathscr{O}(1)^{\otimes k}$. 由此可得正合序列

$$H^i(\mathscr{F}(m-i)) \longrightarrow H^i(\mathscr{F}_H(m-i)) \longrightarrow H^{i+1}(\mathscr{F}(m-(i+1))).$$

由于 $\mathscr{F}$ 是 m-正则的, 所以此序列的左、右两项为零, 因而中间的项为零. 故知 H 上的 $\mathscr{F}_H$ 是 m-正则的.

现在考虑正合序列

$$H^{i+1}(\mathscr{F}(m-(i+1))) \longrightarrow H^{i+1}(\mathscr{F}(m-i)) \longrightarrow H^{i+1}(\mathscr{F}_H(m-i)).$$

由 $\mathscr{F}$ 的 m-正则性知, 第一项为零. 关于第三项, 上面已证 $\mathscr{F}_H$ 是 m-正则的. 因为 $H \cong \mathbb{P}^{n-1}$, 故可对 H 用归纳假设, 即知第三项为零. 从而第二项 $H^{i+1}(\mathscr{F}((m+1)-(i+1))) = 0$. 这就是说 $\mathscr{F}_H$ 是 $(m+1)$-正则的. 继续作下去, 知 $\mathscr{F}_H$ 是 $(m+j)$-正则的 ($\forall\, j > 0$). 于是 (2) 得证.

再证结论 (1). 只要证明

$$H^0(\mathscr{F}(k-1)) \otimes H^0(\mathscr{O}_{\mathbb{P}^n}(1)) \xrightarrow{\mu} H^0(\mathscr{F}(k))$$

是满射. 取超平面 H 如前. 考虑交换图表

$$\begin{array}{ccc} H^0(\mathscr{F}(k-1)) & \xrightarrow{\sigma} & H^0(\mathscr{F}_H(k-1)) \\ \otimes H^0(\mathscr{O}_{\mathbb{P}^n}(1)) & & \otimes H^0(\mathscr{O}_H(1)) \\ {\scriptstyle \mu}\downarrow & & \downarrow{\scriptstyle \mu_H} \\ \end{array}$$

$$H^0(\mathscr{F}(k-1)) \xrightarrow{\eta} H^0(\mathscr{F}(k)) \xrightarrow{\nu} H^0(\mathscr{F}_H(k))$$

此图表上行中的 σ 是下述正合序列中的一个映射:

$$H^0(\mathscr{F}\cdots) \xrightarrow{\sigma} H^0(\mathscr{F}_H\cdots) \longrightarrow H^0(\mathscr{F}(k-2)) \otimes H^0(\mathscr{O}_{\mathbb{P}^n}(1)),$$

而 $H^0(\mathscr{F}(k-2)) = 0$, 故 σ 为满射; 又 $H \cong \mathbb{P}^{n-1}$, 由归纳假设, μ_H 是满射. 所以

$$\nu(\text{Img } \mu) = H^0(\mathscr{F}_H(k)).$$

注意到

$$\text{Ker } \nu = H^0(\mathscr{F}(k-1)),$$

即知 $H^0(\mathscr{F}(k))$ 由 img μ 和 $\eta(H^0(\mathscr{F}(k-1)))$ 生成. 现在取 $h \in H^0(\mathbb{P}^n, \mathscr{O}_{\mathbb{P}^n}(1))$ 为 H 在 $\mathbb{P}^n$ 内的方程, 则

$$\eta(H^0(\mathscr{F}(k-1))) = h \otimes H^0(\mathscr{F}(k-1)) \subseteq \text{Img } \mu.$$

这就证明了 μ 是满射. □

下面证明推论 5.3.

证明 取 $x \in \mathbb{P}^n$. 固定一个同构 $\mathscr{O}_{\mathbb{P}^n}(1)_x \cong \mathscr{O}_{\mathbb{P}^n,x}$. 在此同构下可以把 $\mathscr{O}_{\mathbb{P}^n}(k-m)_x$ 看成 $\mathscr{O}_{\mathbb{P}^n,x}$, 以及把 $\mathscr{F}(k)_x$ 看成 $\mathscr{F}(m)_x$. 于是 $H^0(\mathscr{O}_{\mathbb{P}^n}(k-m))$ 便成为 $\mathscr{O}_x$ 的子空间. 但由 Serre 定理及命题 5.2 中的结论 (1) 知: 若 $k \gg 0$, 则 $\mathscr{O}_{\mathbb{P}^n}$-模 $\mathscr{F}(k)$ 由

$$H^0(\mathscr{F}(m)) \otimes H^0(\mathscr{O}_{\mathbb{P}^n}(k-m))$$

生成, 所以 $H^0(\mathscr{F}(m) \otimes \mathscr{O}_x)$ 生成 $\mathscr{F}(m)_x$, 亦即 $\mathscr{O}_{\mathbb{P}^n}$-模 $\mathscr{F}(m)$ 由 $H^0(\mathscr{F}(m))$ 生成. □

5.2.5 Mumford 定理

关于下述的定理可以参见参考文献 Mumford [Mum 66], 第 14 讲; Grothendieck 等 [SGA 6, XIII, §1] 以及 Mumford, Abelian varieties, Oxford, §5.

定理 5.4 (Mumford)　对于任意的 $n \geqslant 0$, 存在有理系数多项式
$$p_n(X_0, \cdots, X_n)$$
满足以下条件: 若 $\mathscr{I}$ 为 $\mathscr{O}_{\mathbb{P}^n}$ 的凝聚理想层, 其 Euler 示性数可写成
$$\chi(\mathscr{I}(m)) = \sum_{i=0}^{n} a_i \binom{m}{i},$$
则 $\mathscr{I}$ 为 $p_n(a_0, \cdots, a_n)$-正则的.

证明　对 n 用归纳法. 当 $n = 0$ 时结论成立.

对于给定的 $\mathscr{I}$, 以 Z 记由 $\mathscr{I}$ 决定的 $\mathbb{P}^n$ 的子概形. 取超平面 H 使得 H 与 $A(\mathscr{O}_Z)$ 不相交. 设 $h \in H^0(\mathbb{P}^n, \mathscr{O}_{\mathbb{P}^n}(1))$ 为 H 的整体方程. 如前面 Castelnuvo 命题证明中一样, 我们有正合序列

$$0 \longrightarrow \mathscr{I}(m) \xrightarrow{\otimes h} \mathscr{I}(m+1) \longrightarrow \mathscr{I}_H \longrightarrow 0, \quad (5.1)$$

其中 $\mathscr{I}_H = (\mathscr{I}_H \otimes \mathscr{O}_H)(m+1)$.

现在取 $x \in \mathbb{P}^n$, 设 f 为 H 在 x 处的局部方程. 由 Z 的定义, 有正合序列

$$0 \longrightarrow \mathscr{I}_x \longrightarrow \mathscr{O}_{\mathbb{P}_n, x} \longrightarrow \mathscr{O}_{Z,x} \longrightarrow 0$$

(见参考文献 Hartshorne [AG], II, §5, 第 115 和 119 页. 对于空间 X 的层 $\mathscr{F}$ 和 $\mathscr{G}$, 定义 $\operatorname{Tor}_i(\mathscr{F}, \mathscr{G}) = H^{-i}(\mathscr{F} \otimes^L_{\mathscr{O}_X} \mathscr{G})$ ($i > 0$), $\operatorname{Tor}_0(\mathscr{F}, \mathscr{G}) = \mathscr{F} \otimes_{\mathscr{O}_X} \mathscr{G}$. 见参考文献 Griffiths 和 Harris [GH 78], 第 5 章, §3, 第 684 和 694 页; Godement [God 73], I, 5.3). 此正合序列在关于 $\mathscr{O}_x/f\mathscr{O}_x$ 的 Tor 函子下导致长正合序列

$$\begin{array}{ccc}
\longrightarrow \operatorname{Tor}_0(\mathscr{O}_x/f\mathscr{O}_x, \mathscr{I}_x) & \longrightarrow & \operatorname{Tor}_0(\mathscr{O}_x/f\mathscr{O}_x, \mathscr{O}_{\mathbb{P}_n,x}) \longrightarrow \\
\| & & \| \\
\mathscr{I}_{H,x} & & \mathscr{O}_{H,x}
\end{array}$$

其中 $\mathscr{O}_x/f\mathscr{O}_x = \mathscr{O}_{H,x}$. 由于 H 与 $A\mathscr{O}_Z$ 不相交, 故 f 不是 $\mathscr{O}_{Z,x}$ 中任意非零元素的零因子. 从而

$$\operatorname{Tor}_1(\mathscr{O}_x/f\mathscr{O}_x, \mathscr{O}_{Z,x}) = 0$$

(设 M 为 R-模, $x \in R$ 不是零因子, 则

$$\mathrm{Tor}_1(R/(x), M) = \{m \in M|\ xm = 0\}.$$

见参考文献李克正 [Li 99], XIII, 5). 这样即知, $\mathscr{I}_H$ 是 $\mathscr{O}_H$ 的理想层.

由正合序列 (5.1) 可得

$$\chi(\mathscr{I}_H(m+1)) = \chi(\mathscr{I}(m+1)) - \chi(\mathscr{I}(m))$$
$$= \sum_{i=0}^{n} a_i \left[\binom{m+1}{i} - \binom{m}{i} \right]$$
$$= \sum_{i=0}^{n-1} a_{i+1} \binom{m}{i}.$$

由于 $\mathscr{I}_H$ 是 $\mathscr{O}_H$ 的理想层, 以及 $H \cong \mathbb{P}^{n-1}$, 由归纳假设知, 存在由 $n-1$ 决定的多项式 G, 使得 $\mathscr{I}_H$ 是 $G(a_1, a_2, \cdots, a_n)$-正则的. 记 $G(a_1, a_2, \cdots, a_n)$ 为 m_1. 由 Castelnuvo 命题知: 若 $i > 0$ 且 $m+1+i \geqslant m_1$, 则 $H^i(\mathscr{I}_H(m+1)) = 0$. 于是, 从 (5.1) 得出的长正合序列告诉我们:

(1) 若 $m \geqslant m_1 - 2$, 则下面序列正合:

$$0 \longrightarrow H^0(\mathscr{I}(m)) \longrightarrow H^0(\mathscr{I}(m+1)) \xrightarrow{\rho_{m+1}} H^0(\mathscr{I}_H(m+1))$$
$$\longrightarrow H^1(\mathscr{I}(m)) \longrightarrow H^1(\mathscr{I}(m+1)) \longrightarrow 0. \qquad (5.2)$$

(2) 若 $i \geqslant 2, m \geqslant m_1 - 1$, 则下面序列正合:

$$0 \longrightarrow H^i(\mathscr{I}(m)) \longrightarrow H^i(\mathscr{I}(m+1)) \longrightarrow 0. \qquad (5.3)$$

根据 Serre 定理, 存在 (充分大的) m_0, 使得对于所有的 $i > 0$, $m > m_0$, 都有

$$H^i(\mathscr{I}(m)) = 0.$$

由正合序列 (5.3) 知: 若 $i \geqslant 2, m \geqslant m_1 - 1$, 则

$$H^i(\mathscr{I}(m)) \cong H^i(\mathscr{I}(m+1)).$$

所以 (从 m_0 开始, 递减) 有 $H^i(\mathscr{I}(m)) = 0$, 只要 $i \geqslant 2, m \geqslant m_1 - 1$. 即有

(3) 若 $i \geqslant 2, m' \geqslant 0$, 则

$$H^i(\mathscr{I}(m' + m_1 - i)) = 0. \tag{5.4}$$

由正合序列 (5.2) 知:

(4) 若 $m + 1 \geqslant m_1 - 1$, 则 ρ_{m+1} 为满射或

$$\dim H^1(\mathscr{I}(m+1)) < \dim H^1(\mathscr{I}(m)).$$

这意味着, 存在 $m_2 > m_1$, 使得 ρ_{m_2} 为满射. 观察下面的交换图表:

$$\begin{array}{ccc} H^0(\mathscr{I}(m_2)) \otimes H^0(\mathscr{O}_{\mathbb{P}^n}(1)) & \longrightarrow & H^0(\mathscr{I}(m_2 + 1)) \\ {\scriptstyle \rho_{m_2} \otimes 1} \downarrow & & \downarrow {\scriptstyle \rho_{m_2+1}} \\ H^0(\mathscr{I}_H(m_2)) \otimes H^0(\mathscr{O}_H(1)) & \longrightarrow & H^0(\mathscr{I}_H(m_2 + 1)) \end{array}$$

因为 $\mathscr{I}_H$ 是 m_1-正则的, 由 Castelnuvo 命题知此图表的下行是满射, 从而 ρ_{m_2+1} 是满射. 这样我们得到结论: 若 ρ_{m_2} 为满射, 则对于所有的 $m \geqslant m_2$, ρ_m 皆为满射. 因此, 若 $m \geqslant m_1 - 1$, 则 $m \mapsto \dim H^1(\mathscr{I}(m))$ 是严格递减至零的函数. 于是, 设

$$m' = \dim H^1(\mathscr{I}(m_1 - 1)),$$

则

$$H^1(\mathscr{I}(m_1 - 1 + m')) = 0.$$

加之上述的结论 (3), 即知 $\mathscr{I}$ 是 $(m' + m_1)$-正则的.

由于 $\mathscr{I}$ 是 $\mathscr{O}_{\mathbb{P}^n}$ 的理想层, 所以

$$\begin{aligned} m' &= \dim H^0(\mathscr{I}(m_1 - 1)) - \chi(\mathscr{I}(m_1 - 1)) \\ &\leqslant \dim H^0(\mathscr{O}_{\mathbb{P}^n}(m_1 - 1)) - \sum_{i=0}^n a_i \binom{m_1 - 1}{i} \\ &= F(a_o, \cdots, a_n; m_1), \end{aligned}$$

其中 $m_1 = G(a_1, \cdots, a_n)$ 如前, F 是多项式. 这就证明了:

$\mathscr{I}$ 是 $(G(a_1, \cdots, a_n) + F(a_o, \cdots, a_n; G(a_1, \cdots, a_n)))$-正则的.

□

5.2.6 Castelnuvo-Mumford 定理

我们把 Castelnuvo 和 Mumford 的结果合写成下面的定理:

定理 5.5 对于任一有理系数多项式 P, 存在具有以下性质的整数 $N(P)$: 若 $\mathbb{P}$ 为域上的射影空间, 且有子层 $\mathscr{I} \subseteq \mathscr{O}_{\mathbb{P}}$ 以 P 为 Hilbert 多项式, 则对于任意的 $n \geqslant N(P)$, 有

(1) $H^i(\mathbb{P}, \mathscr{I}(n)) = 0 \ (\forall \ i \geqslant 1)$;

(2) $\mathscr{I}(n)$ 由整体截面所生成;

(3) $H^0(\mathbb{P}, \mathscr{I}(n)) \otimes H^0(\mathbb{P}, \mathscr{O}(1)) \to H^0(\mathbb{P}, \mathscr{I}(n+1))$ 为满射.

5.2.7 平坦化阶层

在本节余下的部分我们研究以下的问题: 设 S 为 Noether 概形, $\mathscr{F}$ 为 $\mathbb{P}^n \times_{\mathbb{Z}} S$ 上的凝聚层. 若态射 $g: T \to S$ 使得 $(1 \times g)^*\mathscr{F}$ 在 T 上平坦, 问: T 有何性质? 为解决此问题, 我们引入以下的术语: 称 S 的局部闭子概形 $S_1, \cdots, S_m$ 把 S 分为**阶层** (stratum), 如果 S 的任一点只属于其中的一个 S_i.

定理 5.6 S 可以分解为满足下述条件的阶层 $S_1, \cdots, S_m$: 对于任一 Noether 概形 T 以及任一态射 $g: T \to S$, $(1 \times g)^*\mathscr{F}$ 在 T 上平坦当且仅当 g 可分解为

$$T \to \coprod_{i=1}^{m} S_i \hookrightarrow S.$$

这时我们称 $S_1, \cdots, S_m$ 为 $\mathscr{F}$ 的**平坦化阶层** (flattening strata).

为证明此定理, 我们应用需要以下两小节中的引理.

5.2.8 一个引理

引理 5.7 设 A 为 Noether 环, B 为有限生成 A-代数, M 为有限生成 B-模. 则存在 $a \in A$ 使得

$$M\left[\frac{1}{a}\right] = M \otimes_A A\left[\frac{1}{a}\right]$$

是自由 $A\left[\frac{1}{a}\right]$-模.

证明 由已知条件知 M 有 B-模合成列

$$0 = M_0 \subset M_1 \subset M_2 \subset \cdots \subset M_n = M,$$

其合成因子 $M_{i+1}/M_i \cong B/\mathfrak{P}_i$ ($\mathfrak{P}_i$ 为 B 的某素理想) (见参考文献 Bourbaki [Bou 61], 第 4 章, §1.4). 另一方面, 如果有 B-模正合序列

$$0 \longrightarrow L \longrightarrow M \longrightarrow N \longrightarrow 0$$

其中 $L\left[\frac{1}{a}\right]$ 是自由 $A\left[\frac{1}{a}\right]$-模, $N\left[\frac{1}{b}\right]$ 是自由 $A\left[\frac{1}{b}\right]$-模, 则 $M\left[\frac{1}{ab}\right]$ 是自由 $A\left[\frac{1}{ab}\right]$-模. 所以只要对于 $B/\mathfrak{P}_i$ 证明本引理即可.

由上所述, 我们可设 $M = B$ 且 B 是整环 (integral domain), 以 K 记 A 的分式域 (field of fractions), L 记 B 的分式域. 我们对于 L/k 的超越次数 n 作归纳证明.

根据 Noether 正规化引理 (Normalization lemma) (见参考文献 Matsumura [Mat 86], §33, 引理 2), 存在 $b_1, \cdots, b_n \in B$, 使得 $B \otimes_A K$ 是多项式环 $K[b_1, \cdots b_n]$ 上的整扩张 (integral extension). 由于 B 在 $K[b_1, \cdots, b_n]$ 上的一组生成元满足的代数关系中的系数只有有限多个, 故存在 $a \in A$, 使得 $B\left[\frac{1}{a}\right]$ 为 $A\left[\frac{1}{a}\right][b_1, \cdots, b_n]$ 的整扩张. 因此 $B\left[\frac{1}{a}\right]$ 是有限生成 $A\left[\frac{1}{a}\right][b_1, \cdots, b_n]$-模. 因此存在 $c_1, \cdots, c_m \in B\left[\frac{1}{a}\right]$, 使得 $c_1, \cdots, c_m$ 生成自由 $A\left[\frac{1}{a}\right][b_1, \cdots, b_n]$-模, 即有正合序列

$$0 \longrightarrow A\left[\frac{1}{a}\right][b_1, \cdots, b_n]^m \longrightarrow B\left[\frac{1}{a}\right] \longrightarrow D \longrightarrow 0,$$

其中商模 D 为扭模. 因为 $A\left[\frac{1}{a}\right][b_1, \cdots, b_n]^m$ 是自由 $A\left[\frac{1}{a}\right]$-模, 故只要对于 D 证明本引理即可. 此时, 以 D 的合成因子代替 D, 则所得的相应于 L 的扩张的超越次数小于 n. □

5.2.9 又一个引理

引理 5.8 设 $f: X \to Y$ 是 Noether 概形的有限型态射, 其中 Y 是不可约的. 又设 $\mathscr{F}$ 是 X 上的凝聚层. 则存在 Y 中的非空开子集 U, 使得 $\mathscr{F}|f^{-1}(U)$ 在 U 上平坦.

证明 我们可以假设 Y 是仿射概形: $Y = \operatorname{Spec} A$. 因为 f 是有限型的, 所以 X 可由有限个仿射概形 V_i 所覆盖. 因此只要为每一个 V_i 找到一个满足引理要求的 U 即可. 于是可假设 $X = \operatorname{Spec} B$. 这时 $\mathscr{F}$ 来自一个 B-模 M. 这样, 本引理可由引理 5.7 推出. □

5.2.10 定理 5.6 的证明

证明 (1) 先考虑 $n=0$ 的情形. 这时 $\mathscr{F}$ 是 S 上的凝聚层. 于是 $g^*(\mathscr{F})$ 在 T 上平坦当且仅当 $g^*(\mathscr{F})$ 在 T 上局部自由. 对于 $s \in S$, 设

$$e(s) = \dim_{k(s)}(\mathscr{F}_s \otimes_{\mathscr{O}_s} k(s)).$$

暂时固定 s 并以 e 记 $e(s)$. 取 $a_1, \cdots, a_e \in \mathscr{F}_s$ 使其像为向量空间 $\mathscr{F}_s \otimes_{\mathscr{O}_s} k(s)$ 的基. 取 s 的开邻域 U_1 使得 $a_i \in \mathscr{F}(U_1)$ $(i=1,\cdots,e)$. 用 a_i 定义 U_1 上的同态

$$\mathscr{O}_S^e \xrightarrow{\varphi} \mathscr{F}.$$

因为 $\{a_i \mid i=1,\cdots,e\}$ 生成 $\mathscr{F}_s \otimes_{\mathscr{O}_s} k(s)$, 由 Nakayama 引理即知, $\{a_i \mid i=1,\cdots,e\}$ 生成 $\mathscr{F}_s$. 因此存在 s 的开邻域 $U_2 \subseteq U_1$ 使得上述同态 φ 为满同态. 同理, 存在 s 的开邻域 $U_3 \subseteq U_2$, 使得 $\operatorname{Ker}(\varphi)$ 由它在 U_3 上的截面生成. 于是在 U_3 上有正合序列

$$\mathscr{O}_S^l \xrightarrow{\psi} \mathscr{O}_S^e \xrightarrow{\varphi} \mathscr{F} \longrightarrow 0.$$

我们把这个 U_3 记为 U_s.

从以上的构造知, 在 U_s 上 $\mathscr{F}$ 由 $e(s)$ 个截面生成. 因此, 若 $s' \in U_s$, 则

$$e(s') \leqslant e(s).$$

这就是说 e 是上半连续函数 (upper semi-continuous function). 所以集合 $Z_e := \{s \in S \mid e(s) = e\}$ 是局部闭集. 此外, 若 $s' \in U_s$, 则 $e(s') = e(s)$ 当且仅当 $\varphi_{s'}$ 是同构, 即

$$\psi_{s'}: k(s')^l \to k(s)^e$$

是零同态. ψ 相当于左乘一个 $e \times l$ 的矩阵, 此矩阵中的元素 ψ_{ij} 是 U_s 上的函数. 将所有 ψ_{ij} 生成的理想所决定的 U_s 的闭子概形记为 Y_s, 则 Y_s 以 $Z_e \cap U_s$ 为支集.

断言 假定 T 为 Noether 概形, $g: T \to U_s$ 为态射. 则 $g^*\mathscr{F}$ 是秩为 $e = e(s)$ 的局部自由层当且仅当 g 有分解:

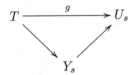

事实上, g 有如上的分解的充分必要条件是函数 $g^*(\psi_{ij})$ 在 T 上等于零. 但在 T 上有正合序列

$$\mathscr{O}_T^l \xrightarrow{g^*(\psi)} \mathscr{O}_T^e \xrightarrow{g^*(\varphi)} g^*\mathscr{F} \longrightarrow 0,$$

所以上面的充分必要条件即 $g^*(\varphi)$ 是同构. $g^*(\varphi)$ 是同构当然意味着 $g^*\mathscr{F}$ 是秩 e 的局部自由层. 反之, 设 $g^*\mathscr{F}$ 是秩 e 的局部自由层. 以 $\mathscr{K}$ 记 $\mathrm{Ker}(g^*\varphi)$, 以 k 记 $t \in T$ 处的剩余域. 取张量积, 则有正合序列

$$\mathrm{Tor}_1(g^*\mathscr{F}, k) \longrightarrow \mathscr{K} \otimes k \longrightarrow k^e \longrightarrow g^*\mathscr{F} \otimes k \longrightarrow 0.$$

由于 $g^*\mathscr{F} \otimes k$ 是 e 维 k-向量空间, 故

$$\mathscr{K} \otimes k = 0.$$

再由 Nakayama 引理即知 $\mathscr{K}$ 在 t 的某个邻域上等于零. 由于 t 是任取的, 所以 $\mathscr{K}$ 处处等于零, 于是 $g^*(\varphi)$ 是同构. 这就证明了我们的断言.

注意：在 $Z_e \cap U_s$ 的任一点的邻域上，子概形 Y_s 是由上述断言中所述的性质所决定的. 所以对于 Z_e 中的任意两点 s_1 和 s_2，开集 $U_{s_1} \cap U_{s_2}$ 中的两个概形 Y_{s_1} 和 Y_{s_2} 必相等. 这就容许我们把概形 Y_s 粘合起来，使得局部闭子集 Z_e 成为子概形! 我们把 Z_e 改称为 Y_e. 上述断言告诉我们：$\{Y_e\}$ 为 $\mathscr{F}$ 的平坦化阶层，并且 $\mathscr{F} \otimes_{\mathscr{O}_S} \mathscr{O}_{Y_e}$ 是秩 e 的局部自由层. $n=0$ 的情形证毕.

(2) 我们继续定理 5.6 的证明. 现设 $\mathscr{F}$ 是 $\mathbb{P}^n \times S$ 上的凝聚层 ($n > 0$). 以 p 记投射 $\mathbb{P}^n \times S \to S$. 对于 $s \in S$，以 $\mathbb{P}_s^n$ 记纤维 $p^{-1}(s)$，$\mathscr{F}_s$ 记 $\mathscr{F}|_{p^{-1}(s)}$. 令 $\mathscr{S}_m = p_*(\mathscr{F}(m))$. 若有态射

$$g: T \to S,$$

则有交换图表：

$$\begin{array}{ccc} \mathbb{P}^n \times T & \xrightarrow{h} & \mathbb{P}^n \times S \\ {\scriptstyle q}\downarrow & & \downarrow{\scriptstyle p} \\ T & \xrightarrow{g} & S \end{array}$$

由于 S 的闭子集满足降链条件，再加上引理 5.8，即知：在 S 内存在有限个局部闭子集 $Y_1, \cdots, Y_k$，使得

$$S = \bigcup_{i=1}^{k} Y_i,$$

且若在 Y_i 上取它的约化概形结构，则 $\mathscr{F} \otimes_{\mathscr{O}_S} \mathscr{O}_{Y_i}$ 在 Y_i 上平坦.

断言 (甲) 存在具有以下性质的整数 m_0：若 $m \geqslant m_0$，则对于所有的 $s \in S$，有

$$H^i(\mathbb{P}_s^n, \mathscr{F}_s(m)) = 0 \quad (\forall \, i > 0),$$

且 $H^0(\mathbb{P}_s^n, \mathscr{F}_s(m)) \cong \mathscr{S}_m \otimes k(s)$.

(乙) 以 $P(\mathscr{F}_s)$ 记 $\mathscr{F}_s$ 的 Hilbert 多项式，则集合

$$\{P(\mathscr{F}_s) \mid s \in S\}$$

只有有限个元素 (记为 $P_1, \cdots, P_k$).

对于上面构造出的 Y_i 应用参考文献 Grothendieck 和 Dieudonné [EGA III], 3.2.1 (或 Hartshorne [AG], III, §8, 定理 8.8) 以及 [EGA III], §7 和 [EGA II], 3.5.3 的结果, 即知断言 (甲) 和 (乙) 为真.

取 m_0 如断言 (甲). 设 T 为 Noether 概形,

$$g : T \to S$$

为态射. 假设 $\mathbb{P}^n$ 上的层 $(1_{\mathbb{P}^n} \times g)^* \mathscr{F}$ 在 T 上平坦, 则按 5.1.3 小节中的 (4), 对于 $m \geqslant m_0$, 有同构

$$g^*(\mathscr{S}_m) \to q_*(((1 \times g)^* \mathscr{F})(m)),$$

并且 $g^*(\mathscr{S}_m)$ 在 T 上局部自由. 反之, 如果 $g^*(\mathscr{S}_m)$ 是平坦的 ($m \geqslant m_0$), 则由 5.1.3 小节知, $(1 \times g)^* \mathscr{F}$ 在 T 上平坦.

现设有两组阶层把 S 分开:

$$S = \bigcup Y_i = \bigcup Z_j.$$

令 $W_{ij} = \mathrm{Supp}(Y_i) \bigcap \mathrm{Supp}(Z_j)$. 以 $\mathscr{I}_{Y_i}$ 记 Y_i 的理想层. 则 $\mathscr{I}_{Y_i}$ 与 $\mathscr{I}_{Z_j}$ 之和决定 W_{ij} 的概形结构. 于是即知, $\{W_{ij}\}$ 把 S 分为阶层. 我们将 $\{W_{ij}\}$ 视为 $\{Y_i\}$ 与 $\{Z_j\}$ 的 gcd (最大公约).

根据 $n=0$ 的情形的讨论, 我们知道, 有层 $\mathscr{S}_m$ 的平坦化阶层. $\mathscr{F}$ 的平坦化阶层应当是 $m \geqslant m_0$ 时这些阶层的 gcd. 对此我们作如下的证明.

设 $\mathscr{S}_m$ 在阶层 $Y_e^{(m)}$ 上为秩 e 的自由层, $P_1, \cdots, P_k$ 为断言 (乙) 中的多项式. 考虑 $s \in Y_{P_i(m)}^{(m)}$, 其中 $m_0 \leqslant m \leqslant m_0 + n$. 设 P_j 为 $\mathscr{F}_s$ 的 Hilbert 多项式. 则

$$P_j(m) = \dim_{k(s)} \mathscr{S}_m \otimes k(s) = P_i(m).$$

但 $P_i - P_j$ 的次数 $\leqslant n$, 却有 $n+1$ 个根, 因此 $P_i = P_j$. 于是我们得到

$$\mathrm{Supp}\Big(\bigcap_{m=m_0}^{\infty} Y_{P_i(m)}^{(m)}\Big) = \bigcap_{m=m_0}^{m_0+n} \mathrm{Supp}(Y_{P_i(m)}^{(m)}).$$

这就容许我们取局部子概形

$$Z_i = \bigcap_{m=m_0}^{\infty} Y_{P_i(m)}^{(m)}.$$

因为 Z_i 是一组有固定支集的局部闭子概形的下降链的极限, 根据降链条件, Z_i 是有限个 $Y_{P_i(m)}^{(m)}$ 的交. 显然, $Z_1, \cdots, Z_k$ 就是所求的 $\mathscr{F}$ 的平坦化阶层. □

5.2.11 平坦化分层定理

从上一小节的讨论可以推出以下的平坦化分层定理.

定理 5.9 设 X/S 是给定的射影概形, $\mathscr{F}$ 为 X 上的凝聚层, 以及 P 是有理系数多项式. 则存在局部闭子概形

$$i_P: S_P \hookrightarrow S$$

满足以下的条件: 对于任一态射 $p: Z \to S$, $Z \times_S X$ 上的层 $p^*\mathscr{F}$ 在 Z 上平坦并以 P 为 Hilbert 多项式的充分必要条件是: p 可分解为

$$p: Z \to S_P \xrightarrow{i_P} S.$$

§5.3 Grassmann 簇

Grassmann 簇是射影空间 $\mathbb{P}^n$ 的推广, 是一类重要的射影簇. 我们的处理方法是把 Grassmann 簇浸入到射影空间, 然后把 Hilbert 模概形浸入到 Grassmann 簇. 关于 Grassmann 簇的经典结果可参看参考文献 Hodge 和 Pedoe [HP 47], VII, XIV; Griffiths 和 Harris [GH 78] 第 1 章和第 5 章.

5.3.1 射影丛的表示

设 S 为 Noether 概形, $\mathscr{E}$ 为 S 上的有限秩局部自由层, $S(\mathscr{E})$ 为 $\mathscr{E}$ 的对称代数 (见参考文献 Hartshorne [AG], II, 习题 5.16, 127 页). 称 $\mathbb{P}(\mathscr{E}) = \operatorname{Proj} S(\mathscr{E})$ 为 $\mathscr{E}$ 所定义的**射影空间丛** (projective space bundle), 或简称为**射影丛** (projective bundle) (见参考文献 Hartshorne [AG], II, §7, 第 162 页; Grothendieck 和 Dieudonné [EGA II], 4.1).

对于任一 S-概形态射 $f: X \to Y$ 和拟凝聚分次 $\mathscr{O}_Y$-代数层 $\mathscr{S}$, 有同构
$$\operatorname{Proj}(F^*\mathscr{S}) \cong \operatorname{Proj}(\mathscr{S}) \times_Y X$$
(见参考文献 Grothendieck 和 Dieudonné [EGA II], 3.4). 由此可得到如下的推论: 设有 S 的开覆盖 $\{U_i\}_{i \in I}$ 使得
$$\mathscr{E}|_{U_i} \cong \mathscr{O}_S^{n+1}|_{U_i},$$
则
$$\mathbb{P}(\mathscr{E})|_{U_i} \cong \mathbb{P}(\mathscr{O}_S^{n+1})|_{U_i} \cong \mathbb{P}^n \times U_i.$$

我们像以前一样定义函子:
$$h_{\mathbb{P}(\mathscr{E})}: (\mathrm{Sch}/S)^{\mathrm{opp}} \to \mathrm{Sets},$$
$$Z \mapsto \operatorname{Hom}_S(Z, \mathbb{P}(\mathscr{E})).$$

则对于 $Z \xrightarrow{q} S$, 有双射
$$h_{\mathbb{P}(\mathscr{E})}(Z) \longleftrightarrow \left\{ \left\langle (\mathscr{L}, \varphi) \,\middle|\, \begin{array}{l} \mathscr{L}\text{为可逆}\mathscr{O}_Z\text{-模}, \\ q^*\mathscr{E} \xrightarrow{\varphi} \mathscr{L} \longrightarrow 0 \text{ 正合} \end{array} \right\rangle \right\},$$

其中 $\langle \cdots \rangle$ 表示 $\cdots$ 的同构类 (见参考文献 Grothendieck 和 Dieudonné [EGA II], 4.2.3; 本书第二章, 第 2 节). 利用对偶空间即得双射
$$h_{\mathbb{P}(\mathscr{E})}(Z) \longleftrightarrow \left\{ \left\langle (\mathscr{L}^*, \varphi^*) \,\middle|\, \begin{array}{l} \mathscr{L}^*\text{为可逆}\mathscr{O}_Z\text{-模}, \\ 0 \to \mathscr{L}^* \xrightarrow{\varphi^*} (q^*\mathscr{E})^* \text{ 正合} \end{array} \right\rangle \right\},$$

取 S 的仿射开覆盖 $\{U_i = \operatorname{Spec} A_i\}$ 使得 $\mathscr{E}|_{U_i} \cong \mathscr{O}_S^{n+1}|_{U_i}$. 以 Z_i 记 $Z \times_S U_i$. 考虑下图:

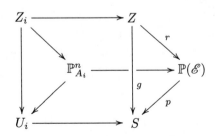

则可看出集合 $h_{\mathbb{P}(\mathscr{E})}(Z)$ 与以下的集合一一对应:

$$\left\{\left\langle (\mathscr{L}, s_0^i, \cdots, s_n^i) \,\middle|\, \begin{array}{l} \mathscr{L} \text{ 为可逆 } \mathscr{O}_Z\text{-模}, s_0^i, \cdots, s_n^i \text{ 为 } L|_{Z_i} \\ \text{的截面, 使得 } L_z = \sum_{j=0}^{n} \mathscr{O}_{Z,z} \cdot s_j^i (\forall z \in Z_i) \end{array} \right\rangle\right\}$$

(见参考文献 Mumford [Mum 66], 第 31 页).

5.3.2 Plücker 坐标与 $\mathcal{G}_{m,n}$ 的表示

我们定义函子 $\mathcal{G} = \mathcal{G}_{m,n} : (\mathrm{Sch}/T)^{\mathrm{opp}} \to \mathrm{Sets}$ 如下:

$$\mathcal{G}(Z) = \left\{ \left\langle \begin{array}{l} (\mathscr{F}, \varphi) \text{ 为 } Z \text{ 上} \\ \text{秩为 } m \text{ 的局部自由层} \end{array} \,\middle|\, \mathscr{O}_{\mathbb{P}^n}^{n+1} \times Z \xrightarrow{\varphi} \mathscr{F} \right\rangle \right\}$$

$$= \left\{ \left\langle \begin{array}{l} \mathscr{F} \text{ 为 } Z \text{ 上秩为 } m \text{ 的局部自由层,} \\ s_0, \cdots, s_n \in \Gamma(Z, \mathscr{F}) \text{ 使得 } \forall \, z \in Z \\ \text{有 } \mathscr{F}_z = \sum_{j=0}^{n} \mathscr{O}_z \cdot s_j \end{array} \right\rangle \right\},$$

其中 $\mathscr{O}_{\mathbb{P}^n}^{n+1} \times Z = (q^*\mathscr{O}_S)^{n+1}$ (q 为 Z/S 的定义中的态射 $q: Z \to S$).

引入 Plücker 坐标 (见参考文献 Hodge 和 Pedoe [HP 47], 第 1 卷, VII, §2, 第 288 页; 陈省身, 陈维桓 [CC 83], 第二章, §3, 第 62 页):

$$p_{i_1, \cdots, i_m} = s_{i_1} \wedge \cdots \wedge s_{i_m}, \quad 0 \leqslant i_1 < i_2 < \cdots < i_m \leqslant n.$$

则得函子态射

$$\begin{array}{ccc} F: & \mathcal{G} & \longrightarrow & \mathbb{P}^N \\ & \mathcal{G}(Z) & \longrightarrow & \mathbb{P}^N(Z) \\ & \cup\!\shortmid & & \cup\!\shortmid \\ & \langle \mathscr{F}: s_0, \cdots, s_n \rangle & \longrightarrow & \langle \bigwedge^m \mathscr{F}: \cdots, p_{i_1, \cdots, i_m}, \cdots \rangle, \end{array}$$

其中 $N+1 = \#\{(i_1, i_2 \cdots, i_m) \mid 0 \leqslant i_1 < i_2 < \cdots < i_m \leqslant n)\}$. 经典的结果是 (见参考文献 Hodge 和 Pedoe [HP 47], 第 1 卷, VII, §6, (2), 第 310 页及定理 II, 第 312 页) $p_{i_1,\cdots,i_m}$ 满足以下二次关系式:

$$(*) \qquad \sum_{l=1}^{m+1} (-1)^l p_{i_1, i_2, \cdots, i_{m-1}, j_l} \otimes p_{j_1, j_2, \cdots, \widehat{j_l}, \cdots, j_{m+1}} = 0,$$

其中 $i_1, i_2, \cdots, i_{m-1}$ 为 0 至 n 中任意 $m-1$ 个互不相同的整数，$j_1, j_2, \cdots,$ j_{m+1} 为 0 至 n 中任意 $m+1$ 个互不相同的整数.

函子 $\mathcal{G}$ 的 Z-值点 $\varphi \in \mathcal{G}(Z)$ 是满态射
$$\mathcal{O}_Z^{n+1} \xrightarrow{\varphi} \mathscr{F} \longrightarrow 0.$$

可以证明 $\operatorname{Ker} \varphi$ 决定 φ 的同构类. 更进一步, 因为 $\operatorname{Ker} \varphi$ 是一个固定的层 $\mathcal{O}_Z^{n+1}$ 的子层, 所以如果我们能够局部地决定 $\operatorname{Ker} \varphi$, 便能整体地决定 $\operatorname{Ker} \varphi$. 这就是说, 对于 $\psi \in \mathbb{P}^n(Z)$, 为了构造一个 $\varphi \in \mathcal{G}(Z)$, 使得 $F(\varphi) = \psi$, 只需要找到 Z 的一个开覆盖 $\{U_i\}_{i \in I}$ 并在 U_i 上构造 φ 即可.

设 $e_0, \cdots, e_n$ 为 $\mathcal{O}_Z^{n+1}$ 的标准基, $\varphi \in \mathcal{G}(Z), F(\varphi) = \psi$. 则 ψ 的坐标 $p_{i_1,\cdots,i_m} \neq 0$ 的充分必要条件是
$$\{s_{i_1} = \varphi(e_{i_1}), \cdots, s_{i_m} = \varphi(e_{i_m})\}$$
是 $\mathscr{F}$ 的基. 此时 $\operatorname{Ker} \varphi$ 的基是由下面的集合唯一决定的:
$$\left\{ e_j - \sum_{k=1}^m a_{j_k} e_{i_k} \,\bigg|\, j \in \{0, \cdots, n\} \setminus \{i_1, \cdots, i_m\} \right\}.$$
由此即得
$$a_{j_k} = (-1)^{m-k} \frac{p_{i_1, \cdots, \widehat{j_k}, \cdots, i_m, j}}{p_{i_1, i_2, \cdots, i_m}}.$$
所以 Plücker 坐标 $(\cdots, p_{i_1, i_2, \cdots, i_m}, \cdots)$ 唯一决定 $a_{j_k} \in \Gamma(Z, \mathcal{O}_Z)$. 这就证明了函子态射 F 是单的.

反过来, 考虑 $\mathbb{P}^N$ 的由 $p_{i_1, \cdots, i_m} \neq 0$ 定义的开集. 这时
$$(\wedge^m \mathscr{F})_x = \mathcal{O}_x \cdot p_{i_1, \cdots, i_m}.$$
若有点 ψ 属于这个开集并且满足二次关系式 $(*)$, 则可以构造 $\varphi \in \mathcal{G}(Z)$, 使得 $F(\varphi) = \psi$ (见参考文献 Hodge 和 Pedoe [HP 47], 第 1 卷, VII, §6, 定理 II, 第 312 页).

综上所述, 我们得到结论: 单函子态射 $F: \mathcal{G}_{m,n} \to \mathbb{P}^N$ 的像是 $\mathbb{P}^N(Z)$ 内满足二次关系式 $(*)$ 的点. 若以 Q 记由二次关系式 $(*)$ 所生成的理想, 则 $\mathcal{G}_{m,n}$ 可由射影簇 $\operatorname{Proj}(\mathbb{Z}[\cdots, p_{i_1, \cdots, i_m}, \cdots]/Q)$ 表示.

5.3.3 Grassmann 函子及其表示

设 S 为 Noether 概形, $\mathscr{E}$ 为 S 上的局部自由层, m 为正整数. 定义 **Grassmann 函子** (Grassmann functor) $\mathcal{G}rass$ 如下:

$\mathcal{G}rass(m, \mathscr{E}):$

$(\text{Sch}/S)^{\text{opp}} \to \text{Sets}$

$$Z \mapsto \{\langle \mathscr{F} | \mathscr{F} \text{为 } E \times_S Z \text{ 的 } m \text{ 秩局部自由子 } \mathscr{O}_Z\text{-模}\rangle\},$$

其中 $\mathscr{E} \times Z = q^*\mathscr{E}$ (q 为 Z/S 的定义中的态射 $q: Z \to S$).

由 $\mathscr{F} \hookrightarrow q^*\mathscr{E}$ 得到

$$\wedge^m \mathscr{F} \hookrightarrow \wedge^m(q^*\mathscr{E}),$$

这决定 $h_{\mathbb{P}((\wedge^m \mathscr{E})^*)}(Z)$ 的一点.

取 S 的仿射开覆盖 $\{U_i = \text{Spec } A_i\}_{i \in I}$ 使得

$$\mathscr{E}|_{U_i} \cong \mathscr{O}_S^{n+1}.$$

以 Z_i 记 $Z \times_S U_i$. 由 $\mathscr{F} \hookrightarrow q^*\mathscr{E}$ 又得到对偶的满射:

$$q^*\mathscr{E}^* \twoheadrightarrow \mathscr{F}^*.$$

于是我们有

$$\mathcal{G}rass(Z) = \left\{ \left\langle \begin{array}{c} Z \text{上秩为 } m \text{ 的局部自由层 } \mathscr{F}^* \\ \text{和 } s_0^i, \cdots, s_n^i \in \Gamma(Z_i, \mathscr{F}^*|_{Z_i}) \text{ 使得} \\ \forall z \in Z_i \text{ 有 } \mathscr{F}_z^* = \sum_{j=0}^n \mathscr{O}_z \cdot s_j^i \end{array} \right\rangle \right\}.$$

像 5.3.2 小节一样, 函子态射

$$\langle \mathscr{F}^*|_{Z_i} : s_0^i, \cdots, s_n^i \rangle \mapsto \langle \wedge^m \mathscr{F}^*|_{Z_i} : \cdots, p_{i_1, \cdots, i_m}, \cdots \rangle$$

的像正是射影空间内由二次式

$$\sum_{l=1}^{m+1} (-1)^l p_{i_1, i_2, \cdots, i_{m-1}, j_l}^i \otimes p_{j_1, j_2, \cdots, \hat{j_l}, \cdots, j_{m+1}}^i = 0$$

所决定的闭簇. 对于所有的 $i \in I$ 这些二次式都一样, 因而可以粘合起来成为整体方程.

以 $S((\bigwedge^m \mathscr{E})^*)$ 记 $(\bigwedge^m \mathscr{E})^*$ 的对称代数, 以 Q 记上述二次关系式生成的理想. 则 Grassmann 函子 $\mathscr{G}rass(m, \mathscr{E})$ 是由射影概形

$$\mathrm{Grass}(m, \mathscr{E}) = \mathrm{Proj}(S((\bigwedge^m \mathscr{E})^*)/Q)$$

所表示的.

§5.4 Hilbert 函子的表示

本节我们将证明本章开始所述的定理, 即:

定理 5.10 若 X/S 为射影概形, P 为有理系数多项式, 则 Hilbert 函子 $\mathscr{H}ilb^P_{X/S}$ 是由射影概形 $Hilb^P_{X/S} \to S$ 表示的.

我们分六步给出此定理的证明:

(1) 由于 X/S 为射影概形, 故有闭浸入

$$X/S \hookrightarrow \mathbb{P}/S,$$

其中 $\mathbb{P} = \mathrm{Proj}_S \mathscr{E}$, $\mathscr{E}$ 为 S 上秩为 $m+1$ 的向量丛. 这个闭浸入诱导出函子的单态射:

$$\mathscr{H}ilb^P_{X/S} \hookrightarrow \mathscr{H}ilb^P_{\mathbb{P}/S}.$$

(2) 对于 $p: Z \to S$, 有纤维积 $\mathbb{P} \times_S Z$:

$$\begin{array}{ccc} \mathbb{P} \times_S Z & \longrightarrow & \mathbb{P} \\ {\scriptstyle p^*f}\downarrow & & \downarrow{\scriptstyle f} \\ Z & \xrightarrow{p} & S \end{array}$$

取闭子概形 $Y \subset \mathbb{P} \times_S Z$, 满足: $Y \to Z$ 平坦且 Y 的 Hilbert 多项式为 P. 取域 k 及态射 $\mathrm{Spec}\, k \to Z$, 则有交换图表:

$$\begin{array}{ccccc} Y_k & \xhookrightarrow{\subseteq} & \mathbb{P}_k & \longrightarrow & \mathbb{P} \\ \downarrow & \swarrow & & & \downarrow{\scriptstyle f} \\ \mathrm{Spec}\, k & \longrightarrow & Z & \xrightarrow{p} & S \end{array}$$

设 $\mathscr{I}_k$ 为 Y_k 的理想层. 则
$$\chi(\mathscr{I}_k(n)) = \chi(\mathbb{P}_k, \mathscr{O}(n)) - \chi(Y_k, \mathscr{O}(n))$$
$$= \binom{m+n}{m} - P(n) := Q(n).$$

按 Castelnuvo-Mumford 定理 (5.2.6 小节) 取 N, 则 N 即是 Q, 故被 P 和 m 所决定. 由正合序列

$$0 \longrightarrow \mathscr{I}_Y \longrightarrow \mathscr{O}_\mathbb{P} \longrightarrow \mathscr{O}_Y \longrightarrow 0$$

得到长正合列的一部分:

$$0 \longrightarrow (p^*f)_*\mathscr{I}_Y(N) \longrightarrow (p^*f)_*\mathscr{O}_\mathbb{P}(N) \longrightarrow (p^*f)_*\mathscr{O}_Y(N)$$
$$\longrightarrow R^1(p^*f)_*\mathscr{I}_Y(N).$$

因为 $\mathscr{I}_Y$ 平坦, 以及对于 $i \geqslant 1$ 和任一闭纤维有

$$H^i(\mathbb{P}_k, \mathscr{I}_k(N)) = 0,$$

故得

$$R^1(p^*f)_*\mathscr{I}_Y(N) = 0.$$

另一方面, 由于 $Y_k \subseteq \mathbb{P}_k$, 故对于 $i \geqslant 1$ 有 $\dim H^i(Y_k, \mathscr{O}(N)) = 0$, 于是

$$\dim H^0(Y_k, \mathscr{O}(N)) = P(N).$$

所以 $(p^*f)_*\mathscr{O}_Y(N)$ 是局部自由的, 它的秩为 $P(N)$. 又

$$(p^*f)_*\mathscr{O}_\mathbb{P}(N) = p^*S^N\mathscr{E} \text{ 的秩} = \binom{m+n}{m},$$

所以, 由 $Y \subseteq \mathbb{P} \times_S Z$ 即知 $(p^*f)_*\mathscr{I}_Y(N)$ 是 $p^*S^N\mathscr{E}$ 的秩为 $Q(N)$ 的子向量丛. 这里的 $Q(N)$ 适用于所有以 P 为 Hilbert 多项式的 Y, 于是便得到函子态射:

$$\mathscr{H}ilb^P_{\mathbb{P}/S} \to \mathscr{G}rass(Q(N), S^N\mathscr{E}).$$

(3) 由上一节我们知道函子 $\mathscr{G}rass(Q(N), S^N\mathscr{E})$ 由概形
$$G = \mathrm{Grass}(Q(N), S^N\mathscr{E}) \xrightarrow{g} S$$
所表示. 设 U_G 为此表示的泛元. 称 $U_G \hookrightarrow g^*S^N\mathscr{E}$ 为泛丛. 考虑图表:

$$\begin{array}{ccc} \mathrm{Grass}(Q(N), S^N\mathscr{E}) \times_S \mathbb{P} & \xrightarrow{\pi_2} & \mathbb{P} \\ {\scriptstyle \pi_1}\downarrow & & \downarrow{\scriptstyle f} \\ \mathrm{Grass}(Q(N), S^N\mathscr{E}) & \xrightarrow{g} & S \end{array}$$

利用 $f^*f_* \to \mathrm{id}$ 得到
$$\pi_1^*U_G \to \pi_1^*g^*S^N\mathscr{E} = \pi_1^*g^*f_*\mathscr{O}_{\mathbb{P}}(N) = \pi_2 f^*f_*\mathscr{O}_{\mathbb{P}}(N) \to \pi_2\mathscr{O}_{\mathbb{P}}(N).$$
以 $\mathscr{F}$ 记以上态射的合成 $\pi_1^*U_G \to \pi_2\mathscr{O}_{\mathbb{P}}(N)$ 的余核. 对于
$$G \times_S \mathbb{P} \xrightarrow{\pi_1} G$$
的层 $\mathscr{F}(-N)$ 应用 Mumford 的分层平坦定理 (定理 5.5), 得出最大子概形
$$i: G_P \hookrightarrow G,$$
使得 $i^*\mathscr{F}(-N)$ 作为
$$G_P \times_G G \times_S \mathbb{P} \cong G_P \times_S \mathbb{P}$$
的层为平坦的并且以 P 为其 Hilbert 多项式. $\mathscr{F}$ 为 $\pi_2^*\mathscr{O}_{\mathbb{P}}(N)$ 的商层. $i^*\mathscr{F}(-N)$ 为 $\mathscr{O}_{G_P \times_S \mathbb{P}}$ 的商层. 故有相应的子概形
$$U \subset G_P \times_S \mathbb{P}.$$
U 在 G_P 上是平坦的, 并且以 P 为 Hilbert 多项式. 这就是说 $U \in \mathscr{H}ilb_{\mathbb{P}/S}^P(G_P)$.

(4) 设有 $p: Z \to S$, 以及闭子概形 $Y \subset \mathbb{P} \times_S Z$, Y 在 Z 上平坦, $\mathscr{O}_Y$ 的 Hilbert 多项式为 P. 由 (2), 有子向量丛
$$(p^*f)_*\mathscr{I}_Y(N) \in \mathscr{G}rass(Q(N), S^N\mathscr{E})(Z).$$

由 Yoneda 引理, 这对应于态射

$$\bar{p}\colon Z \to \mathrm{Grass}(Q(N), S^N\mathscr{E}) = G$$

使得

$$\bar{p}^*\langle U_G \hookrightarrow g^*S^N\mathscr{E}\rangle \cong \langle (p^*f)_*\mathscr{I}_Y(N) \hookrightarrow p^*S^N\mathscr{E}\rangle.$$

由此 (以及 (2) 中 $\mathscr{O}_Y(N)$ 的长正合列与 $\mathscr{F}$ 的定义) 推出

$$\bar{p}^*\mathscr{F} \cong \mathscr{O}_Y(N),$$

所以 $\bar{p}^*\mathscr{F}(-N)$ 在 Z 上平坦并且以 P 为 Hilbert 多项式. 根据 G_P 的定义, 这意味着 $\bar{p}$ 可以分解为

$$\bar{p}\colon Z \xrightarrow{p_Y} G_P \xrightarrow{i} \mathrm{Grass}(Q(N), S^N\mathscr{E}).$$

我们从 $Y \in \mathscr{H}ilb^P_{\mathbb{P}/S}(Z)$ 出发获得 $(Z \to G_P) \in h_{G_P}(Z)$. 可以看出, 当 $Z = G_P$, Y 为 (3) 中所决定的 U 时, 对应的态射是

$$\mathrm{id}\colon G_P \to G_P.$$

另一方面, 若 Y 对应于 $p_Y\colon Z \to G_P$, 则

$$Y = p_Y^*U.$$

可以证明, $\mathscr{H}ilb^P_{\mathbb{P}/S}$ 被 G_P 所表示, 并且以 U 为泛元. 我们经常以 $Hilb^P_{\mathbb{P}/S}$ 记 G_P.

(5) 如同在 (1) 中那样, 设 X/S 为射影概形, $X/S \hookrightarrow \mathbb{P}/S$ 为闭浸入. 又设 U 为如 (3) 中所述的泛元. 令

$$V = U \cap (X \times_S Hilb^P_{\mathbb{P}/S}) \subseteq \mathbb{P} \times_S Hilb^P_{\mathbb{P}/S}.$$

根据平坦化分层, 存在子概形 $i\colon H_P \hookrightarrow Hilb^P_{\mathbb{P}/S}$, 使得对于任一

$$p\colon Z \to Hilb^P_{\mathbb{P}/S},$$

拉回 (pull-back) $V \times_{Hilb_{\mathbb{P}/S}^P} Z$ 在 Z 上平坦并且以 P 为 Hilbert 多项式的充分必要条件是: p 可分解为

$$p: Z \to H_P \xrightarrow{i} Hilb_{\mathbb{P}/S}^P.$$

以 H 简记 $Hilb_{\mathbb{P}/S}^P$. 有交换图表:

$$\begin{array}{ccccc} X \times_S H_P & \longrightarrow & X \times_S H & \longrightarrow & X \\ \downarrow & & \downarrow & & \downarrow \\ H_P & \xrightarrow{i} & H & \longrightarrow & S \end{array}$$

由 $V \subset X \times_S H$ 知, $i^*V \in \mathscr{H}ilb_{X/S}(H_P)$. 现设有 $p: Z \to S$ 和子概形 $W \subset X \times_S Z \subset \mathbb{P} \times_S Z$, 满足 $W \to Z$ 是固有的及平坦的并且以 P 为 Hilbert 多项式. 由 (4) 知, 有 $\bar{p}: Z \to Hilb_{\mathbb{P}/S}^P$ 使得

$$\bar{p}^*U = W.$$

此时

$$W = \bar{p}^*U = \bar{p}^*(U \cap (X \times_S Hilb_{\mathbb{P}/S}^P)).$$

因此, 由 H_P 的定义, $\bar{p}$ 可分解为

$$\bar{p}: Z \xrightarrow{p_W} H_P \xrightarrow{i} Hilb_{\mathbb{P}/S}^P.$$

这就给出了 $p_w: Z \to H_P$. 像上小节一样, 可以证明函子 $\mathscr{H}ilb_{X/S}^P$ 被概形 H_P 所表示, 并且以 i^*V 为泛元. 我们以 $Hilb_{X/S}^P$ 记 H_P.

(6) 由上述构造过程知: $Hilb_{X/S}^P$ 为 Grassmann 簇的局部闭子概形, 所以它是有限型的和分离的.

现在取离散赋值环 R, 其分式域记为 K, $T = \mathrm{Spec}\, R$, $\eta = \mathrm{Spec}\, K$ 为 T 的一般点 (generic point), 设有交换图表:

$$\begin{array}{ccc} \eta & \xrightarrow{g} & Hilb_{X/S}^P \\ i \downarrow & & \downarrow \\ T & \xrightarrow{p} & S \end{array}$$

η 对应于 $\eta \times_S X$ 的子概形, 从而对应于 $\eta \times_S X$ 的结构层的子层 $\mathscr{I}_\eta$. 现定义 $\mathscr{O}_{T \times_S X}$ 的理想子层 $\mathscr{I}$ 如下: 对于任一开集 $U \subset T \times_S X$, 令

$$\Gamma(U, \mathscr{I}) = \mathrm{Ker}\bigl(\Gamma(U, \mathscr{O}_U) \to \Gamma(U \cap (\eta \times_S X), \mathscr{O}_{U \cap (\eta \times_S X)}/\mathscr{I}_\eta)\bigr).$$

可以证明 $\mathscr{O}_{T \times_S X}/\mathscr{I}$ 在 T 上平坦. 这就决定了唯一的态射

$$T \to Hilb^P_{X/S}$$

使得上面的图表仍然交换. 由参考文献 Hartshorn [AG], II, §4, 定理 4.7, 以及 III, 9.8.1 即知, $Hilb^P_{X/S} \to S$ 为固有态射. □

第6章 Picard 函子

§6.1 Picard 群

在上一章我们讨论了 Hilbert 函子. 本章将介绍另一个重要的函子, 即 Picard 函子. 关于这个函子一直都没有好的参考书. 除了 Grothendieck [FGA] 外, 我认为最好的是 Artin ([Art 69, 70]).

Picard (皮卡, 1856—1941 年), 法国 20 世纪初最杰出的数学家之一.

6.1.1 赋环空间的 Picard 群

设 $(X, \mathcal{O}_X)$ 是赋环空间 (ringed space) (见参考文献 Hartshorne [AG], II, §2). 所谓 X 上的一个**可逆层** (invertible sheaf) 是指秩 1 的局部自由 $\mathcal{O}_X$-模. X 上的可逆层的同构类所组成的集合在张量积运算下构成一个群, 称为 X 的 **Picard 群** (Picard group), 记为 $\operatorname{Pic} X$ (见参考文献 Hartshorne [AG], II, §6).

设 $\mathscr{L}$ 为 X 上的可逆层. 取 X 的开覆盖 $\mathscr{U} = \{U_i \mid i \in I\}$, 使得有同构
$$\varphi_i: \mathcal{O}_{U_i} \xrightarrow{\approx} \mathscr{L}|_{U_i}.$$
于是 $\varphi_i^{-1} \circ \varphi_j$ 为 $\mathcal{O}_{U_i \cap U_j}$ 的自同构. 以 $\mathcal{O}_X^*$ 记 $\mathcal{O}_X$ 的可逆元构成的层 (即是说, $\mathcal{O}_X^*(U)$ 是 $\mathcal{O}_X(U)$ 内的乘法可逆元所组成的交换群). 不难验证
$$\{\varphi_i^{-1} \circ \varphi_j \mid i, j \in I\}$$
决定 Čech 上同调群 $\check{H}^1(\mathscr{U}, \mathcal{O}_X^*)$ 的一个元素, 并且有同构
$$\varinjlim_{\mathscr{U}} \check{H}^1(\mathscr{U}, \mathcal{O}_X^*) \xrightarrow{\approx} H^1(X, \mathcal{O}_X^*).$$

这样, 我们便得到同态: $\operatorname{Pic} X \to H^1(X, \mathcal{O}_X^*)$. 可以证明此同态是同构.

6.1.2 复解析空间群层的指数态射

设 X 为复解析空间 (见参考文献 Grauert 和 Remmert [GR 84], 第 1 章). 如果 X 是**约化的** (reduced) (即对于开集 $U \subset X$, $\mathscr{O}_X(U)$ 没有幂零元), 则有层正合序列:

$$0 \longrightarrow \mathbb{Z}(1) \longrightarrow \mathscr{A}_X \xrightarrow{\exp_X} \mathscr{A}_X^* \longrightarrow 1,$$

其中 $\mathscr{A}_X$ 为 X 上的 $\mathbb{C}$ 值 C^∞ 函数层, $\exp_X$ 的含义如下: 对于任意的复解析空间 X, 可以证明存在唯一的群层态射

$$\exp_X: \mathscr{O}_X \to \mathscr{O}_X^*$$

满足以下三个条件:

(1) 若 X 是约化的, 则 $\exp_X$ 是用通常的指数函数定义的态射:

$$\exp(t) = \sum_{n=0}^{\infty} t^n/n!;$$

(2) 若有态射 $X \to Y$, 则有交换图表:

$$\begin{array}{ccc} \mathscr{O}_Y & \xrightarrow{\exp_Y} & \mathscr{O}_Y^* \\ \downarrow & & \downarrow \\ \mathscr{O}_X & \xrightarrow{\exp_X} & \mathscr{O}_X^* \end{array}$$

(3) 有层正合序列

$$0 \longrightarrow \mathbb{Z}(1) \longrightarrow \mathscr{O}_X \xrightarrow{\exp_X} \mathscr{O}_X^* \longrightarrow 1$$

(注意: 此时 X 不一定光滑, 而且 $\mathscr{O}_X$ 可能含有幂零元).

6.1.3 紧复流形的第一陈类

设 M 为紧复流形. 以 $\mathscr{A}$ 记 M 上的 C^∞ 函数层, $\mathscr{A}^*$ 记 M 上的非零 C^∞ 函数层; 以 $\mathscr{O}$ 记 M 上的解析函数层, $\mathscr{O}^*$ 记 M 上的非零解析函数层. 以 $\mathbb{Z}(1)$ 记常值层 $(\mathbb{Z})(2\pi)$. 则有以下的交换图表:

$$\begin{array}{ccccccccc} 0 & \longrightarrow & \mathbb{Z}(1) & \longrightarrow & \mathscr{A} & \xrightarrow{\exp} & \mathscr{A}^* & \longrightarrow & 1 \\ & & \| & & \uparrow & & \uparrow & & \\ 0 & \longrightarrow & \mathbb{Z}(1) & \longrightarrow & \mathscr{O} & \xrightarrow{\exp} & \mathscr{O}^* & \longrightarrow & 1 \end{array}$$

其上、下两行均为由指数函数所定义的正合序列. 此图表给出上同调的长正合序列的一部分组成的正合交换图表:

$$\begin{array}{ccccc} H^1(M,\mathscr{A}) & \longrightarrow & H^1(M,\mathscr{A}^*) & \xrightarrow{\partial} & H^2(M,\mathbb{Z}(1)) \\ \uparrow & & \uparrow & & \parallel \\ H^1(M,\mathscr{O}) & \longrightarrow & H^1(M,\mathscr{O}^*) & \xrightarrow{\delta} & H^2(M,\mathbb{Z}(1)) \end{array}$$

我们常称 M 的可逆层为 M 上的**复线丛** (complex line bundle). 对于

$$[L] \in \text{Pic}\, M = H^1(M, \mathscr{O}^*),$$

我们称 $\delta([L])$ 为 L 的第一**陈类** (Chern class) (这里的"陈"指的是陈省身 (1911—2004)), 记为 $c_1(L)$. 由 $H^1(M,\mathscr{A}) = 0$ 我们推知: 若 M 上的两个复线丛 L 和 L' 满足条件:

$$c_1(L) = c_1(l'),$$

则存在 C^∞-同构 $L \xrightarrow{\approx} L'$ (见参考文献 Griffiths 和 Harris [GH 78], 第 140 页).

6.1.4 复曲线的 Jacobi 簇

对于定义在域上的代数曲线 X, 我们可以构造其 Jacobi 簇. 对于 X 是椭圆曲线的情形可参见参考文献 Hartshorne [AG], IV, §4. 对于 X 的亏格 $\geqslant 2$ 的情形, 可参见参考文献 Grothendieck [FGA], Serre [Ser 88], Weil [Wei 52] 或 Chow (周炜良) [Cho 54].

现在考虑基域为复数域的情形. 这时 X 为紧黎曼面. 以 (f) 记 X 上的半纯函数 f 的除子. X 上的两个除子 D 和 D' 称为**线性等价的** (linearly equivalent) (记为 $D \sim D'$), 如果存在半纯函数 f, 使得

$$D' = D + (f).$$

以 $\text{Div}^0(X)$ 记 X 上次数为零的 (Weil) 除子所组成的交换群 (见参考文献 Hartshorne [AG], II, §6). 取

$$\text{Pic}^0(X) = \{[L] \in \text{Pic}\, X \mid c_1([L]) = 0\},$$

则商群 $\mathrm{Div}^0(X)/\sim$ 同构于 $\mathrm{Pic}^0(X)$ (见参考文献 Griffiths 和 Harris [GH 78], 第 144 和 313 页). 于是有满同态

$$\mathrm{Div}^0(X) \to \mathrm{Pic}^0(X).$$

现在我们设紧黎曼面 X 的亏格为 g. 这就是说, $H_1(X,\mathbb{Z})$ 是秩为 $2g$ 的自由 Abel 群. 设它的一组 $\mathbb{Z}$-基为 $\{\delta_1,\cdots,\delta_{2g}\}$. 可以假定: 对于任一 i $(1 \leqslant i \leqslant g)$, δ_i 与 δ_{i+g} 正交 1 次而与其他的 δ_j 都不相交. 以 Ω^1 记 X 的全纯 1-形式层. 取 X 上的全纯 1-形式 ω_i $(i=1,\cdots,g)$, 使得它们组成 $H^0(X,\Omega^1)$ 的基. 对于任一 j $(1 \leqslant j \leqslant 2g)$, 称列向量

$$\Pi_j = \left(\int_{\delta_j} \omega_i\right)_{i=1,\cdots,g}$$

为 X 的一个**周期** (period). X 的 $2g$ 个周期 $\Pi_1,\cdots,\Pi_{2g}$ 生成 $\mathbb{C}^g$ 内的一个格

$$\Lambda = \{m_1\Pi_1 + \cdots + m_{2g}\Pi_{2g} | m_j \in \mathbb{Z}\}.$$

我们定义 X 的 **Jacobi 簇** (Jacobi variety) 为复环 $\mathbb{C}^g/\Lambda$, 记为 $\mathscr{J}(X)$.

对于 $D = \sum(x_k - y_k) \in \mathrm{Div}^0(X)$, 定义

$$\mu(D) = \left(\sum_k \int_{y_k}^{x_k} \omega_1, \cdots, \sum_k \int_{y_k}^{x_k} \omega_g\right).$$

不难看出, $\mu(D)$ 决定了 $\mathscr{J}(X)$ 的一个元素, 并且

$$\mu: \mathrm{Div}^0(X) \to \mathscr{J}(X)$$

是群同态. Abel 定理告诉我们下面的图表交换:

$$\begin{array}{ccc} \mathrm{Div}^0(X) & \xrightarrow{\mu} & \mathscr{J}(X) \\ & \searrow & \nearrow \nu \\ & \mathrm{Pic}^0(X) & \end{array}$$

而且 ν 为单同态. Jacobi 定理则说 ν 是满同态. 于是我们有群同构

$$\mathrm{Pic}^0(X) \xrightarrow{\approx} \mathscr{J}(X).$$

又因为 $\mathscr{J}(X)$ 满足 Riemann 条件, 故知 $\mathscr{J}(X)$ 为 Abel 簇 (见参考文献 Griffiths 和 Harris [GH 78], 第 2, 6, 7 章 及 Mumford [Mum 76]).

关于 Picard 簇及 Picard 函子, 除了参考文献 Grothendieck [FGA 232] 外, 还可参见参考文献 Mumford [Mum 66] 和 [Mum 76], Oort [Oor 62], Altmam 和 Kleimen [Ak 79] 和 [AK 80]. 总的来说, Grothendieck 及 Mumford 并未完全发表他们的工作. 而 Picard 函子又有相当多的技术细节. 最直截了当的可能是用代数空间的语言把所有结果详细地重述一遍, 见参考文献 Artin [Art 69] 和 [Art 70].

本章余下的部分将引用较多的背景资料, 读者可先略去.

§6.2 除 子

6.2.1 有效除子

设 X 为概形, D 为 X 的闭子概形. 以 $i: D \to X$ 记包含态射, $\mathscr{I}_D$ 记 $i^\#: \mathscr{O}_X \to i_*\mathscr{O}_D$ 的核. $\mathscr{I}_D$ 称为 D 的定义理想层. 则有正合序列

$$0 \longrightarrow \mathscr{I}_D \longrightarrow \mathscr{O}_X \longrightarrow i_*\mathscr{O}_D \longrightarrow 0 \qquad (6.1)$$

(见参考文献 Hartshorne [AG], II, §5, 第 115 页). 若 $\mathscr{I}_D$ 为可逆 $\mathscr{O}_X$-模, 则称 D 为 X 的**有效除子** (effective divisor).

设 $\mathscr{L}$ 为可逆 $\mathscr{O}_X$-模. 对于 X 的开集 U, 令

$$\mathscr{H}om_{\mathscr{O}_X}(\mathscr{L}, \mathscr{O}_X)(U) = \mathrm{Hom}_{\mathscr{O}_U}(\mathscr{L}|_U, \mathscr{O}_U).$$

则 $\mathscr{H}om_{\mathscr{O}_X}(\mathscr{L}, \mathscr{O}_X)$ 为 X 上的层. 令 $\phi \otimes l \mapsto \phi(l)$, 则有同构

$$\mathscr{H}om_{\mathscr{O}_X}(\mathscr{L}, \mathscr{O}_X) \otimes \mathscr{L} \cong \mathscr{O}_X.$$

于是, 我们自然地以 $\mathscr{L}^{-1}$ 记 $\mathscr{H}om_{\mathscr{O}_X}(\mathscr{L}, \mathscr{O}_X)$.

我们常以 $\mathscr{O}_X(D)$ 或 $\mathscr{L}(D)$ 记 $\mathscr{I}_D^{-1}$. 以 $\mathscr{I}_D^{-1}$ 与序列 (6.1) 作张量积, 得到正合序列

$$0 \longrightarrow \mathscr{O}_X \longrightarrow \mathscr{I}_D^{-1} \longrightarrow \mathscr{O}_D \otimes_{\mathscr{O}_X} \mathscr{I}_D^{-1} \longrightarrow 0.$$

从而存在 $s_D \in \Gamma(X, \mathscr{I}_D^{-1})$, 使得 $x \mapsto xs_D$ 给出包含态射

$$\mathscr{O}_X \hookrightarrow \mathscr{I}_D^{-1}.$$

于是有效除子 D 决定了线丛 $\mathscr{I}_D^{-1}$ 和截面 $s_D \in \Gamma(X, \mathscr{I}_D^{-1})$, 使得对于任意的 $x \in X$,

$$i_x: \mathscr{O}_X \to (\mathscr{I}_D^{-1})_x,$$
$$1 \mapsto s_{D,x}$$

为单射.

反过来, 若有线丛 $\mathscr{L}$ 及 $s \in \Gamma(X, \mathscr{L})$, 使得对于任意的 $x \in X$,

$$i_x: \mathscr{O}_X \to \mathscr{L}_x,$$
$$1 \mapsto s_x$$

为单射, 则有正合序列

$$0 \longrightarrow \mathscr{O}_X \xrightarrow{i_x} \mathscr{L} \longrightarrow \mathscr{L}/\mathscr{O}_X \longrightarrow 0.$$

由此得到正合序列

$$0 \longrightarrow \mathscr{L}^{-1} \longrightarrow \mathscr{O}_X \longrightarrow \mathscr{L}/\mathscr{O}_X \otimes \mathscr{L}^{-1} \longrightarrow 0.$$

于是可将 $\mathscr{L}^{-1}$ 视为 $\mathscr{O}_X$ 的子层. 取 X 的闭子概形 D, 使得 D 的定义理想层为 $\mathscr{L}^{-1}$. 详细地说, 取 D 为 $\mathscr{L}/\mathscr{O}_X$ 的支集

$$\{x \in X \mid (\mathscr{L}/\mathscr{O}_X)_x \neq 0\}.$$

考虑局部正合交换图表:

$$\begin{array}{ccccccccc}
0 & \longrightarrow & \mathscr{O}_{X,x} & \xrightarrow{i_x} & \mathscr{L}_x & \longrightarrow & \mathscr{L}_x/\mathscr{O}_{X,x} & \longrightarrow & 0 \\
& & \| & & \cong \downarrow & & \cong \downarrow & & \\
0 & \longrightarrow & \mathscr{O}_{X,x} & \xrightarrow{s} & \mathscr{O}_{X,x} & \longrightarrow & \mathscr{O}_{X,x}/s\mathscr{O}_{X,x} & \longrightarrow & 0
\end{array}$$

以 $\mathfrak{m}_x$ 记 x 的极大理想, $k(x) = \mathscr{O}_{X,x}/\mathfrak{m}_x$. 与 $k(x)$ 作张量积, 则得正合序列

$$k(x) \xrightarrow{s} k(x) \longrightarrow \begin{cases} 0, & \text{若 } x \notin D \\ k(x), & \text{若 } x \in D \end{cases} \longrightarrow 0.$$

由此可见 $D = \{x \in X \mid s(x) = 0\}$. 又知

$$\mathscr{I}_D = \mathscr{L}^{-1} \quad \text{及} \quad \mathscr{O}_D = (\mathscr{L}/\mathscr{O}_X) \otimes_{\mathscr{O}_X} \mathscr{L}^{-1}.$$

这样, 我们从 $(\mathscr{L}, s)$ 得出有效除子 D.

我们称两对 $(\mathscr{L}, s)$ 和 $(\mathscr{L}', s')$ 是**等价的** (equivalent), 如果存在同构

$$\varphi: \mathscr{L} \mapsto \mathscr{L}'$$

使得 $\varphi(s) = us'$, 其中 $u \in \Gamma(X, \mathscr{O}_X^*)$. 以上的讨论给出了 X 上所有有效除子所组成的集合与所有 $(\mathscr{L}, s)$ 的等价类组成的集合之间的一个双射. 若记

$$\Gamma(X, \mathscr{L})^* = \left\{ s \in \Gamma(X, \mathscr{L}) \;\middle|\; \begin{array}{l} i_x : \mathscr{O}_x \to \mathscr{L}_x \\ 1 \mapsto s_x \end{array} \text{为单射 } (\forall x \in X) \right\},$$

则集合 $\{$概形的有效除子$D \mid \mathscr{I}_D^{-1} = \mathscr{L}\}$ 与 $\Gamma(X, \mathscr{L})^* / \Gamma(X, \mathscr{O}_X^*)$ 成一一对应.

6.2.2 关于 S-概形的有效除子的一个引理

设 $f: X \to S$ 为局部有限展示, D 为 X 的有效除子. 若

$$f|_D: D \to S$$

是平坦的, 则称 D 为 X/S 的**有效除子** (effective divisor).

引理 6.1 设 $\mathscr{I}$ 为局部有限展示的拟凝聚的 $\mathscr{O}_X$ 理想层, D 为 $\mathscr{I}$ 所定义的 X 的闭子概形. 对于 $x \in D$, 记 $s = f(x)$. 则以下三个条件等价:

(1) $\mathscr{I}$ 在 x 处可逆, 且 $D \to S$ 在 x 处平坦;

(2) X/S 及 D/S 在 x 处平坦, 且纤维 D_s 为纤维 X_s 的有效除子;

(3) X/S 在 x 处平坦, 以及存在 f_x 生成 $\mathscr{I}_x$ 并给出单射

$$\mathscr{O}_{X_s,x} \to \mathscr{I}_x.$$

证明 (1) ⇒ (2): 取 $\mathscr{I}$ 的局部截面 h 使得 h 生成 $\mathscr{I}_x$. 则乘以 h 的态射给出正合序列

$$0 \longrightarrow \mathscr{O}_{X_s,x} \xrightarrow{\times h} \mathscr{O}_{X_s,x} \longrightarrow \mathscr{O}_{D,x} \longrightarrow 0.$$

以 $k(x)$ 记 s 的剩余域. 上面的正合序列与 $k(x)$ 作 ($\mathscr{O}_{S,s}$ 上的) 张量积, 得到正合序列

$$0 \longrightarrow \mathscr{O}_{X_s,x} \longrightarrow \mathscr{O}_{X_s,x} \longrightarrow \mathscr{O}_{D_s,x} \longrightarrow 0.$$

由于 D/S 在 x 处平坦, 故此正合序列正合. 从而 D_s 为 X_s 的有效除子.

下面证明 X/S 在 x 处平坦. 如同参考文献 Grothendieck 和 Dieudonné [EGA IV], 第 3 册, 8.5.5 及 11.5.2 中所述, 可以假设 S 为局部 Noether 概形. 由 Tor- 长正合序列及 D/S 平坦知: 对于 $n \geqslant 1$, 有

$$h \cdot \mathrm{Tor}_n^{\mathscr{O}_{S,s}}(\mathscr{O}_{X,x}, k(s)) = \mathrm{Tor}_n^{\mathscr{O}_{S,s}}(\mathscr{O}_{X,x}, k(s)).$$

由于 S 是局部 Noether 的, 并且 X/S 为局部有限生成的, 故

$$\mathrm{Tor}_n^{\mathscr{O}_{S,s}}(\mathscr{O}_{X,x}, k(s))$$

是有限生成 $\mathscr{O}_{X,x}$-模. 因为 $x \in D$ 及 $\mathscr{O}_{X,x}/h\mathscr{O}_{X,x} \cong \mathscr{O}_{D,x}$, 由 Nakayama 引理即知

$$\mathrm{Tor}_n^{\mathscr{O}_{S,s}}(\mathscr{O}_{X,x}, k(s)) = 0 \quad (\forall\, n \geqslant 1).$$

所以 $\mathscr{O}_{X,x}$ 为平坦 $\mathscr{O}_{S,s}$-模 (见参考文献 Matsumura [Mat 86], 定理 22.3).

由 Nakayama 引理可推出 (2) ⇒ (3). 至于 (3) ⇒ (1), 见参考文献 Grothendieck 和 Dieudonné [EGA IV], 第 3 册, 11.3.7. □

6.2.3 关于固有平坦态射的几个定理

设 $f: X \to S$ 为 Noether 概形的固有平坦态射, 且 f 的所有几何纤维都是 n 维的.

给定 X 上的局部自由层 $\mathscr{L}$. 设 $\mathscr{F}$ 为 S 上的拟凝聚层. 以 $T_i(\mathscr{F})$ 记 $R^if_*(\mathscr{L}\otimes_{\mathscr{O}_X}f^*\mathscr{F})$. 设 $S=\mathrm{Spec}\,A$. 若 M 为 A-模, $\mathscr{F}=\widetilde{M}$, 则有态射:
$$M\cong\mathrm{Hom}_A(A,M)\to\mathrm{Hom}_S(T_i(\mathscr{O}_S),T_i(\mathscr{O}_S)),$$
$$m\mapsto T_i(m).$$

由此得到态射:
$$T_i(\mathscr{O}_S)\otimes_{\mathscr{O}_S}\widetilde{M}\to T_i(\widetilde{M}),$$
$$a\otimes m\mapsto T_i(m)(a).$$

这个态射可以推广到一般的概形 S 的情形:
$$\iota:\,T_i(\mathscr{O}_S)\otimes_{\mathscr{O}_S}\mathscr{F}\to T_i(\mathscr{F}).$$

引理 6.2 设 $X\to S$ 为 Noether 概形.

(1) 设 s 为 S 的任一几何点. 以 Q_s 记由 $\mathrm{Spec}\,(\mathscr{O}_{S,s})$ 上的拟凝聚层所构成的范畴, 则以下两条等价:

(i) T_i 为右正合函子;

(ii) 对于任意的 $\mathscr{F}\in Q_s$, 上述的态射 ι 为同构.

(2) 若 $i\geqslant\dim(X\times_S\mathrm{Spec}\,(\mathscr{O}_{S,s}))$, 则 (i) 和 (ii) 成立.

(3) 若 $\iota:T_i(\mathscr{O}_S)\otimes_{\mathscr{O}_S}k(s)\to T_i(k(s))$ 为满射, 则 (i) 和 (ii) 成立.

定理 6.3 (1) 若 $\mathscr{G}$ 为 X 上的凝聚层, 则对于所有的 $i>n$,
$$R^if_*\mathscr{G}=0;$$

(2) 设 Y 为 X 的闭子概形, Y/S 的相对维数为 m, Y/S 平坦, 凝聚层 $\mathscr{G}$ 的支集含于 Y, $i>m$, 则 $R^if_*\mathscr{G}=0$.

命题 6.4 设 $n=1$, $\mathscr{L}$ 为有限秩局部自由 $\mathscr{O}_X$-模.

(1) 若 $R^1f_*\mathscr{L}$ 为局部自由 $\mathscr{O}_S$-模, 则 $f_*\mathscr{L}$ 为局部自由 $\mathscr{O}_S$-模.

(2) 若 f 的所有几何纤维都是连通约化的, 则 $R^1f_*\mathscr{O}_X$ 是局部自由 $\mathscr{O}_S$-模.

6.2.4 Grothendieck 对偶定理

设 S 为局部 Noether 概形. 我们称 C 为 S 上的**曲线** (curve), 如果存在满足下述条件的态射 $f:C\to S$:

(1) f 是固有平坦态射;
(2) f 的相对维数为 1, 并且 f 的所有纤维都是约化连通的;
(3) f 在 S 的一个稠密开集上光滑;
(4) $R^1 f_* \mathscr{O}_C$ 是局部自由 $\mathscr{O}_S$-模.

这里的 $R^1 f_* \mathscr{O}_C$ 的秩称为 C/S 的**亏格** (genus).

在本小节中我们将介绍 Grothendieck 对偶定理的一个特殊情形. 关于一般情形下的 Grothendieck 对偶定理, 现在已经有三部专著介绍 (作者是 Altman 和 Kleiman, Hartshorne, Conrad).

定义 6.1 设有曲线 C/S. 称 C 的凝聚层 $\omega^0_{C/S}$ 为 C 的**对偶化层** (dualizing sheaf), 如果以下条件成立:

(1) 对于任意的态射 $\varphi: T \to S$, 有同构
$$\omega^0_{C \times_S T / T} \cong \varphi^* \omega^0_{C/S};$$

(2) 若 $S = \operatorname{Spec} k$, 其中 k 为代数封闭域, 则对于任意的凝聚 $\mathscr{O}_C$-模 $\mathscr{F}$, 有函子同构
$$\operatorname{Hom}_k(H^1(C, \mathscr{F}), k) \cong \operatorname{Hom}_{\mathscr{O}_C}(\mathscr{F}, \omega^0_{C/S});$$

(3) $\omega^0_{C/S}$ 是有限秩局部自由层;

(4) 存在迹同构
$$\operatorname{Tr}: R^1 f_* \omega^0_{C/S} \cong \mathscr{O}_S,$$

并且当 $S = \operatorname{Spec} k$ (k 为代数封闭域) 时, 在条件 (2) 所给出的同构
$$\operatorname{Hom}_k(H^1(C, \omega^0_{C/S}), k) \cong \operatorname{Hom}_{\mathscr{O}_C}(\omega^0_{C/S}, \omega^0_{C/S})$$

下, Tr 对应于恒同态射:
$$\operatorname{id}: \omega^0_{C/S} \to \omega^0_{C/S}.$$

我们指出, 当 C/S 光滑时, $\omega^0_{C/S} = \Omega^0_{C/S}$.

取定 C/S 上的可逆层 $\mathscr{L}$, 则
$$(\phi, \xi) = R^1_*(\phi)(\xi)$$

给出自然的配对 (pairing)

$$f_*(\mathscr{L}^{-1}\otimes\omega_{C/S}^0)\times R^1f_*\mathscr{L}$$
$$=f_*\operatorname{Hom}_{\mathscr{O}_C}(\mathscr{L},\omega_{C/S}^0)\to R^1f_*\Omega_{C/S}^0\cong\mathscr{O}_S.$$

可以证明以下的对偶定理:

定理 6.5 假设 $R^1f_*\mathscr{L}$ 是局部自由的, 则由以上的自然配对所定义的态射

$$R^0f_*\mathscr{L}^{-1}\otimes\omega_{C/S}^0\to\operatorname{Hom}_{\mathscr{O}_S}(R^1f_*\mathscr{L},\mathscr{O}_S)$$

及

$$R^1f_*\mathscr{L}^{-1}\otimes\omega_{C/S}^0\to\operatorname{Hom}_{\mathscr{O}_S}(R^0f_*\mathscr{L},\mathscr{O}_S)$$

均为同构.

§6.3 Picard 函子

参看 [LCZ 06] 代数群引论, 第二篇第四章.

6.3.1 Picard 函子的定义

对于任意概形 X, 一个经典的结果是: 上同调群 $H^1(X,\mathscr{O}_X^*)$ 的元素对应于 X 上可逆层的同构类. 我们称群 $H^1(X,\mathscr{O}_X^*)$ 为 X 的**绝对 Picard 群** (absolute Picard group), 并记之为 Pic X.

固定一个基概形 S 以及一个 S-概形 X, 定义函子

$$P_{X/S}: (\operatorname{Sch}/S)^{\operatorname{opp}}\to\operatorname{Sets},$$
$$T\mapsto\operatorname{Pic}(X\times_S T).$$

以 $\mathscr{P}$ 记 $P_{X/S}$ 关于 fppf 态射类 $\mathcal{M}_{\operatorname{fppf}}$ 的层化. 若 T 为仿射概形, 则 T 在 $\mathcal{M}_{\operatorname{zariski}}$ 内的覆盖可由有限个仿射开子概形 T_i 组成. 这时 $\{T_i\}$ 亦为 T 在 $\mathcal{M}_{\operatorname{fppf}}$ 内的覆盖. 这就是说, $\mathscr{P}$ 在仿射概形上是 fppf-层. 这就容许我们将 $\mathscr{P}$ 实行关于 $\mathcal{M}_{\operatorname{zariski}}$ 的层化. 把 $\mathscr{P}$ 关于 $\mathcal{M}_{\operatorname{zariski}}$ 层化

所得的函子记为 $\mathrm{Pic}_{X/S}$. 它自然是关于 $\mathcal{M}_{\mathrm{zariski}} \cup \mathcal{M}_{\mathrm{fppf}}$ 的层. 这就是我们所定义的 fppf-层. 我们称 fppf-层

$$\mathrm{Pic}_{X/S}: (\mathrm{Sch}/S)^{\mathrm{opp}} \to \mathrm{Sets}$$

为**相对 Picard 函子** (relative Picard functor).

6.3.2 除子函子的表示

设有概形态射 $f\colon X \to S$. 我们称 f 是**强射影的** (strongly projective) (或**强拟射影的** (strongly quasi-projective)), 如果 f 是有限展示并且存在 S 的秩 n 局部自由层 $\mathscr{E}$, 使得 X 在 S 上同构于 $\mathbb{P}(\mathscr{E})$ 的闭子概形 (或概形).

给定 $f\colon X \to S$ 以及 $\mathscr{O}_X$-模 $\mathscr{F}$. 我们称 $\mathscr{F}$ 在 S 上 0 维处**上同调平坦** (cohomologically flat) (见参考文献 Grothendieck 和 Dieudonné [EGA III], 第 2 册, 7.8), 如果对于任意的态射 $u\colon S' \to S$, 在纤维积

$$\begin{array}{ccc} X \times_S S' & \xrightarrow{u'} & X \\ {\scriptstyle f'}\downarrow & & \downarrow{\scriptstyle f} \\ S' & \xrightarrow{u} & S \end{array}$$

决定的态射下, 有 $u^* f_* \mathscr{F} = f'_* u'^* \mathscr{F}$.

以 $\mathrm{Div}(X/S)$ 记 X/S 上的所有有效除子组成的集合. 则有函子

$$\mathscr{D}iv_{X/S}\colon (\mathrm{Sch}/S)^{\mathrm{opp}} \to \mathrm{Sets},$$
$$T \mapsto \mathrm{Div}(X \times_S T/T).$$

利用 $D \mapsto \mathscr{O}_X(D)$ $(D \in \mathrm{Div}(X/S))$ 可以得到函子态射

$$\mathscr{D}iv_{X/S} \to \mathrm{Pic}_{X/S}.$$

对于 S-概形 $T \to S$ 以及 $\mathscr{L} \in \mathrm{Pic}(X \times_S T)$, 设有函子态射 $\Phi\colon T \to \mathrm{Pic}_{X/S}$ (这时把 T 看做函子 $\mathrm{Hom}(\bullet, T)$), 使得

$$\Phi_T(\mathrm{id}_T) = \mathscr{L} \in \mathrm{Pic}_{X/S}(T) = \mathrm{Pic}(X \times_S T),$$

我们就说, Φ 对应于 $\mathscr{L}$. 由 Φ 及 $\mathscr{D}iv_{X/S} \to \mathrm{Pic}_{X/S}$ 即得出函子
$$\mathscr{D}iv_{X/S} \times_{\mathrm{Pic}_{X/S}} T.$$

命题 6.6 若 $f: X \to S$ 是强射影的、平坦的, S 是拟紧的, f 的几何纤维是约化的且是不可约的, 则存在局部有限展示的 $\mathscr{O}_T$-模 $\mathscr{F}$, 使得函子 $\mathscr{D}iv_{X/S} \times_{\mathrm{Pic}_{X/S}} T$ 由射影 T-概形 $\mathbb{P}(\mathscr{F})$ 所表示.

证明 假设 $T = S$. 对于 S-概形 $S' \to S$, 以 X' 记 X 与 S' 在 S 上的纤维积, 以 $\mathscr{L}'$ 记 $\mathscr{L}$ 拉回至 S':

$$\begin{array}{ccc} X' & \longrightarrow & X \\ f' \downarrow & & \downarrow f \\ S' & \longrightarrow & S \end{array}$$

按函子纤维积的定义, $\mathscr{D}iv_{X/S} \times_{\mathrm{Pic}_{X/S}} S$ 同构于下面的函子:

$D: (\mathrm{Sch}/S)^{\mathrm{opp}} \to \mathrm{Sets}$

$$S' \mapsto \left\{ D' \in \mathrm{Div}(X'/S') \,\middle|\, \begin{array}{l} \mathscr{O}_{X'}(D') \text{与} \mathscr{L}' \\ \text{在} S' \text{上局部同构} \end{array} \right\}.$$

以 $(f_*\mathscr{L})^*$ 记 $f_*\mathscr{L}$ 的子层使其在纤维 X_s 上的截面为可逆的. 则有双射:
$$\Gamma(S, (f_*\mathscr{L})^*/\mathscr{O}_S^*) \to D(S).$$

因为 f 是固有、平坦的, 所以存在 $\mathscr{O}_S$-模 $\mathscr{F}$, 使得有同构
$$f_*\mathscr{L} \to \mathscr{H}om_{\mathscr{O}_S}(\mathscr{F}, \mathscr{O}_S).$$

由于 f 的几何纤维是约化的且不可约, 故 $(f_*\mathscr{L})^*$ 在此同构下对应于 $\mathscr{H}om_{\mathscr{O}_S}(\mathscr{F}, \mathscr{O}_S)$ 中的满射. 于是 $(f_*\mathscr{L})^*/\mathscr{O}_S^*$ 对应于 $\mathbb{P}(\mathscr{F})$ (见参考文献 Grothendieck 和 Dieudonné [EGA II], 4.2.3). □

6.3.3 Picard 函子的可表性

定理 6.7 (Artin [Art 69], 定理 7.3) 设 $f: X \to S$ 为代数空间的固有、平坦、有限展示的态射, 并且假设 f 在 S 上 0 维处上同调平坦. 则相对 Picard 函子可由 S 上的代数空间表示.

对于射影空间范畴,则有

定理 6.8 (Grothendieck, [FGA] 232, 定理 3.1) 设 $f: X \to S$ 为射影、平坦、有限展示的态射,并假设 f 的几何纤维是约化的且不可约. 则相对 Picard 函子可由 S 上的局部有限展示的分离概形所表示.

以上定理的证明只有两页,相当简略,本书不给出它们的证明.

设 $f: X \to S$ 是强射影的. 又设有态射
$$T \to S,$$
$\mathscr{L} \in \mathrm{Pic}(X \times_S T)$, $t \in T$. 以 $h_t \mathscr{L}$ 记 $\mathscr{L}$ 在纤维 X_t 上的 Hilbert 多项式. 对于有理系数多项式 P, 以 $\mathrm{Pic}^P(X \times_S T)$ 记 $\mathrm{Pic}(X \times_S T)$ 中所有满足
$$h_t \mathscr{L} = P$$
的 $\mathscr{L}$. 这样,利用 Pic^P 我们定义了 $\mathrm{Pic}_{X/S}$ 的子函子 $\mathrm{Pic}_{X/S}^P$.

定理 6.9 设 $f: X \to S$ 是强射影的、平坦的, S 是拟紧的,并假设 f 的几何纤维是约化的且不可约. 若 P 为有理系数多项式,则函子 $\mathrm{Pic}_{X/S}^P$ 可由强拟射影 S-概形所表示,且
$$\mathrm{Pic}_{X/S} = \coprod_P \mathrm{Pic}_{X/S}^P,$$
其中 P 取遍有理系数多项式.

这个定理的证明和上面的 Grothendieck 定理的证明是一样的,我们仅给以简略的说明.

(1) 对于 S-概形 $S' \to S$, 令 $X' = X \times_S S' \to S'$. 将 X'/S' 的有效除子的全体定义为 $\mathscr{D}iv_{X/S}(S')$, 则有函子:
$$\mathscr{D}iv_{X/S}: (\mathrm{Sch}/S)^{\mathrm{opp}} \to \mathrm{Sets}.$$
对于有理系数多项式 P, 令
$$\mathscr{D}iv_{X/S}^P = \mathscr{D}iv_{X/S} \cap \mathscr{H}ilb_{X/S}^P.$$
由 $\mathscr{H}ilb_{X/S}^P$ 是可表函子 (见 Altman 和 Kleiman [AK 79], 推论 2.8), 即可推知: $\mathscr{D}iv_{X/S}^P$ 可由强拟射影 S-概形所表示.

(2) $D \mapsto \mathscr{O}_X(D)$ 给出态射
$$\mathscr{D}iv_{X/S} \to \mathrm{Pic}_{X/S}.$$
以 $D(P)$ 记 $\mathrm{Pic}^P_{X/S}$ 在此态射下的逆像. 由于 $D(P)$ 由 $\mathscr{D}iv_{X/S}$ 的有限个连通分支所组成 (见参考文献 Grothendieck 等 [SGA 6], XIII, 引理 2.11), 故由步骤 (1) 推知, $D(P)$ 可由强拟射影 S-概形所表示.

(3) 对于 $\mathrm{Pic}^P_{X/S}$ 考虑以下条件:

(∗) 对于 $S' \to S$, $\mathscr{L} \in \mathrm{Pic}^P(X')$, $X' = X \times_S S' \xrightarrow{f'} S'$, 有 $R^i f'_*(\mathscr{L}'(n)) = 0$ ($\forall\, i > 0$ 且 $n \geqslant 0$) 以及 $f'_*(\mathscr{L}'(n)) \neq 0$ ($\forall\, n \geqslant 0$).

可以证明: 若 $\mathrm{Pic}^P_{X/S}$ 满足条件 (∗), 则存在固有平坦等价关系
$$R \subset D(P) \times D(P),$$
使得 $\mathrm{Pic}^P_{X/S}$ 同构于商 $D(P)/R$. 再应用参考文献 Altman 和 Kleiman [AK 79] 中的定理 2.9, 即得结论: $\mathrm{Pic}^P_{X/S}$ 可由强拟射影 S-概形所表示.

当 $\mathrm{Pic}^P_{X/S}$ 不满足条件 (∗) 时, 可用参考文献 Grothendieck 等 [SGA 6], III, 引理 1.1.3, 以及基变换的方法把问题化为满足条件 (∗) 的情形 (附记: 关于 Altman 和 Kleiman 文章中所用的 (b)-Sheaf 的概念可以参看 Kleiman 的文章 (见参考文献 Grothendieck 等 [SGA 6], XIII, §1)).

6.3.4 域上的 Picaid 函子的表示 (Murre 定理)

当 S 是域 k 时, 以 $\mathrm{Pic}_{X/k}$ 记 $\mathrm{Pic}_{X/\mathrm{Spec}\, k}$. 若有固有态射 $X \to S$, 则有下面的定理.

定理 6.10 (Murre [Mur 64], II.15, 定理 2) $\mathrm{Pic}_{X/k}$ 可由 k 上的局部有限的群概形所表示.

§6.4 概形的对称积和 Jacobian

6.4.1 交换环上的模的对称张量积与行列式映射

设 A 为交换环, M 为 A-模, $M^{\otimes n}$ 为 M 的 n 次张量积. 对称群 $\mathfrak{S}_n$ 中的元素在 $M^{\otimes n}$ 上的作用定义为张量积中的因子的位置的置换. $M^{\otimes n}$ 在此作用下的不变元的集合 $(M^{\otimes n})^{\mathfrak{S}_n}$ 称为 M 的 n 次**对称张**

量积 (symmetric tensor product), 记为 $S_A^n(M)$. 若 M 为自由 A-模, 则 $S_A^n(M)$ 亦是自由 A-模; 若 M 为平坦 A-模, 则 $S_A^n(M)$ 亦是平坦 A-模; 若 B 为光滑 A-代数, 则 $S_A^n(B)$ 亦是光滑 A-代数.

现在设 L 为 n 秩自由 A-模. 对于 $u \in \mathrm{End}_A L$, 行列式 $\det(u)$ 决定了 n 次多项式映射

$$\det : \mathrm{End}_A L \to A.$$

这个映射唯一地决定一个同态 $\delta : S_A^n(\mathrm{End}_A L) \to A$, 使得

$$\det(u) = \delta(\overbrace{u \otimes \cdots \otimes u}^{n\text{个}}).$$

假若 L 同时又是 B-模, 即有同态 $B \to \mathrm{End}_A L$, 则可以把 δ 限制到 $S_A^n(B)$ 上. 将此限制给出的同态记为 $\det_L$:

$$\det_L : S_A^n(B) \to A$$

(见参考文献 Grothendieck 等 [SGA 4], 第 3 册, XVII, (6.3.1.6)).

6.4.2 Hilbert 函子与对称积的关系

设 B 为 A-代数. 记 $X = \mathrm{Spec}\, A$, $S = \mathrm{Spec}\, A$, 以 $(X/S)^{(n)}$ 记 $\mathrm{Spec}\, S_A^n(B)$.

若 X 为 S 上的射影概形, 则对于任一 $s \in S$, 纤维 X_s 内的有限点集必含于 X 的某仿射开子集 X_i 内. 所以我们可以把各局部的 $\mathrm{Spec}\, S_{A_i}^n(B_i)$ 粘合成一个 S-概形, 记为 $(X/S)^{(n)}$, 称为 X/S 的 n 次对称积 (symmetric product).

若有仿射态射 $f : X \to S$ 及 $\mathscr{O}_X$-模 $\mathscr{L}$, 使得 $f_*\mathscr{L}$ 为 S 上的局部自由 n 秩模. 则我们可以把局部同态 $\det_{\mathscr{L}_i}$ 粘合成态射:

$$\sigma_{\mathscr{L}} : S \to (X/S)^{(n)}.$$

现设有拟射影态射 $f : X \to S$ 以及 S-概形 T. 以 $\mathscr{H}ilb_{X/S}^n$ 记多项式 n (常数) 所决定的 Hilbert 函子. 在这里, $D \in \mathscr{H}ilb_{X/S}^n(T)$ 是指

$X \times_S T$ 的子概形 D, 使得 $D \to T$ 是局部自由 n 秩的, 即 $(f_T)_* \mathcal{O}_D$ 是 n 秩局部自由 $\mathcal{O}_T$-模. 用上述的方法我们得到态射:

$$\sigma_{\mathcal{O}_D}: T \to (D/T)^{(n)} \to (X/S)^{(n)}.$$

我们把 $\sigma_{\mathcal{O}_D}$ 看做 $\mathrm{Hom}(T, (X/S)^{(n)})$ 中的元素, 把 $(X/S)^{(n)}$ 看做函子 $\mathrm{Hom}(\,\cdot\,, (X/S)^{(n)})$. 这样得到态射:

$$\sigma: \mathscr{H}ilb^n_{X/S} \to (X/S)^{(n)}.$$

从另一角度来看, 若 $f: X \to S$ 是分离的光滑曲线, s 是 f 的一个截面, 则 $s(S)$ 是 X/S 的除子, 且 $\deg(s(S)) = 1$. 像上面一样, 把 X^n 看做函子 $\mathrm{Hom}(\,\cdot\,, X^{(n)})$, 就得到态射

$$X^n \to \mathscr{H}ilb^n_{X/S},$$
$$(s_1, \cdots, s_n) \mapsto \sum_{j=1}^n s_j(S).$$

此态射可分解为:

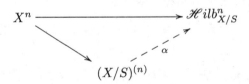

我们有 $\sigma^{-1} = \alpha$, $\alpha^{-1} = \sigma$ (见参考文献 Grothendieck 等 [SGA 4], 第 3 册, XVII, 6.3.9).

6.4.3 概形上的曲线的 Jacobian

设 S 是域 k. 则 $\mathrm{Pic}_{S/k}$ 是群概形. 以 $\mathrm{Pic}^0_{S/k}$ 记此群概形的单位元所在的连通分支. 对于一般的概形 S, 设 T 为 S-概形, 以 $\mathrm{Pic}^0_{X/S}(T)$ 记满足下述条件的 $\mathscr{L} \in \mathrm{Pic}_{X/S}(T)$ 的全体:

$$\mathscr{L}_s \in \mathrm{Pic}_{X_s/k(s)}(T_s) \quad (\forall s \in X).$$

则 $\text{Pic}^0_{X/S}$ 为 $\text{Pic}_{X/S}$ 的子函子 (见参考文献 Grothendieck 等 [SGA 6], XIII, 定理 4.7 和 5.1).

以下我们假设 S 是约化连通的, $f\colon X \to S$ 为忠实平坦的射影曲线, 并设 f 的几何纤维是约化连通的亏格为 g 的曲线. 以 X^{reg} 记 X 的光滑点概形. 则有交换图表:

$$\begin{array}{ccc} \mathscr{H}ilb^g_{X^{\text{reg}}/S} & \xrightarrow{\sim} & (X^{\text{reg}}/S)^{(g)} \\ \downarrow & & \downarrow \\ \mathscr{H}ilb^g_{X/S} & \longrightarrow & (X/S)^{(g)} \end{array}$$

对于目前考虑的曲线 X, $\mathscr{H}ilb^g_{X^{\text{reg}}/S}$ 可以看做有紧支集的除子, 即把 $\mathscr{H}ilb^g_{X^{\text{reg}}/S}$ 看做 $\mathscr{D}iv^g_{X^{\text{reg}}/S}$ 的子函子. 此时态射

$$(X^{\text{reg}}/S)^{(g)} \xrightarrow{\alpha} \mathscr{H}ilb^g_{X^{\text{reg}}/S} \subset \mathscr{D}iv^g_{X^{\text{reg}}/S}$$

对应于 $\mathscr{D} \in \mathscr{D}iv^g_{X^{\text{reg}}/S}((X^{\text{reg}}/S)^{(g)})$, 即

$$\mathscr{D} \subseteq X \times_S (X^{\text{reg}}/S)^{(g)}$$

是有效除子, $\deg(\mathscr{D}) = g$. 这个 $\mathscr{D}$ 称为**泛除子** (generic divisor).

设 $W = \{w \in (X^{\text{reg}}/S)^{(g)} \mid H^1(X_w, \mathscr{O}_{X_w}(\mathscr{D})) = 0\}$, 则 W 为 $(X^{\text{reg}}/S)^{(g)}$ 的开子概形 (见参考文献 Grothendieck 等 [EGA, 第 2 册], III, 7.7.5). 由 $f\colon X \to S$ 有态射

$$f_W\colon X \times_S W \to W,$$

$(f_W)_*\mathscr{O}_{X \times_S W(\mathscr{D})}$ 为秩 1 的局部自由层. 利用泛除子 $\mathscr{D}$ 可以定义态射

$$W \to \text{Pic}_{X/S}$$

如下: 将 W 视为函子 $\text{Hom}(\,\cdot\,, W)$; 对于 S-概形态射 $T \xrightarrow{u} W$, 由 $T \xrightarrow{u} W \to S$ 有态射 $X \times_S T \to T$, 以及

$$\begin{array}{ccc} X \times_S T & \xrightarrow{\tilde{u}} & X \times_S W \\ \downarrow & & \downarrow f_W \\ T & \xrightarrow{u} & W \end{array}$$

$u \mapsto \mathcal{O}_{X \times_S T}(\tilde{u}^* \mathscr{D})$ 就是所要定义的态射.

设 $X \to S$ 为满足上述条件的亏格 g 的曲线, O 为 X 上的一个固定的点, 则有

定理 6.11 函子 $\mathrm{Pic}^0_{X/S}$ 可被 S 上的某相对维数为 g 的交换概形 J 所表示; 映射 $P \mapsto \mathcal{O}_X([P] - [O])$ 把 X 嵌入到 J 中, 并将 O 映为 J 的单位元.

所谓 **Abel 概形** (abelian scheme) 是指固有光滑 S-群概形 (见 [LCZ 06] 代数群引论). 此定理中的 J 称为曲线 X/S 的**雅可比** (Jacobian).

在适当的假设下, 存在 W 的稠密开子概形 W', 其在态射

$$W \to \mathrm{Pic}_{X/S}$$

下的像为 $\mathrm{Pic}^0_{X/S}$ 的稠密开子概形, 并且 $\mathrm{Pic}^0_{X/S}$ 的群结构使得 W' 成为 S 上的群概形. 这就是 Weil 所构造的经典的 Jacobian (见参考文献 Serre [Ser 88], 第 5 章; Milne [Mil 86]). 类似的定理见参考文献 Deligne [Le lemme de Gabber, Asterisque, 127 (1985) 131-150], 命题 4.3 ($X \to S$ 半稳定的情形); Raynaud [Springer Lect Notes Math 169], 定理 8.2.1 (S 为离散赋值环的情形); Bosch, Lútkebohmert & Raynaud [BLR 99], §9.3, 定理 7 (S 为正规的严格 Hensel 局部概形的情形). Raynaud [BLR 99], §9.3, 定理 7 (S 为正规的严格 Hensel 局部概形的情形).

第 7 章 模 曲 线

Igusa 在一系列出色的文章中处理了在 $\mathbb{Z}[1/N]$ 上的 N 级模概形. Deligne-Rapoport 除了整理 Igusa 的文章外, 他们还解决了怎样处理尖点的模问题, 并引用了由 Deligne-Mumford 所开发的叠论. Katz-Mazur 引入 Drinfeld 使用 Cartier 除子的想法, 系统地介绍了模曲线的成果. 至于模曲线在数论中的成就, 可看 Shimura, Ihara, Langlands, Deligne, Serre, Mazur, Ribet, Hida, Coates, Wiles 等人的文章.

我们在这里不打算详尽地讨论上面所提及的工作. 我们只介绍最简单的模曲线的构造, 然后为 Deligne-Rapoport 的工作写个摘要, 以方便读者. 本章亦不是椭圆曲线的导论. 我们建议读者先看看 Silverman 的椭圆曲线教本 [Sil 86] 第 3 章.

§7.1 椭 圆 曲 线

7.1.1 定义和一个例子

定义 7.1 设 S 是一个局部 Noether 概形. S **上的椭圆曲线** (elliptic curve over S) E/S 是指固有光滑态射 $f: E \to S$, 使得

(1) f 的相对维数为 1, 且 f 的所有几何纤维都是连通的;

(2) $R^1 f_* \mathcal{O}_E$ 是可逆 $\mathcal{O}_S$-模;

(3) f 有截面 $e: S \to E$.

我们考虑一个标准的例子. 先证明一个引理.

引理 7.1 设 A 是有 1 的交换环, $f(X) \in A[X]$. 令
$$B = A[X, Y]/(Y^n - f(X)).$$
则 B 是秩 n 的自由 $A[X]$-模, 所以 B 是 A-平坦的.

证明 设 $R = A[X]$, 以 r 记 $f(X) \in R$. 则

$$B = R[Y]/(Y^n - r).$$

由于在任意有 1 的交换环上对于首 1 多项式可进行带余除法, 故知 B 是 n 秩自由 R-模. 若以 y 记 Y 在 B 中的像, 则

$$1, y, \cdots, y^{n-1}$$

是 B 的 R-基. 因为自由模是平坦模, 故知 B 是 $A[X]$-平坦的. 而 $A[X]$ 是 A-平坦的, 所以 B 是 A-平坦的 (亦可利用参考文献李克正 [Li 99] 中第 8 章推论 5.2). □

令 $A = \mathbb{Z}[s,t,u]/(6u(s^3 - 27t^2) - 1)$ 为多项式环 $\mathbb{Z}[s,t,u]$ 的商环, 再取 $B = A[X,Y]/(Y^2 - 4X^3 + sX + t)$. 我们来计算微分模 $\Omega_{B/A}$. 首先,

$$\Omega_{B/A} = (A\,dX + A\,dY)/A(2Y dY - (12X^2 - s)dX).$$

对于 Spec B 的任一几何点 P, 若 $Y(P) \neq 0$, 则在 $\Omega_{B/A}$ 中 dY 可由 dX 表达. 我们以 dx 记 dX 在

$$\Omega_{B/A}(P) = \Omega_{B/A} \otimes k(P)$$

中的像, 则 $\Omega_{B/A}(P)$ 由 dx 生成. 若 $Y(P) = 0$, 则

$$4X(P)^3 - sX(P) - t = Y(P)^2 = 0.$$

此三次方程的判别式 $\Delta \neq 0$, 因此方程没有重根. 于是

$$\frac{d}{dX}(4X^3 - sX - t)|_P = (12X^2 - s)(P) \neq 0.$$

而

$$\frac{d}{dX}(4X^3 - sX - t)\,dX = 2Y dY,$$

所以 dX 在 $\Omega_{B/A}(P)$ 中为零. 以 dy 记 dY 在 $\Omega_{B/A}(P)$ 中的像, 则 $\Omega_{B/A}(P)$ 由 dy 生成.

由以上的讨论及引理可见 Spec $B \to$ Spec A 是光滑态射 (我们亦可以用 Jacobi 条件证明此结果, 见参考文献 Altman-Kleinman [AK 80], VII, 定理 5.14, 定理 1.8). 取

$$\mathbb{E} = \operatorname{Proj} A[X,Y,Z]/(ZY^2 - 4X^3 + sXZ^2 + tZ^3),$$

则 $\mathbb{E}/\operatorname{Spec} A$ 是椭圆曲线.

7.1.2 截面 e 所定义的有效除子 $[e]$

现在考虑定义 7.1 中所述的概形 S 上的椭圆曲线 E/S. 先假设 $S = \operatorname{Spec} k$, 其中 k 为代数封闭域. 因为 f 是光滑的, 所以 (参见参考文献 Grothendieck 和 Dieudonné [EGA IV], 4.17) 有开仿射概形 $U \subset E$, $e \in U$, 以及 étale 态射

$$g: U \to \mathbb{A}^1 = \operatorname{Spec}(k[T]),$$

使得 $g(e)$ 是 $\mathbb{A}^1$ 的原点. 设 $U = \operatorname{Spec} A$, 则 A 为平坦 $k[T]$-代数. 由于 g 是非分歧的, 故

$$\Omega_{U/\mathbb{A}^1} = 0, \quad A = k[T]/\mathfrak{m}_e.$$

因此 e 处的切空间 $\mathfrak{m}_e/\mathfrak{m}_e^2$ 是由 T 生成的. 由此推得: 对于 $n > 0$, 有

$$\mathfrak{m}_e/\mathfrak{m}_e^n \cong (T)/(T)^n.$$

以 $k[T]_{(T)}$ 记多项式环 $k[T]$ 在素理想 (T) 处的局部化; 以 $\widehat{k[T]}_{(T)}$ 记相应的完备化环:

$$\widehat{k[T]}_{(T)} = \varprojlim k[T]_{(T)}/T^n k[T]_{(T)} = \varprojlim k[T]/(T)^n = k[[T]]$$

(即 k 上的一元形式幂级数环). 由序列

$$0 \longrightarrow \mathfrak{m}_e/\mathfrak{m}_e^n \longrightarrow A_e/\mathfrak{m}_e^n \longrightarrow A_e/\mathfrak{m}_e \longrightarrow 0$$

的正合性 (其中 A_e 为 e 的局部环, $A_e/\mathfrak{m}_e = k$ (代数封闭域)) 以及

$$k[T]/(T)^n = k \oplus (T)/(T)^n,$$

可推出完备化环 $\widehat{A}_e \cong k[[T]]$. 于是, A_e 为赋值环, T 是它的素元, e 的定义理想 $\mathscr{I}_e$ 在 A_e 中的像是 (T). 对于 E 的其他点 x, $\mathscr{I}_e$ 在 $\mathscr{O}_{E,x}$ 中

的像等于 $\mathscr{O}_{E,x}$. 因此 $\mathscr{I}_e$ 是可逆理想层. 这就是说, 点 e 决定了有效除子 $[e]$.

对于一般的概形 S, 取 S 的几何点 s. 由图

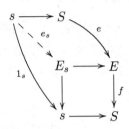

知, 纤维 E_s 的截面 e_s 决定 E_s 的有效除子 $[e_s]$. 由正合序列

$$0 \longrightarrow \mathscr{I}_e \longrightarrow \mathscr{O}_E \longrightarrow \mathscr{O}_e \longrightarrow 0$$

和 $\mathscr{O}_e \cong \mathscr{O}_S$ 得到正合序列

$$0 \longrightarrow \mathscr{I}_e \otimes_{\mathscr{O}_S} k(s) \longrightarrow \mathscr{O}_E \otimes_{\mathscr{O}_S} k(s) \longrightarrow \mathscr{O}_S \otimes_{\mathscr{O}_S} k(s) \longrightarrow 0$$

以及下面的交换图表:

$$\begin{array}{ccccccccc} 0 & \longrightarrow & \mathscr{I}_e \otimes_{\mathscr{O}_S} k(s) & \longrightarrow & \mathscr{O}_E \otimes_{\mathscr{O}_S} k(s) & \longrightarrow & \mathscr{O}_S \otimes_{\mathscr{O}_S} k(s) & \longrightarrow & 0 \\ & & \| & & \| & & \| & & \\ 0 & \longrightarrow & \mathscr{I}_{e_s} & \longrightarrow & \mathscr{O}_{E_s} & \longrightarrow & k(s) & \longrightarrow & 0 \end{array}$$

因为 E/S 是光滑的, 故存在 s 在 S 内的仿射开邻域

$$V = \mathrm{Spec}\ B,$$

e 的仿射开邻域

$$U = \mathrm{Spec}\ A,$$

使得 $f(U) \subset V$, 以及 étale 态射

$$g: U \to \mathrm{Spec}\ B[T],$$

使得 $g(e)$ 为 $\mathrm{Spec}\ B[T]$ 内由理想 (T) 所定义的概形. 像上面的讨论一样, 我们得知 $\mathscr{I}_{e_s}$ 由 T 生成. 利用以上的交换图表即知 $\mathscr{I}_e|_U$ 在 U 上

由 T 生成, 故 $\mathscr{I}_e|_U$ 为自由 A-模. 于是 $e(S)$ 的定义理想为可逆 $\mathscr{O}_E$-模, 因此决定了 E/S 的有效除子 $[e]$ (参见 6.2.2 小节). 同时可见, 在 S 的局部上, 即在 $\operatorname{Spec} B \subset S$ 上, $e(S)$ 的仿射环是

$$B[T]/(T) = B,$$

因此 $e(S)$ 的仿射环看做局部 B-模时其秩为 1. 故

$$\deg([e]) = 1.$$

7.1.3 椭圆曲线的微分

设 E 是概形 S 上的椭圆曲线. 依定义, $f: E \to S$ 是光滑态射. 故存在截面 e 的仿射开邻域 U 及 étale 态射 $g: U \to \mathbb{A}^1/S$, 使得 $g(e)$ 是 $\mathbb{A}^1$ 的原点.

我们现在从局部的角度来考虑. 设 $S = \operatorname{Spec} A$, 则

$$\mathbb{A}^1/S = \operatorname{Spec}(A[T])/S.$$

因为 $\Omega_{U/\mathbb{A}^1} = 0$, 由参考文献 Hartshorne [AG] 中命题 8.11 知有满射:

$$g^*\Omega_{\mathbb{A}^1/S} \longrightarrow \Omega_{E/S}.$$

但此映射的两端均为 S 上的 1 秩自由模, 故必为同构. 同样地, 因为 étale 是局部条件, 由参考文献 Hartshone [AG] 中命题 8.12 便得出同构

$$\mathscr{I}_e/\mathscr{I}_e^2 \cong e^*\Omega_{E/S}.$$

由于 $\Omega_{\mathbb{A}^1/S} = A[T](dT)$ 以及在映射 $\mathscr{I}_e \to e^*\Omega_{E/S}$ 下 T 映为 dT, 所以 $\mathscr{I}_e/\mathscr{I}_e^2 \cong (T)/(T^2)$. 由此得到

$$\mathscr{I}_e/\mathscr{I}_e^n \cong (T)/(T^n).$$

以 $\widehat{\mathscr{O}}$ 记局部环 $\mathscr{O}_{E,e}$ 的 $\mathscr{I}_e$-进完备化, 则

$$\widehat{\mathscr{O}} \cong A[[T]].$$

按椭圆曲线的加法,有态射 $a: E \times_S E$,满足 $a(e,e) = e$. 态射 a 诱导出

$$a^*: A[[T]] = \widehat{\mathscr{O}} \longrightarrow \widehat{\mathscr{O}} \widehat{\otimes}_A \widehat{\mathscr{O}} = A[[T_1, T_2]].$$

类似地,椭圆曲线的取逆运算

$$i: E \to E,$$
$$x \mapsto -x$$

诱导出 $i^*: A[[T]] \to A[[T]]$. 令

$$\Phi(T_1, T_2) = a^*(T), \qquad \iota(T) = i^*(T).$$

从椭圆曲线的群结构不难看出,$\Phi(T_1, T_2)$ 和 $\iota(T)$ 定义了 A 上的形式群 (参见参考文献 Silverman [Sil 86] IV, §2). 形式幂级数环 $A[[T]]$ 是多项式环 $A[T]$ 关于理想 (T) 的完备化. $A[[T]]$ 是完备拓扑环. 可以定义形式概形 $\mathrm{Spf}(A[[T]])$ (见参考文献 Grothendieck 和 Dieudonné [EGA I], 10.1.2). $\Phi(T_1, T_2)$ 和 $\iota(T)$ 使得 $\mathrm{Spf}(A[[T]])$ 成为形式群. 另一方面,我们可以定义 E 关于 e 的完备化 $\widehat{E}$ (见参考文献 Hartshorne [AG], II, §9, 第 194 页). 以上的讨论说明: 包含态射 $\mathscr{O}_U \hookrightarrow \widehat{\mathscr{O}}$ 诱导出形式群同构

$$\iota: \mathrm{Spf}(A[[T]]) \to \widehat{E}.$$

因为 $\Omega_{A[[T]]/A} = A[[T]](\mathrm{d}T)$,所以对于 $\omega \in \Gamma(E, \Omega_{E/S})$,有

$$\iota^*\omega = F(T)\mathrm{d}T,$$

其中 $F(T) \in A[[T]]$. 假若 ω 处处不为零,则

$$F(T) \in A[[T]]^\times.$$

所以存在可逆元 $u \in A^\times$,使得

$$\iota^*\omega = (u + T\text{的高次项})\mathrm{d}T.$$

以 $u^{-1}T$ 代替 T, 我们可以要求

$$\iota^*\omega = (1 + T\text{的高次项})\mathrm{d}T.$$

这样, ω 决定了形式参数 T. 反过来, 选定形式参数 T, 则上面的最后一个公式决定了 ω.

7.1.4 Weierstrass 方程

本节推广域上的椭圆曲线的 Weierstrass 方程的推导过程. 见参考文献 Hartshorne [AG] 中第 4 章 §4 的命题 4.6 以及 Griffiths 和 Harris [GH 78] 中第 2 章 §1, 第 224 页.

像前面一样, 截面 e 所定义的除子 $[e]$ 的定义理想记为 $\mathscr{I}_e$. 以 $\mathscr{O}_E([e])$ 记 $\mathscr{I}_e^{-1}$. 已知 $\deg([e]) = 1$. 因此 E/S 的亏格 g 是 1. 当 $n > 0$ 时,

$$\deg(n[e]) = n > 2g - 2.$$

所以 $\deg(\mathscr{O}_E(n[e])^{-1} \otimes \Omega_{E/S}) < 0$. 用 Grothendieck 对偶即得

$$R^1 f_*(\mathscr{O}_E(n[e])) = 0.$$

于是我们从正合序列

$$0 \to \mathscr{O}_E \to \mathscr{O}_E(n[e]) \to \mathscr{O}_E(n[e]) \to 0$$

的长正合序列得

$$0 \to f_*\mathscr{O}_E \to f_*\mathscr{O}_E(n[e]) \to f_*(\mathscr{O}_E(n[e])/\mathscr{O}_E) \to R^1 f_*\mathscr{O}_E \to 0.$$

由于 $f_*\mathscr{O}_E = \mathscr{O}_S$ 及 $R^1 f_*\mathscr{O}_E$ 的秩是 1, 并且 $E \to S$ 是曲线, 我们便知 $f_*(\mathscr{O}_E(n[e]))$ 是秩为 n 的局部自由 $\mathscr{O}_S$-模.

现在取 $S = \operatorname{Spec} A$ 并假定 6 在 A 中可逆. 我们有

$$H^0(\mathscr{O}_E) \subset H^0(\mathscr{O}_E(e)) \subset H^0(\mathscr{O}_E(2e)) \subset \cdots,$$

其中 $H^0(\mathscr{O}_E(ne))$ 是 n 秩自由 A-模. 取 $x \in H^0(\mathscr{O}_E(2e))$, 使得

$$H^0(\mathscr{O}_E(2e)) = A \cdot 1 + Ax,$$

取 $y \in H^0(\mathscr{O}_E(3e))$,使得

$$H^0(\mathscr{O}_E(3e)) = A \cdot 1 + Ax + Ay,$$

则有

$$H^0(\mathscr{O}_E(4e)) = A \cdot 1 + Ax + Ay + Ax^2,$$
$$H^0(\mathscr{O}_E(5e)) = A \cdot 1 + Ax + Ay + Ax^2 + Axy,$$
$$H^0(\mathscr{O}_E(6e)) = A \cdot 1 + Ax + Ay + Ax^2 + Axy + Ax^3$$
$$= A \cdot 1 + Ax + Ay + Ax^2 + Axy + Ay^2.$$

于是便有

$$y^2 + a_1 xy + a_3 y = ax^3 + a_2 x^2 + a_4 x + a_6,$$

其中 $a, a_i \in A$ $(i = 1, 2, 3, 4, 6)$. 由于 y^2 及 x^3 均以 $[e]$ 为 6 阶极点,所以 $a = 1$. 在 $H^0(\mathscr{O}_E(3e))$ 内可以换元:

$$y \mapsto y - \frac{a_1}{2}x - \frac{a_3}{2},$$

则以上的方程简化为

$$y^2 = x^3 + b_2 x^2 + b_4 x + b_6.$$

再作变换:

$$x \mapsto x - \frac{b_2}{3} \quad \text{及} \quad y \mapsto \frac{1}{2}y,$$

则得方程

$$y^2 = 4x^3 - g_2 x - g_3,$$

其中 $g_2, g_3 \in A$. 称此方程为 E 的 Weierstrass 方程.

如果我们从处处不为零的 $\omega \in \Gamma(E, \Omega_{E/S})$ 出发,设 T 为形式参数,使得在原点 e 附近有

$$\omega = (1 + T\text{的高次项}) \, dT,$$

则由于 $x \in \Gamma(E, \mathscr{I}_e^{-2})$ 以 $[e]$ 为 2 阶极点,我们可取

$$x = T^{-2}(1 + \text{高次项})$$

(在前面选取局部坐标时 $[e] \to \{T = 0\}$). 因为我们曾作变元替换

$$y \mapsto \frac{1}{2}y,$$

故可取 $y = -2T^{-3}(1 + \text{高次项})$. 这样, x, y 就由 ω 唯一决定.

由于亏格 $g = 1$, $\deg(3[e]) = 2g + 1 = 3$, 所以 $H^0(\mathscr{O}_E(3e))$ 的基 $1, x, y$ 决定了嵌入:

$$\varphi: E/S \to \mathbb{P}^2/S = \text{Proj}\,(\mathbb{Z}[X,Y,Z]) \times_{\text{Spec}\,\mathbb{Z}} S,$$
$$t \mapsto (x(t), y(t), 1).$$

$\varphi(S) \cap \{Z = 1\}$ 便是由 E 的 Weierstrass 方程所决定的三次曲线. 此时恰有

$$\frac{\mathrm{d}x}{y} = \frac{-2T^{-3}(1 + \text{高次项})\mathrm{d}T}{-2T^{-3}(1 + \text{高次项})} = (1 + \text{高次项})\mathrm{d}T = \omega.$$

Weierstrass 方程所决定的三次曲线为椭圆曲线的 (光滑) 条件便是: 判别式 $\Delta = g_2^3 - 27g_3^2$ 在 A 内可逆.

现在设有两条椭圆曲线 $(E, \omega)/A$ 和 $(E', \omega')/A$, 其中 ω, ω' 为处处不为零的微分形式. 取形式参数 T', 使得

$$\omega' = (1 + \text{高次项})\,\mathrm{d}T'.$$

假设有同构

$$\psi: (E, \omega) \cong (E', \omega') \quad (\text{即}\,\varphi^*(\omega') = \omega).$$

这时, $T = \varphi^*(T')$ 可以作为形式参数, 且有 $\omega = (1 + \text{高次项})\,\mathrm{d}T$. 以 (x, y) 和 (x', y') 分别记 (E, ω, T) 和 (E', ω', T') 的坐标. 由于这些坐标被微分形式唯一决定, 我们得到

$$\varphi^* x' = x, \quad \varphi^* y' = y.$$

这就使得 (E, ω) 与 (E', ω') 的 Weierstrass 方程完全一样. 换句话说, 若记 (E, ω) 的 Weierstrass 方程为

$$y^2 = 4x^3 - g_2(E, \omega)x - g_3(E, \omega),$$

其中 $g_2(E,\omega),\ g_3(E,\omega) \in A$, 则

$$g_2(E,\omega) = g_2(E',\ \omega'), \quad g_3(E,\omega) = g_3(E',\ \omega').$$

所以从同构类 $[E,\omega]$ 我们得出 $(g_2, g_3) \in A^2$, 使得 $\Delta = g_2^3 - 27g_3^2$ 在 A 中可逆.

对于任意的 $(g_2, g_3) \in A^2$, 使得 $\Delta = g_2^3 - 27g_3^2$ 在 A 中可逆, 则

$$Y^2 Z = 4X^3 - g_2 X Z^2 - g_3 Z^3$$

定义了以 $(0,1,0)$ 为原点的椭圆曲线 E/A. 这就是说, E/A 可以写为

$$E = \text{Proj}\,(A[X,Y,Z]/(Y^2Z - 4X^3 + g_2XZ^2 + g_3Z^3)).$$

E 上的处处不为零的微分形式

$$\omega = \frac{\mathrm{d}X}{Y}.$$

在多项式环 $A[s,t]$ 中令 $\Delta = s^3 - 27t^2$. 从以上的讨论可以看出

$$\begin{aligned}
[(E,\omega)/A] &\longleftrightarrow \text{Spec}\,\left(A[s,t]\left[\frac{1}{\Delta}\right]\right) \\
&\cong \text{Spec}\,\left(\mathbb{Z}\left[s,t,\frac{1}{6},\frac{1}{\Delta}\right]\cdot A\right) \\
&= \text{Hom}_{\text{Sch}}\!\left(\text{Spec}\,A,\ \text{Spec}\,\mathbb{Z}\left[s,t,\frac{1}{6},\frac{1}{\Delta}\right]\right).
\end{aligned}$$

考虑函子

$$\mathcal{F}:\ \left(\text{Sch}\,\Big/\mathbb{Z}\left[\frac{1}{6}\right]\right)^{\text{opp}} \to \text{Sets},$$
$$S \mapsto [(E,\omega)/S]$$

以及仿射概形

$$\mathcal{M} = \text{Spec}\,\mathbb{Z}\left[s,t,\frac{1}{6},\frac{1}{\Delta}\right].$$

像通常一样, 以 $h_\mathcal{M}$ 记 $\text{Hom}_{\text{Sch}}(\bullet, \mathcal{M})$. 则有双射

$$\rho_{\text{Spec}\,A}:\ h_\mathcal{M}(\text{Spec}\,A) \cong \mathcal{F}(\text{Spec}\,A).$$

以 B 记交换环 $\mathbb{Z}\left[s, t, \frac{1}{6}, \frac{1}{\Delta}\right]$, 现设

$$\mathbb{E} = \mathrm{Proj}\,(B[X,Y,Z]/(Y^2Z - 4X^3 + g_2XZ^2 + g_3Z^3)),$$

ω 记 $\mathrm{d}X/Y$. 则 $\rho_{\mathcal{M}}(1_{\mathcal{M}}) = [(\mathbb{E}, \omega)/\mathcal{M}]$. 我们称 $\mathcal{M}$ 为**模曲线** (modular curve), $\mathbb{E} \to \mathcal{M}$ 为**泛椭圆曲线** (universal elliptic curve). 这样, 如果 E/S 为概形 S 上的椭圆曲线, ω 为 E 上处处不为零的微分形式, 则存在唯一的态射 $\phi\colon S \to \mathcal{M}$, 使得

$$(E, \omega) \cong \phi^*(\mathbb{E}, \omega) = (\mathbb{E} \times_{\mathcal{M}} S,\ \phi^*\omega),$$

其中 $\mathbb{E} \times_{\mathcal{M}} S$ 是泛椭圆曲线 $\mathbb{E} \to \mathcal{M}$ 和 $\phi\colon S \to \mathcal{M}$ 的纤维积. 于是我们有下面的定理:

定理 7.2 函子 $\mathcal{F}$ 由仿射概形 $\mathcal{M}$ 表示.

7.1.5 椭圆曲线的群结构与约化

(1) 从本章第一节的定义是看不出椭圆曲线的最重要的结构 —— 椭圆曲线是交换群的. 定义在复数域上的椭圆曲线的方程式是椭圆函数的微分方程, 而椭圆曲线的加法规则来自椭圆函数的加法, 参见文献 Lang [Lag 87] 中的 Chp 1, §3.

因为定义在概形 S 上的椭圆曲线 E 是 Abel 概形, 所以由《代数群引论》(见参考文献 [LCZ 06]) 中二篇三章 2 节的推论 3.2.2 我们知道定义在 Noether 概形上的椭圆曲线是一个群概形. 有了群结构便可以定义群同态的核. 设有从椭圆曲线 A 到椭圆曲线 B 的同态 $f\colon A \to B$, 则 f 的核 $\mathrm{Ker} f$ 可以看做 B 的单位截面 ε_B 的拉回 (pullback), 即

$$\begin{array}{ccc} \mathrm{Ker} f = A \times_B S & \xrightarrow{pr_2} & S \\ {\scriptstyle pr_1} \downarrow & & \downarrow {\scriptstyle \varepsilon_B} \\ A & \xrightarrow{f} & B \end{array}$$

不难看出 $\mathrm{Ker} f \xrightarrow{pr_2} S$ 是 S 群概形.

设 N 为正整数, E/S 为椭圆曲线. 使用 E/S 上的加法 $+$, 则 $a \mapsto \underbrace{a + a + \cdots + a}_{N\text{个}}$ 定义 E 上的自同态, 记为 N_E, 并称之为 N 乘

(multiplication by N). 以 E_N 或 $E[N]$ 记自同态 N_E 的核. 称 $E[N]/S$ 为 E/S 的 N-扭子群概形 (subgroup scheme of N-torsion points). 这是一个 S 上有限平坦群概形 (finite flat group scheme) —— 见《代数群引论》(见参考文献 [LCZ 06]) 二篇三章 2 节命题 3.2.5. 对所有的素数 p 和整数 n, 群概形 $E[p^n]$ 是椭圆曲线 E/S 最重要的算术不变量.

(2) 设 R 是一个整环 (integral domain), K 是 R 的分式域 (field of fraction), $\mathfrak{p}$ 是 R 的一个素理想. 我们以 $R_\mathfrak{p}$ 记 R 在 $\mathfrak{p}$ 处的完备化, $\kappa_\mathfrak{p}$ 记 $R_\mathfrak{p}$ 的剩余域.

设 X 是 R 概形. 称 $X_K = X \times_R K$ 为 X 的一般纤维 (generic fibre). 称 $X_{\kappa_\mathfrak{p}} = X \times_R \kappa_\mathfrak{p}$ 为 X 在 $\mathfrak{p}$ 处的闭纤维 (closed fibre).

如果先给定的是 K 上的概形 Y_η, 又若有 R 概形 Y 使得 $Y \otimes_R K = Y_\eta$, 则我们称 Y 为 Y_η 的 R-模型 (R-model). Y 也被称为 Y_η 的扩张 (extension) 或拓展 (prolongation).

又比如先给定的是 $\kappa_\mathfrak{p}$ 上的概形 Z_0, 这时若有 R 概形 Z 使得 $Z \otimes_R \kappa_\mathfrak{p} = Z_0$, 则我们称 Z 为 Z_0 的形变 (deformation). Z 也被称为 Z_0 的提升 (lifting).

定理 7.3 设 k 是特征 $p \neq 0$ 的域, X_0 是 k 上的椭圆曲线, 则存在特征 0 的整环 R、环的满同态 $R \to k$ 和 R 上的椭圆曲线 X, 使得 $X \otimes_R k \cong X_0$.

这个定理的含义是: 特征 p 的椭圆曲线必可提升至特征 0. 这是 Mumford 在 1968 年证明的定理, 证明见文献 Norman-Oort, Moduli of abelian varieties, Ann. Math. 1980: 430.

(3) 设 R 为 Dedekind 整环, K 为 R 的分式域, X_η 是光滑分离有限型 K 概形, X 是光滑分离有限型 R 概形. 我们说 X 是 X_η 的 **Néron 模型** (Néron model), 如果 $X \otimes_R K = X_\eta$, 并且对于任意光滑 R 概形和任意 K 态射 $u_\eta : Y \otimes_R K \to X_\eta$, 都存在 R 态射 $u : Y \to X$ 使得 $u \otimes_R K = u_\eta$. Néron(1964)-Raynaud(1966) 有以下的定理:

定理 7.4 K 上的椭圆曲线必有 R 上的 Néron 模型.

证明见 Bosch-Lütkebohmert-Raynaud [BLR 99], p.19, Thm.3.

(4) 设 K 是局部域, v 为 K 的离散赋值, $\mathscr{O}_v$ 为 v 的赋值环, π 是 $\mathscr{O}_v$ 的极大理想的生成元, 剩余域 κ_v 是素特征的有限域. 设 E 为 K 上的椭圆曲线, 则 E 的最小 Weierstrass 方程定义了 $\mathscr{O}_v$ 上的概形 E_v. 于是 $\tilde{E} = E_v \times_{\mathscr{O}_v} \kappa_v$ 就是 $E \mod \pi$ 的约化 (reduction mod π, 见 Silverman [Sil 86], VII, §1,2). 此时有两种可能: $\tilde{E}$ 有尖点 (cusp), 此时我们说 E 有加性约化 (additive reduction), 或 E 有半稳定约化 (semi-stable reduction). 在 E 有半稳定约化时又有两种可能: $\tilde{E}$ 有结点 (node), 此时我们说 E 有乘性约化 (multiplicative reduction), 或 $\tilde{E}$ 光滑 (即 E 有好约化 (good reduction), 参见 Silverman [Sil 86], VII). 若 E 有好约化, 则 $\tilde{E}[p^n] \cong \mathbb{Z}/p^n\mathbb{Z}$ ($n \geqslant 1$) 或 $\tilde{E}[p^n] = \{0\}$; 在第一种情形我们说 E 有通常好约化 (ordinary good reduction), 在第二种情形则说 E 有超奇异好约化 (supersingular good reduction) (见 Silverman [Sil 86], VII, V.3). 上述的各种情形可以列表如下:

$$\begin{cases} \text{加性约化} \\ \text{半稳定约化} \begin{cases} \text{乘性约化} \\ \text{好约化} \begin{cases} \text{通常} \\ \text{超奇异}. \end{cases} \end{cases} \end{cases}$$

7.1.6 模曲线与泛椭圆曲线

固定整数 $N \geqslant 5$.

设 S 是 $\mathbb{Z}[1/N]$ 概形, E/S 是椭圆曲线, $E[N]/S$ 是 E/S 的 N-**扭子群概形** (group scheme of N-torsion points). 所谓 "E/S 的一个 $\Gamma(N)$ **结构**" ($\Gamma(N)$ structure) 是指一个群概形同构:

$$\mathbb{Z}/N\mathbb{Z} \times_S \mathbb{Z}/N\mathbb{Z} \to E[N].$$

给出这样的一个同构实际上就是给出 $E[N](S)$ 中的两个点 P, Q, 使得在任一几何纤维 E_x 内, $\{P_x, Q_x\}$ 为 $E[N]_x$ 的基. 另外, "E/S 的一个 $\Gamma_1(N)$ **结构**" ($\Gamma_1(N)$ structure) 则是指定 $E[N](S)$ 中的一个点 P, 使得在任一几何纤维 E_x 内, P_x 的阶 (order) 等于 N. 指定这样的 P 等价于要求 P 所决定的态射

$$(\mathbb{Z}/N\mathbb{Z})_S \to S \xrightarrow{P} E[N]$$

是闭浸入 (closed immersion). 再者, "E/S 的一个 $\Gamma_0(N)$ **结构**" ($\Gamma_0(N)$ structure) 即是指定 E/S 内的一个 N 阶循环群概形 G/S. 这些模问题都有解. 详情见参考文献 Katz 和 Mazur [KM 85]. 例如, 存在椭圆曲线 $\mathbb{E}_N \to Y_1(N)$ 以及 $\mathbb{E}_N$ 的一个 N 阶点 $\mathbb{P}$, 使得: 若 $E \to S$ 是椭圆曲线, P 是 E 的一个 N 阶点, 则存在态射 $t: S \to Y_1(N)$ 使得下面的交换图表为卡氏图:

$$\begin{array}{ccc} (E,P) & \longrightarrow & (\mathbb{E}_N, \mathbb{P}) \\ \downarrow & & \downarrow \\ S & \xrightarrow{t} & Y_1(N) \end{array}$$

这里 $E = t^*\mathbb{E}_N$, $P = t^*\mathbb{P}$ (请留意参考文献 Katz 和 Mazur [KM 85] 中 112 页有错, 可以参看 B. Edixhoven, The Modular curves $X_0(N)$, ICTP Summer School(1977) 中的修正). 我们称这样的 $Y_1(N)$ 为具有 $\Gamma_1(N)$ 结构的**模曲线** (modular curve), 称 $\mathbb{E}_N$ 为具有 $\Gamma_1(N)$ 结构的**泛椭圆曲线** (universal elliptic curve).

模曲线的一种推广是志村簇 (Shimura variety). 关于这方面的内容可以参看参考文献 Shimura [2], Deligne [3], Langlands [1] 和 [2] 以及 Carayol [1]. 志村簇的研究是 Langlands 纲领的一个中心课题. 最近的工作见 *Annals of Mathmatics Studies* 丛书中 Rapoport 和 Zink, Harris 和 Taylor [HT 01] 以及 Morel [Mor 10] 的著作.

在前面定理 7.2 的情形下, 取 $j = (12s)^3/(s^3 - 27t^2)$, 便有态射

$$\mathscr{M} = \operatorname{Spec} \mathbb{Z}\left[s, t, \frac{1}{6}, \frac{1}{\Delta}\right] \xrightarrow{j} \operatorname{Spec} \mathbb{A}^1_{\frac{1}{6}}$$

($\mathbb{A}^1_{\frac{1}{6}}$ 为 $\mathbb{Z}[\frac{1}{6}]$ 上的仿射直线). 对于 $x \in \mathscr{M}$, $j(x)$ 就是椭圆曲线 $\mathbb{E}_x$ 的 j-不变量. 同样亦有 j-不变量

$$j: Y_1(N) \to \mathbb{A}^1_{\mathbb{Z}[\frac{1}{N}]}.$$

作为一个练习, 我们证明以下的命题.

§7.1 椭圆曲线

命题 7.5 以 Y 记 $Y_1(N)$ ($N \geqslant 5$); A 记仿射直线 $\mathbb{A}^1_{\mathbb{Z}[\frac{1}{N}]}$. 则

$$j: Y \to A$$

是固有态射.

证明 我们使用固有性的赋值判定条件 (见参考文献 Hartshorne [AG], II, §4, 定理 4.7). 我们现在处理的概形都是分离的 (separated) 和诺德的 (Noetherian). 所以我们只要考虑基环 R 是离散赋值环的情形.

以 K 记 R 的分式域. 设有交换图表:

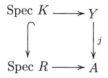

我们需要证明: 存在态射 $\mathrm{Spec}\, R \to Y$ 使得全图交换. 我们知道态射 $\mathrm{Spec}\, R \to Y$ 是 Y 的 R-点. 像通常一样, 以 $Y(R)$ 记 Y 的所有 R-点组成的集合. 显然

$$Y(R) \to Y(K)$$

是单射, 所以只要证明此单射为满射. 为此我们应用 Y 的定义. 在上面的交换图表中的态射 $\mathrm{Spec}\, K \to Y$ 是指一个偶对 (E_K, P_K), 其中 E_K 为 K 上的椭圆曲线, P_K 为 E_K 的 N 阶点. 此图表交换的含义是 $j(E_K) \in R$. 我们所需要的 "$\mathrm{Spec}\, R \to Y$ 使得全图交换" 的含义是: 可以把 (E_K, P_K) 提升为 (E, P), 其中 E 为 $\mathrm{Spec}\, R$ 上的椭圆曲线,

$$P: \mathrm{Spec}\, R \to E$$

为 E 的 N 阶点.

我们先考虑特殊情形, 即假设 E_K 有好约化 (good reduction). 此时 E_K 在 R 上的 Néron 模型 $\mathscr{E}$ 是椭圆曲线, 并且 $\mathscr{E}_K = E_K$ ($\mathscr{E}_K$ 的定义是 $\mathscr{E} \times_R K$). 余下要做的就是将 $P_K: (\mathbb{Z}/N\mathbb{Z})_K \to E_K$ 提升为 $P: (\mathbb{Z}/N\mathbb{Z})_R \to \mathscr{E}$. 在下面的图表中实线箭头组成的部分是交换的:

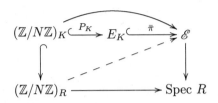

由定义, $\mathscr{E} \to \operatorname{Spec} R$ 为固有态射, 所以存在态射 $(\mathbb{Z}/N\mathbb{Z})_R \to \mathscr{E}$ (图表中的虚线箭头) 使得整个图表交换. 这个态射就是我们所需要的 P.

现在考虑一般的情形. 由假设有 $j(E_K) \in R$, 所以存在有限扩张 K'/K, 使得 $E(K') = E_K \times K'$ 在 R' 上有好约化, 其中 R' 为 R 在 K' 中的整闭包. 由上面特殊情形的结果, 我们有

$$\begin{array}{ccc} Y(R') & \longleftrightarrow & Y(K') \\ \uparrow & & \uparrow \\ Y(R) & \hookrightarrow & Y(K) \end{array}$$

我们需要的是 $Y(R) \hookrightarrow Y(K)$. 这可由以下的引理所保证. 这就完成了命题 7.5 的证明. □

引理 7.6 设 Y/R 为分离的 Noether 概形. 又设有扩张

$$\begin{array}{ccc} R' & \subset & K' \\ \cup & & \cup \\ R & \subset & K \end{array}$$

则在 $Y(K')$ 内有 $Y(R) = Y(R') \cap Y(K)$.

证明 令 $Y = \operatorname{Spec} B$. 则 $Y(R') = Y(K')$, 意即: 若有态射 $B \to K'$, 则有态射 $B \to R'$ 使得下面的图表交换:

现在设有态射 $B \to K$, 则有 $B \to K \hookrightarrow K'$. 故有态射 $B \to R'$ 使得

下面的图表交换:

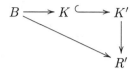

这个 $B \to R'$ 的像显然在 R 内. 引理证毕. □

这就完成了命题 7.3 的证明.

§7.2 广义椭圆曲线

7.2.1 广义椭圆曲线

定义 7.2 一个概形 S **上的曲线** (curve on a scheme S) C 是指相对维数不超过 1 的一个固有的, 有限展示平坦的态射 (a proper morphism, flat of finite presentation) $C \to S$. C 的正则点的全体记为 C^{reg}.

令 $\widetilde{C} = \mathbb{P}^1 \times \mathbb{Z}/n\mathbb{Z}$, 其中 n 为正整数. 对于任一 i $(1 \leqslant i < n)$, 作第 i 个和第 $i+1$ 个 $\mathbb{P}^1$ 的如下的粘合: 将第 i 个 $\mathbb{P}^1$ 的 0 截面和第 $i+1$ 个 $\mathbb{P}^1$ 的 ∞ 截面等同起来, 这样就得到 Spec $\mathbb{Z}$ 上的一条亏格为 1 的曲线 C.

所谓概形 S 上的**Néron n-边形** (Néron n-gon) 就是上面的曲线 $C/\mathrm{Spec}\,\mathbb{Z}$ 关于 $S \to \mathrm{Spec}\,\mathbb{Z}$ 的基变换 $C_n = C \times S$:

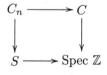

例如, 在复数域 $\mathbb{C}$ 上, Néron 1-边形可以视为由方程 $y^2 = x^3 - x^2$ 所定义的曲线, 它的实部分是在点 $(x, y) = (0, 0)$ 处有一个节点的连通曲线; 而 3-边形的实部分形如:

如果概形 S 上的曲线 $p: C \to S$ 的所有几何纤维是: (1) 连通的、光滑的、固有的亏格 1 的曲线, 或者是: (2) Néron 多边形, 则称 C 是 S 上的亏格 1 的**稳定曲线** (stable curve).

定义 7.3 所谓 S 上的**广义椭圆曲线** (generalized elliptic curve) 是指 S 上的亏格 1 的稳定曲线 $p: C \to S$, 并且有"加法态射"

$$+: C^{\mathrm{reg}} \times_S C \to C$$

和 p 的截面

$$\varepsilon: S \to C^{\mathrm{reg}}$$

满足下述条件:

(1) 态射 $+$ 的限制

$$+: C^{\mathrm{reg}} \times_S C^{\mathrm{reg}} \to C^{\mathrm{reg}}$$

使得 C^{reg} 成为 S 上的以 ε 为恒等元的群概形;

(2) 态射 $+$ 定义了群概形 C^{reg} 在 C 上的一个作用;

(3) 对于 S 的任一几何点 $\bar{s}$. 如果几何纤维 $C_{\bar{s}}$ 是 Néron n-边形, 则任一 $x \in C_{\bar{s}}^{\mathrm{reg}}$ 在 $C_{\bar{s}}$ 的不可约分支的"图形"上的作用是一个"旋转", 如下图所示:

命题 7.7 设 $p: C \to S$ 是固有的、有限展示平坦的态射. 则集合

$$\{s \in S \mid C_s \text{是亏格 } 1 \text{ 的稳定曲线}\}$$

是 S 的开子概形.

7.2.2 水平结构

以 Sch 记概形的范畴. 我们定义 Sch 上的群胚 $\mathscr{M}_*$ 如下: $\mathscr{M}_*$ 在 $S \in \mathrm{Obj}\,(\mathrm{Sch})$ 上的纤维 $(\mathscr{M}_*)_S$ 是以 S 上的满足下述条件的广义椭圆曲线 C/S 为对象的范畴: 对于 S 的任一几何点 $\bar{s}$, 域 $k(\bar{s})$ 的特征不整除几何纤维 $C_{\bar{s}}$ 的分支数. $\mathscr{M}_*$ 中的态射定义为: $(\mathscr{M}_*)_S$ 内的态射是 S-同构; 对于任一概形态射 $u: S \to T$, 规定 $(\mathscr{M}_*)_T$ 到 $(\mathscr{M}_*)_S$ 的态射为: 任一 $E/T \in (\mathscr{M}_*)_T$ 映为 E 的拉回 $E \times_T S$.

可以验证 $\mathscr{M}_*$ 是 S 上的光滑的代数叠.

设 n 是在 S 上可逆的整数 (即 S 是 $\mathbb{Z}[\frac{1}{n}]$-概形). 则 $\mathscr{M}_{(n)}$ 给出几何纤维为光滑曲线或 Néron n-边形的广义椭圆曲线 C/S 的分类. $\mathscr{M}_{(n)}$ 是 $\mathscr{M}_*$ 的开子范畴, 所以 $\mathscr{M}_{(n)}$ 是 $\mathrm{Spec}\,\mathbb{Z}[\frac{1}{n}]$ 上的光滑代数叠.

设 C/S 是广义椭圆曲线. 则在 étale 拓扑下 C^{reg} 的 n 分点 $C^{\mathrm{reg}}[n]$ 局部地同构于 $(\mathbb{Z}/n\mathbb{Z})^2$. 所谓 C 上的一个**水平 n-结构** (level n-structure) 是指一个同构

$$\alpha: C^{\mathrm{reg}}[n] \xrightarrow{\sim} (\mathbb{Z}/n\mathbb{Z})^2.$$

以 $\mathscr{M}_n\left[\frac{1}{n}\right]$ 记 $\mathbb{Z}\left[\frac{1}{n}\right]$ 上关于下述概形 S 的代数叠: n 在 S 上可逆. 此叠在 S 上的纤维 $\mathscr{M}_n\left[\frac{1}{n}\right](S)$ 是下述广义椭圆曲线 C/S 的范畴: C/S 的几何纤维是光滑的或者是 Néron n-边形, 并且 C/S 具有局部的水平 n-结构.

具有基本重要性的结果是:

定理 7.8 如果 $n \geqslant 3$. 则 $\mathscr{M}_n\left[\frac{1}{n}\right]$ 是 $\mathbb{Z}\left[\frac{1}{n}\right]$ 上的光滑射影概形.

定义 7.4 设 E/S 是概形 S 上的椭圆曲线, N 为正整数. E/S 上的 **(朴素的) $\Gamma(N)$-结构** ((naive) $\Gamma(N)$-structure) 是指一个 S-群概形同构:

$$(\mathbb{Z}/n\mathbb{Z})^2 \xrightarrow{\sim} E[N].$$

定理 7.9 设 N 在 S 上可逆, E/S 是一条固定的椭圆曲线. 则函子

$$(\mathrm{Sch}/S) \to \mathbf{Sets},$$

$$T \mapsto E_T/T \text{ 上的} \Gamma(N) \text{ 结构的集合}$$

可被一个有限的 étale S-概形表示.

以 $(\mathscr{E}ll)$ 记椭圆曲线的范畴.

定理 7.10 如果 $N \geqslant 3$. 则函子

$$(\mathscr{E}ll) \to \mathbf{Sets},$$

$$E/S \mapsto S\text{- 群概形同构 } (\mathbb{Z}/n\mathbb{Z})^2 \xrightarrow{\sim} E[N] \text{的集合}$$

可被 $\mathbb{Z}\left[\frac{1}{N}\right]$ 上的一条光滑仿射曲线 $Y(N)$ 表示.

定义 7.5 设 S 是一个 $\mathbb{Z}\left[\frac{1}{N}\right]$-概形, N 为正整数. 概形 S 上的广义椭圆曲线 $E \to S$ 的一个 $\Gamma_1(N)$ **结构** ($\Gamma_1(N)$-structure) 是 S-群概形的一个闭浸入

$$\mathbb{Z}/n\mathbb{Z} \to E^{\mathrm{reg}}[N],$$

它与 E 的所有几何纤维的所有不可约分支都相交. 特别地, 它给出一个同态

$$\phi: \mathbb{Z}/n\mathbb{Z} \to E^{\mathrm{reg}}[N](S),$$

使得 E^{reg} 中的有效 Cartier 除子

$$\sum_{a(\mathrm{mod}\ n)} [\phi(a)]$$

是 E 的一个子群概形; $E^{\mathrm{reg}}[N](S)$ 中的点 $\phi(1)$ 是"阶恰好为 N 的点".

定理 7.11 固定一个 $\mathbb{Z}\left[\frac{1}{N}\right]$-概形 S. 如果 $N \geqslant 5$, 则将具有 $\Gamma_1(N)$ 结构的广义椭圆曲线分类的函子

$$E/S \mapsto \Gamma_1(N) \text{ 结构的同构类集合}$$

可被 $X_1(N)$ 表示, 这个 $X_1(N)$ 是光滑的射影 $\mathbb{Z}[\frac{1}{N}]$-概形, 其几何纤维的纯维数为 1.

如果限制在椭圆曲线范围内 (即 $E = E^{\mathrm{reg}}$), 则将具有 $\Gamma_1(N)$ 结构的 S 上椭圆曲线分类的函子可被一个光滑仿射曲线

$$Y_1(N) \xrightarrow{j} \mathbb{A}^1_{\mathbb{Z}[\frac{1}{N}]}$$

表示, 在这个 j 之下 $\mathbb{P}^1_{\mathbb{Z}[\frac{1}{N}]}$ 的正规化同构于 $X^1(N)$.

本节的结果的详细证明可看参考文献 Deligne 和 Rapoport [DR 73].

第8章 微分形式

模形式是适当的微分层的截面. 本章我们将在三个范畴, 即微分流形, 复解析流形和代数簇内温习微分层的一些性质. 关于微分流形上的微分层, 读者可参见参考文献 [CC 83]; 关于复解析流形上的微分层, 可参见参考文献 Grauert 和 Remmert [GR 84]; 关于代数簇上的微分层, 可参见参考文献 Griffiths 和 Harris [GH 78].

为了方便本章讨论, 我们先温习一下谱序列理论, 读者可参见参考文献李克正 [Li 99], 第 8 章, §4; Godement [God 73].

§8.1 谱 序 列

复合函子的导函子可用谱序列来计算. 本节我们简单地介绍一下谱序列理论, 并引入一些固定的记号.

8.1.1 谱序列的定义

设 $\mathscr{A}$ 为一个 Abel 范畴.

定义 8.1 $\mathscr{A}$ 内的**谱序列** (spectral sequence) 是指 $\mathrm{Obj}\,\mathscr{A}$ 内满足以下条件的两组对象 $\{E_r^{p,q}, H^n\}$ $(n, p, q, r \in \mathbb{Z}, r \geqslant 1)$:

(1) (i) $\{E_r^{p,q}\}$ 是上链复形, 即存在态射

$$d_r^{p,q} : E_r^{p,q} \to E_r^{p+r,q-r+1},$$

使得 $d_r^{p+r,q-r+1} \circ d_r^{p,q} = 0$;

(ii) $E_{r+1}^{p,q}$ 同构于 $\{E_r^{p,q}\}$ 的上同调, 即有同构

$$E_{r+1}^{p,q} \cong \mathrm{Ker}(d_r^{p,q})/\mathrm{Img}(d_r^{p-r,q+r-1})$$

(2) 每一 H^n 有一个竭尽分离的递减滤链, 即有对象 $F^p H^n (p \in \mathbb{Z}_{\geqslant 0})$, 使得

(i) $\cdots \supset F^p H^n \supset F^{p+1} H^n \supset \cdots$;

(ii) $\bigcup_p F^p H^n = H^n, \bigcap_p F^p H^n = \{0\}$.

8.1.2 收敛的谱序列

定义 8.2 我们称 $E_r^{p,q}$ **收敛** (convergent) 于 H^n (记为 $E_r^{p,q} \Longrightarrow H^n$), 如果以下条件成立:

(1) 对任意的 p, q, 存在 $r_{p,q}$, 使得对任意的 $r \geqslant r_{p,q}$, 有

$$d_r^{p,q} = 0, \qquad d_r^{p-r,q+r-1} = 0.$$

此时有 $E_r^{p,q} = E_{r_{p,q}}^{p,q}$. 在此种情况下, 当 $r \geqslant r_{p,q}$ 时, 我们记 $E_r^{p,q}$ 为 $E_\infty^{p,q}$.

(2) 存在同构 $E_\infty^{p,q} \cong F^p H^{p+q} / F^{p+1} H^{p+q}$.

8.1.3 塌陷的、退化的和第一象限的谱序列

定义 8.3 我们称 $\{E_r^{p,q}\}$ 在 $r_0(\geqslant 1)$ 处**塌陷** (collapse), 如果只存在一个 p 或一个 q, 使得 $E_{r_0}^{p,q}$ 不等于零. 即在 $\{E_{r_0}^{p,q}\}$ 中只有一行或一列是非零的.

定义 8.4 称 $\{E_r^{p,q}\}$ 在 r_0 处**退化** (degenerate), 如果存在函数 $q(n)$, 使得除 $q = q(n)$ 外, $E_{r_0}^{n-q,q} = 0$. 即在每条斜线 $p + q = n$ 上只有一项 $E_{r_0}^{n-q(n),q(n)} \neq 0$.

若 $\{E_r^{p,q}\}$ 在 r_0 处退化, 则

$$H^n = E_\infty^{n-q(n),q(n)},$$

并且有以下条件: 如果 $q \neq q(n)$, 则有 $E_{r_0}^{n-q,q} = E_\infty^{n-q,q} = 0$.

定义 8.5 称 $\{E_r^{p,q}\}$ 为**第一象限序列** (first quadrant sequence), 如果 $\{E_r^{p,q}\}$ 仅当 $p \geqslant 0$ 且 $q \geqslant 0$ 时非零.

若 $\{E_r^{p,q}\}$ 为第一象限序列, 则当 $r > \max(p, q+1)$ 时, 有

$$E_r^{p,q} = E_{r+1}^{p,q}.$$

8.1.4 收敛谱序列的性质

命题 8.1 设 $E_r^{p,q} \Longrightarrow H^n$. 则

(1) 若 $\{E_r^{p,q}\}$ 在 r 处塌陷, 则 $E_r^{p,q} = H^{p+q}$;

(2) 若 $\{E_r^{p,q}\}$ 为第一象限序列, 则 H^n 的滤链是有限的, 其长度为 $n+1$, 即

$$0 = F^{n+1}H^n \subseteq F^n H^n \subseteq \cdots \subseteq F^0 H^n = H^n;$$

(3) 设存在 $n > 0$, 使得 $E_2^{p,q} = 0 (\forall\, 0 < q < n)$, 并且当 $p < 0$ 或 $q < 0$ 时有 $E_2^{p,q} = 0$. 则当 $i < n$ 时, 我们有

$$E_2^{i,0} \cong H^i,$$

并且存在边缘正合序列

$$0 \to E_2^{n,0} \to H^n \to E_2^{0,n} \to E_2^{n+1,0} \to H^{n+1}.$$

(4) 设 $r \geqslant 1$. 又设 p, p' 满足 $p - p' \geqslant r$. 若对于任一 $u \neq p, p'$, 有 $E_r^{u,v} = 0$, 则有正合序列

$$\cdots \longrightarrow E_r^{p,n-p} \longrightarrow H^n \longrightarrow E_r^{p',n-p'} \longrightarrow$$

$$E_r^{p,n+1-p} \longrightarrow H^{n+1} \longrightarrow E_r^{p',n+1-p'} \longrightarrow \cdots.$$

(5) 设 $r \geqslant 2$. 又设 q, q' 满足 $q' - q \geqslant r - 1$. 若对于任一 $v \neq q, q'$, 有 $E_r^{u,v} = 0$, 则有正合序列

$$\cdots \longrightarrow E_r^{n-q,q} \longrightarrow H^n \longrightarrow E_r^{n-q',q'} \longrightarrow$$

$$E_r^{n+1-q,q} \longrightarrow H^{n+1} \longrightarrow E_r^{n+1-q',q'} \longrightarrow \cdots.$$

(以上参看 Cartan-Eilenberg [CE 56], XV, §5.)

8.1.5 有滤链的上链复形

命题 8.2 设 $K^\bullet$ 是一个有滤链的上链复形, 则 $K^\bullet$ 决定一个谱序列 $\{E_r^{p,q}, H^n\}$, 使得 $H^n = H^n(K^\bullet)$ 及 $E_1^{p,q} = H^{p+q}(\mathrm{Gr}^p(K^\bullet))$. 若 $K^\bullet$ 的滤链有界, 即存在函数 $p_+(n), p_-(n)$ 使得 $F^{p_+(n)} K^n = 0$ 及

$F^{p-(n)}K^n = K^n$, 则 $E_1^{p,q} \Longrightarrow H^{p+q}$. 又若 $F^0 K^n = K^n$ 且当 $s > n$ 时有 $F^s K^n = 0$, 则有态射 $E_2^{n,0} \to H^n$ 及正合序列

$$0 \longrightarrow E_2^{1,0} \longrightarrow H^1 \longrightarrow E_2^{0,1} \xrightarrow{d_2} E_2^{2,0} \longrightarrow H^2.$$

(以上事实见参考文献李克正 [Li 99], 第 8 章, §4, 命题 4.1].)

8.1.6 双复形

设 $\{K^{\bullet,\bullet}; d_\mathrm{I}, d_\mathrm{II}\}$ 为一个双复形, 即有

$$d_\mathrm{I} = 0, \qquad d_\mathrm{II} = 0, \qquad d_\mathrm{I} d_\mathrm{II} + d_\mathrm{II} d_\mathrm{I} = 0.$$

我们可从复形

$$\cdots \longrightarrow K^{p,q-1} \xrightarrow{d_\mathrm{II}} K^{p,q} \xrightarrow{d_\mathrm{II}} K^{p,q+1} \longrightarrow \cdots$$

来计算 $H_\mathrm{II}^q(K^{p,\bullet})$, 并且有复形

$$\cdots \longrightarrow H_\mathrm{II}^q(K^{p-1,\bullet}) \xrightarrow{d_\mathrm{I}} H_\mathrm{II}^q(K^{p,\bullet}) \xrightarrow{d_\mathrm{I}} H_\mathrm{II}^q(K^{p+1,\bullet}) \longrightarrow \cdots.$$

由此复形可计算 $H_\mathrm{I}^p(H_\mathrm{II}^q(K^{\bullet,\bullet}))$.

我们定义双复形 $K^{\bullet,\bullet}$ 的全复形为

$$\Big\{ K^n = \bigoplus_{p+q=n} K^{p,q}, \quad d = d_\mathrm{I} + d_\mathrm{II} \Big\}.$$

我们称 $H^n(K^\bullet)$ 为 $K^{\bullet,\bullet}$ 的**超上同调** (hypercohomology), 并记之为 $\mathbb{H}^n(K^{\bullet,\bullet})$. 在 $K^\bullet$ 上定义第一滤链为

$$^\mathrm{I}F^p K^n = \bigoplus_{\substack{i+j=n \\ i \geqslant p}} K^{i,j}.$$

则对应于滤链 $^\mathrm{I}F^\bullet K^\bullet$, 前节所给出的谱序列 $\{^\mathrm{I}E_r^{p,q}\}$ 满足

$$^\mathrm{I}E_2^{p,q} = H_\mathrm{I}^p(H_\mathrm{II}^q(K^{\bullet,\bullet})).$$

同样地, 在 $K^\bullet$ 上定义第二滤链为

$$^{\mathrm{II}}F^q K^n = \bigoplus_{\substack{i+j=n \\ j \geqslant q}} K^{i,j}.$$

则谱序列 $\{^{\mathrm{II}}E_r^{p,q}\}$ 满足

$$^{\mathrm{II}}E_2^{p,q} = H_{\mathrm{II}}^p(H_{\mathrm{II}}^q(K^{\bullet,\bullet})).$$

我们可用上二谱序列来计算超上同调. (以上事实见参考文献 Godement [God 73], §4; Grothendieck 和 Dieudonné [EGA I], 第 3 册, 11.3.2).

8.1.7 Leray 谱序列存在性定理

定理 8.3 设 $S: \mathscr{A} \to \mathscr{A}'$, $T: \mathscr{A}' \to \mathscr{A}''$ 为 Abel 范畴之间的左正合加性函子. 假设 $\mathscr{A}$ 及 $\mathscr{A}'$ 有足够的内射, 并假设对内射对象 $I \in \mathrm{Obj}\,\mathscr{A}$ 有

$$R^p T(S(I)) = 0 \quad (\forall p > 0).$$

则对任意 $A \in \mathrm{Obj}\,\mathscr{A}$, 存在收敛的第一象限 Leray 谱序列, 使得

$$E_2^{p,q} = (R^p T)(R^q S(A)),$$

并且

$$(R^p T)(R^q S(A)) \Longrightarrow R^n(TS(A)).$$

在导范畴内, 式可简化为同构 $R(TS) \cong RT \circ RS$.

(见参考文献李克正 [Li 99], 第 8 章, §4, 定理 4.1.)

§8.2 de Rham 上同调

8.2.1 de Rham 复形与 de Rham 上同调群

设 M 为一实微分流形. 以 $A^p(M,\mathbb{R})$ 记 M 上 p 次微分形式空间, 以 $Z^p(M,\mathbb{R})$ 记 $A^p(M,\mathbb{R})$ 的闭的 p-形式子空间. 则 M 的第 p 个 de Rham 上同调群 (de Rham cohomology group) 定义为

$$H_{\mathrm{DR}}^p(M,\mathbb{R}) = \frac{Z^p(M,\mathbb{R})}{dA^{p-1}(M,\mathbb{R})}.$$

以 $\Omega^p_{M/\mathbb{R}}$ 记 M 上 C^∞ p-微分形式层 (这些微分形式的系数是 M 上的 C^∞ 函数). 则外微分

$$d^p: \Omega^p_{M/\mathbb{R}} \to \Omega^{p+1}_{M/\mathbb{R}}$$

定义了一个复形 $\Omega^\bullet_{M/\mathbb{R}}$, 即所谓的 **de Rham 复形** (de Rham complex). 于是

$$A^p(M, \mathbb{R}) = \Gamma(M, \Omega^p_{M/\mathbb{R}}) \quad (p \geqslant 0),$$

并且

$$H^p_{\mathrm{DR}}(M, \mathbb{R}) = H^p(\Gamma(M, \Omega^\bullet_{M/\mathbb{R}})).$$

8.2.2 上同调层

对于给定的一个层复形 $(\mathscr{K}^\bullet, d)$, 相应的**上同调层** (cohomology sheaf) $\mathscr{H}^q(\mathscr{K}^\bullet)$ 是由

$$U \to \frac{\mathrm{Ker}(d: \mathscr{K}^q(U) \to \mathscr{K}^{q+1}(U))}{d\,\mathscr{K}^{q-1}(U)}$$

定义的预层的相伴层. 于是, 对于 $q > 0$,

$$\mathscr{H}^q(\mathscr{K}^\bullet) = 0$$

当且仅当存在 M 的开覆盖 $\{U_\alpha\}$, 使得

$$\mathscr{H}^q(\mathscr{K}^\bullet(U_\alpha)) = 0 \quad (\forall \alpha).$$

8.2.3 d-Pioncaré 引理

引理 8.4 (d-Pioncaré) 当 $q > 0$ 时, $H^q_{\mathrm{DR}}(\mathbb{R}^n, \mathbb{R}) = 0$. 由此引理我们有

$$\mathscr{H}^q(\Omega^\bullet_{M/\mathbb{R}}) = 0\ (q > 0) \quad \text{和} \quad \mathscr{H}^0(\Omega^\bullet_{M/\mathbb{R}}) = \mathbb{R}.$$

以 $\mathbb{R}^\bullet$ 记复形

$$\mathbb{R} \longrightarrow 0 \longrightarrow 0 \longrightarrow \cdots$$

我们有如下交换图：

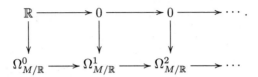

其中所有的垂直箭头均为包含映射. 由 d-Pioncaré 引理即知, 包含映射 $i: \mathbb{R}^\bullet \to \Omega^\bullet_{M/\mathbb{R}}$ 是拟同构 (quasi-isomorphism) (即它诱导出的上同调层的态射 $\mathscr{H}^q(\mathbb{R}^\bullet) \to \mathscr{H}^q(\Omega^\bullet_{M/\mathbb{R}})$ 是同构). 因而它诱导出超上同调的同构：

$$\mathbb{H}^\bullet(M, \mathbb{R}^\bullet) \cong \mathbb{H}^\bullet(M, \Omega^\bullet_{M/\mathbb{R}}).$$

8.2.4 de Rham 同构

层复形 $(\mathscr{K}^\bullet, d)$ 的双 Čech 复形给出与超上同调 $\mathbb{H}^\bullet(M, \mathscr{K}^\bullet)$ 相关的两个谱序列.

对于复形 $\mathbb{R}^\bullet$, 上述的第一个谱序列为

$$^\mathrm{I}E_2^{p,q} = H^p(M, \mathscr{H}^q(\mathbb{R}^\bullet)) = \begin{cases} H^p(M, \mathbb{R}), & q = 0, \\ 0, & q > 0. \end{cases}$$

因此

$$H^\bullet(M, \mathbb{R}) \cong \mathbb{H}^\bullet(M, \mathbb{R}^\bullet).$$

另一方面, 由单位划分可知

$$H^q(M, \Omega^p_{M/\mathbb{R}}) = 0, \quad q > 0, \ p \geqslant 0.$$

因此, 对于复形 $\Omega^\bullet_{M/\mathbb{R}}$, 我们有

$$\begin{aligned}^\mathrm{II}E_2^{p,q} &= H^p(H^q(M, \Omega^p_{M/\mathbb{R}})) \\ &= \begin{cases} H^p(\Gamma(M, \Omega^\bullet_{M/\mathbb{R}})) = H^p_{\mathrm{DR}}(M), & q = 0, \\ 0, & q > 0. \end{cases}\end{aligned}$$

故

$$H^\bullet_{\mathrm{DR}}(M) \cong \mathbb{H}^\bullet(M, \Omega^\bullet_{M/\mathbb{R}}).$$

由以上讨论, 我们得到 de Rham 同构

$$H^\bullet(M, \mathbb{R}) \cong H^\bullet_{\mathrm{DR}}(M).$$

8.2.5 复解析流形的 de Rham 上同调

现假设 X 为一复解析流形, $\Omega^\bullet_{X/\mathbb{C}}$ 为 X 上的系数为复解析函数的微分形式层复形. 在这种情形下, 一般讲来

$$H^q(X, \Omega^p_{X/\mathbb{C}}) = 0 \quad (p \geqslant 0)$$

不再成立. 我们可通过在 X 的开覆盖 $\mathscr{U} = \{U_\alpha\}$ 上对双 Čech 复形 $(C^p(\mathscr{U}, \Omega^q), \delta, d)$ 的相伴单复形的上同调取极限来计算 $\mathbb{H}^\bullet(X, \Omega^\bullet_{X/\mathbb{C}})$. 此复形的第二谱序列的 E_1-项为

$$\lim_{\mathscr{U}} H^q(C^\bullet(\mathscr{U}, \Omega^p)) = H^q(X, \Omega^p_{X/\mathbb{C}}).$$

由此我们得到

$${}^{\mathrm{II}}E_1^{p,q} = H^q(X, \Omega^p_{X/\mathbb{C}}) \Longrightarrow \mathbb{H}^\bullet(X, \Omega^\bullet_{X/\mathbb{C}}).$$

§8.3 Gauss-Manin 联络

设 $f: X \to S$ 为复解析空间的光滑态射, 即 f 局部同构于一个投影 $pr_2: \mathbb{C}^n \times S \to S$.

8.3.1 局部系统

定义 8.6 X 上的一个**相对局部系统** (relative local system) 是指一个在 X 上的 $f^*\mathscr{O}_S$-模层, 它局部同构于 $f^*\mathscr{F}$, 其中 $\mathscr{F}$ 是 X 上的凝聚解析层.

X 上的一个**局部系统** (local system) $\mathscr{U}$ 是指在 X 上的一个复值向量空间层, 它局部同构于 X 上的常值层 $\mathbb{C}^n$.

给定一个局部系统 $\mathscr{U}$, 则 $f^*\mathscr{O}_S \otimes_{\mathbb{C}} \mathscr{U}$ 是 X 上的一个相对局部系统.

8.3.2 凝聚解析层上的联络

定义 8.7 X 上的凝聚解析 $\mathscr{O}_X$-模 $\mathscr{V}$ 的一个**联络** (connection) 是指一个 $f^*\mathscr{O}_S$-线性同态

$$\nabla : \mathscr{V} \to \Omega^1_{X/S} \otimes_{\mathscr{O}_S} \mathscr{V},$$

使得对 $\mathscr{O}_X$ 的局部截面 f 及 $\mathscr{V}$ 的局部截面 v, 有

$$\nabla(fv) = f \cdot \nabla v + df \cdot v$$

(见参考文献陈省身和陈维桓 [CC 83], 第四章).

以 $\omega \wedge \nabla e$ 记 $\omega \otimes \nabla e$ 在下面态射下的像

$$\Omega^p_{X/S} \otimes_{\mathscr{O}_X} (\Omega^1_{X/S} \otimes_{\mathscr{O}_X} \mathscr{V}) \to \Omega^{p+1}_{X/S} \otimes_{\mathscr{O}_X} \mathscr{V},$$
$$\omega \otimes (\tau \otimes e) \mapsto (\omega \wedge \tau) \otimes e,$$

则 ∇ 定义了一个 $f^*\mathscr{O}_S$-线性映射

$$\nabla : \ \Omega^p_{X/S} \otimes_{\mathscr{O}_X} \mathscr{V} \to \Omega^{p+1}_{X/S} \otimes_{\mathscr{O}_X} \mathscr{V},$$
$$\omega \otimes e \mapsto d\omega \otimes e + (-1)^p \omega \wedge \nabla e.$$

8.3.3 可积联络

定义 8.8 联络 ∇ 的**曲率** (curvature) 指的是同态

$$\nabla \circ \nabla : \ \mathscr{V} \to \Omega^2_{X/S} \otimes_{\mathscr{O}_X} \mathscr{V}.$$

如果 $\nabla \circ \nabla = 0$, 则称 ∇ 为**可积的** (integrable) 或**平坦的** (flat).

若 ∇ 是可积的, 则复形

$$\Omega^\bullet_{X/S} \otimes_{\mathscr{O}_X} \mathscr{V} \quad (\text{即 } 0 \to \mathscr{V} \xrightarrow{\nabla} \Omega^1_{X/S} \otimes \mathscr{V} \xrightarrow{\nabla} \Omega^2_{X/S} \otimes \mathscr{V} \xrightarrow{\nabla} \cdots)$$

是一个微分复形, 称之为 **de Rham 复形** (de Rham complex).

8.3.4 水平局部系统

定义 8.9 设 $\mathscr{V}$ 是 X 的一个局部系统. $\mathscr{V}$ 的截面 v 称为**水平的** (horizontal), 如果 $\nabla v = 0$.

命题 8.5 设 $\mathcal{V}$ 是 X 上的一个相对局部系统, 则

(1) 存在
$$\mathscr{V} = \mathcal{O}_X \otimes_{f^*\mathcal{O}_S} \mathcal{V}$$
上唯一的联络 ∇, 使得 $\mathscr{V}$ 的局部截面 v 是水平的当且仅当 v 是 $\mathcal{V}$ 的一个截面;

(2) (1) 中的联络是可积的;

(3) de Rham 复形 $\Omega^\bullet_{X/S} \otimes_{f^*\mathcal{O}_X} \mathcal{V}$ 为 $\mathcal{V}$ 的一个层化解.

8.3.5 局部系统的 Gauss-Manin 联络

定义 8.10 设
$$X \xrightarrow{f} S \xrightarrow{g} T$$
为解析空间的光滑态射, 其中 f 是局部拓扑平凡的. 又设 $\mathscr{V}$ 为 X 上的一个局部系统. 则 $\mathscr{V}$ 的 **Gauss-Manin 联络** (Gauss-Manin connecton) 是水平截面为 $R^i f_* \mathscr{V}$ 唯一的可积联络
$$\nabla: \mathcal{O}_S \otimes_{g^*\mathcal{O}_T} R^i f_* \mathscr{V} \to \Omega^1_{S/T} \otimes_{g^*\mathcal{O}_T} R^i f_* \mathscr{V}$$
(注意: 有下面的交换图表:

$$\begin{array}{ccc}
\mathcal{O}_S \otimes_{g^*\mathcal{O}_T} R^i f_* \mathscr{V} & \xrightarrow{\nabla} & \Omega^1_{S/T} \otimes_{g^*\mathcal{O}_T} R^i f_* \mathscr{V} \\
\parallel & & \parallel \\
R^i f_*(\Omega^\bullet_{X/S} \otimes_{\mathcal{O}_X} \mathscr{V}) & \xrightarrow{\nabla} & \Omega^1_{S/T} \otimes_{\mathcal{O}_S} R^i f_*(\Omega^\bullet_{X/S} \otimes_{\mathcal{O}_X} V)).
\end{array}$$

§8.4 Kodaira-Spencer 映射

8.4.1 微分形式层

假设 $X \xrightarrow{\pi} S$ 为 k-概形的光滑态射, 则有序正合列
$$0 \longrightarrow \pi^*(\Omega^1_{S/k}) \longrightarrow \Omega^1_{X/k} \longrightarrow \Omega^1_{X/S} \longrightarrow 0 \tag{8.1}$$
(注意: 此处的相对微分形式概形的复形 $\Omega^\bullet_{X/S}$ 不是 $\mathcal{O}_X$-线性的, 只是 $f^{-1}\mathcal{O}_S$-线性的). 由此导出正合序列
$$0 \longrightarrow \Omega^{\bullet-i-1}_{X/k} \otimes \pi^*(\Omega^1_{S/k}) \longrightarrow \Omega^{\bullet-i}_{X/k} \longrightarrow \Omega^{\bullet-i}_{X/S} \longrightarrow 0. \tag{8.2}$$

此处规定:

$$\Omega_?^{\bullet-i} = 0, \quad \text{如果} \bullet - i < 0;$$
$$\Omega_?^0 = \mathscr{O}_?. \tag{8.3}$$

由正合序列 (8.1) 知

$$\mathrm{Ker}(\Omega_{X/k}^1 \to \Omega_{X/S}^1) = \pi^*(\Omega_{S/k}^1).$$

因此态射 $\Omega_{X/k}^{\bullet-i} \to \Omega_{X/S}^{\bullet-i}$ 的核是由 $\pi^*(\Omega_{S/k}^1)$ 在 $\Omega_{X/k}^{\bullet-i}$ 中"生成的"微分形式层, 事实上,

$$\Omega_{X/k}^{\bullet-i-1} \otimes \pi^*(\Omega_{S/k}^1) = \mathrm{Ker}(\Omega_{X/k}^{\bullet-i} \to \Omega_{X/S}^{\bullet-i}).$$

8.4.2 滤链复形

记

$$F^i = F^i(\Omega_{X/k}^\bullet) = \mathrm{Img}(\Omega_{X/k}^{\bullet-i} \otimes_{\mathscr{O}_X} \pi^*(\Omega_{S/k}^i) \to \Omega_{X/k}^\bullet).$$

这是一个复形. 由 (8.3) 知, 如果 $n < i$, 它在次数 n 处的项为 0. 于是有滤链

$$\Omega_{X/k}^\bullet = F^0(\Omega_{X/k}^\bullet) \supset F^1(\Omega_{X/k}^\bullet) \supset F^2(\Omega_{X/k}^\bullet) \supset \cdots.$$

由 (8.3), 有正合序列

$$0 \longrightarrow \Omega_{X/k}^{\bullet-i-1} \otimes \pi^*(\Omega_{S/k}^1) \otimes \pi^*(\Omega_{S/k}^i)$$
$$\longrightarrow \Omega_{X/k}^{\bullet-i} \otimes \pi^*(\Omega_{S/k}^i) \longrightarrow \Omega_{X/S}^{\bullet-i} \otimes \pi^*(\Omega_{S/k}^i) \longrightarrow 0.$$

于是我们得到

$$\begin{aligned}
\mathrm{Gr}^i(\Omega_{X/k}^\bullet) &= F^i/F^{i+1} \\
&= (\Omega_{X/k}^{\bullet-i} \otimes \pi^*(\Omega_{S/k}^i))/(\Omega_{X/k}^{\bullet-i-1} \otimes \pi^*(\Omega_{S/k}^{i+1})) \\
&= \pi^*(\Omega_{S/k}^i) \otimes \Omega_{X/S}^{\bullet-i}
\end{aligned} \tag{8.4}$$

8.4.3 导复形

由 (8.3), 我们有复形

$$0 \longrightarrow \cdots \longrightarrow 0 \longrightarrow \pi^*(\Omega_{S/k}^p) \otimes \mathscr{O}_{X/S} \longrightarrow$$
$$\pi^*(\Omega_{S/k}^p) \otimes \Omega_{X/S}^1 \longrightarrow \cdots \longrightarrow \pi^*(\Omega_{S/k}^p) \otimes \Omega_{X/S}^q \longrightarrow \cdots.$$

此复形的 $R^{p+q}\pi_*$ 与下面复形的 $R^q\pi_*$ 相等:

$$0 \longrightarrow \pi^*(\Omega_{S/k}^p) \otimes \Omega_{X/S}^0 \longrightarrow \pi^*(\Omega_{S/k}^p) \otimes \Omega_{X/S}^1 \longrightarrow$$
$$\cdots \longrightarrow \pi^*(\Omega_{S/k}^p) \otimes \Omega_{X/S}^q \longrightarrow \cdots.$$

即

$$R^{p+q}\pi_*(\pi^*(\Omega_{S/k}^p) \otimes \Omega_{X/S}^{\bullet-p}) = R^q\pi_*(\pi^*(\Omega_{S/k}^p) \otimes \Omega_{X/S}^{\bullet}). \tag{8.5}$$

8.4.4 谱序列

考虑滤链复形 $F^\bullet(\Omega_{X/k}^\bullet)$ 所决定的谱序列, 由 (8.4), (8.5) 式我们有

$$\begin{aligned}
E_1^{p,q} &= R^{p+q}\pi_*(\mathrm{Gr}^p) \\
&= R^{p+q}\pi_*(\pi^*(\Omega_{S/k}^p) \otimes_{\mathscr{O}_X} \Omega_{X/S}^{\bullet-p}) \\
&= R^q(\pi^*(\Omega_{S/k}^p) \otimes_{\mathscr{O}_X} \Omega_{X/S}^{\bullet}) \\
&\cong \Omega_{S/k}^p \otimes_{\mathscr{O}_S} R^q\pi_*(\Omega_{X/S}^{\bullet})),
\end{aligned}$$

其中最后一步同构是根据射影公式 (射影公式成立是因为 $\Omega_{S/k}^p$ 为局部自由层, 且复形

$$\pi^*(\Omega_{S/k}^p) \otimes_{\mathscr{O}_X} \Omega_{X/S}^{\bullet}$$

上的微分是 $\pi^{-1}(\mathscr{O}_S)$-线性的).

8.4.5 de Rham 上同调层的 Gauss-Manin 联络

由定义, de Rham 上同调层是

$$\mathscr{H}_{DR}^q(X/S) = \mathbb{R}\pi_*(\Omega_{X/S}^{\bullet}).$$

$E_1^{\bullet,\bullet}$ 的微分是 $d_1^{\bullet,\bullet}$，其次数为 $(1,0)$. 因此，$E_1^{\bullet,q}$ 为如下复形：

$$0 \longrightarrow \mathcal{H}_{DR}^q(X/S) \xrightarrow{d_1^{0,q}} \Omega_{S/k}^1 \otimes_{\mathcal{O}_S} \mathcal{H}_{DR}^q(X/S) \longrightarrow$$
$$\xrightarrow{d_1^{1,q}} \Omega_{S/k}^2 \otimes_{\mathcal{O}_S} \mathcal{H}_{DR}^q(X/S) \longrightarrow \cdots.$$

外积 $\wedge$ 定义了 $E_1^{\bullet,\bullet}$ 的一个乘积

$$E_1^{i,0} \times E_1^{0,q} \to E_1^{i+0,0+q} = E_1^{i,q}.$$

注意
$$\Omega_{S/k}^i \subset E_1^{i,0}, \qquad \mathcal{H}_{DR}^q(X/S) \subset E_1^{0,q}.$$

考虑上面的乘积在 $\Omega_{S/k}^i \times \mathcal{H}_{DR}^q(X/S)$ 上的限制. 设 ω 和 e 分别为 $\Omega_{S/k}^i$ 和 $\mathcal{H}_{DR}^q(X/S)$ 在 S 的一个开子集上的截面，则有

$$d_1^{i,q}(\omega \cdot e) = d\omega \cdot e + (-1)^i \omega \cdot d_1^{0,q} e.$$

由于 $(E_1^{\bullet,q}, d_1^{\bullet,q})$ 是一个复形，故

$$d_1^{0,q} : \mathcal{H}_{DR}^q(X/S) \to \Omega_{S/k}^1 \otimes_{\mathcal{O}_S} \mathcal{H}_{DR}^q(X/S)$$

是一个联络. 由于 $d_1^{i,q}$ 是由 $d_1^{0,q}$ 导出的，故在复形 $(E_1^{\bullet,q}, d_1^{\bullet,q})$ 中有

$$d_1^{1,q} \circ d_1^{0,q} = 0.$$

因此 $d_1^{0,q}$ 是一个可积联络.

定义 8.11 称上述的 $d_1^{0,q}$ 为 **Gauss-Manin 联络** (Gauss-Manin connection)，记为 ∇.

8.4.6 Gauss-Manin 联络作为上边缘映射

由定义 $\mathrm{Gr}^i = F^i/F^{i+1}$，有正合序列

$$0 \longrightarrow \mathrm{Gr}^{i+1} \longrightarrow F^i/F^{i+2} \longrightarrow \mathrm{Gr}^i \longrightarrow 0.$$

在此序列中取 $i=0$，得到正合序列

$$0 \longrightarrow \pi^*(\Omega_{S/k}^1) \otimes \Omega_{X/S}^{\bullet-1} \longrightarrow F^0/F^2 \longrightarrow \Omega_{X/S}^{\bullet} \longrightarrow 0. \quad (8.6)$$

将函子 $R^\bullet\pi_*$ 应用于上短正合序列 (8.6), 得到的长正合序列中包含如下的上边缘映射:

$$R^q\pi_*(\Omega^\bullet_{X/S}) \longrightarrow R^{q+1}\pi_*(\pi^*(\Omega^1_{S/k}) \otimes \Omega^{\bullet-1}_{X/S})$$
$$= \Omega^1_{S/k} \otimes_{\mathscr{O}_S} R^q\pi_*(\Omega^\bullet_{X/S}).$$

这正是在 S 中的 Gauss-Manin 联络 ∇.

8.4.7 Hodge 滤链和 Griffiths 横截性

定义 8.12 一个复形 $L^\bullet$ 的 **Hodge 滤链** (Hodge filtration) 定义为

$$\mathscr{F}^i(L^j) = \begin{cases} 0, & j < i, \\ L^j, & j \geqslant i. \end{cases}$$

记 $L^\bullet[n] = L^{\bullet+n}$, 这是一个第 i 次项为 L^{i+n} 的复形. 则

$$\mathscr{F}^i(L^\bullet[n]) = \mathscr{F}^{i+n}(L^\bullet)[n].$$

将函子 $\mathscr{F}^\bullet$ 应用于上短正合序列 (8.6), 有

$$0 \longrightarrow \pi^*(\Omega^1_{S/k}) \otimes \mathscr{F}^{i-1}(\Omega^\bullet_{X/S})[-1] \longrightarrow \mathscr{F}^i(F^0/F^2)$$
$$\longrightarrow \mathscr{F}^i(\Omega^\bullet_{X/S}) \longrightarrow 0. \quad (8.7)$$

将函子 $R^\bullet\pi_*$ 应用于正合序列 (8.7) 和 (8.6), 所得到的长正合序列中包含的上边缘映射满足如下的交换图:

$$\begin{array}{ccc} R^q\pi_*(\Omega^\bullet_{X/S}) & \xrightarrow{\nabla} & \Omega^1_{S/k} \otimes R^q\pi_*(\Omega^\bullet_{X/S}) \\ \uparrow & & \uparrow \\ R^q\pi_*(\mathscr{F}^i(\Omega^\bullet_{X/S})) & \xrightarrow{\partial} & \Omega^1_{S/k} \otimes R^q\pi_*(\mathscr{F}^{i-1}(\Omega^\bullet_{X/S})) \end{array}$$

因此有

$$\nabla(\mathscr{F}^i R^q\pi_*(\Omega^\bullet_{X/S})) \subseteq \Omega^1_{S/k} \otimes \mathscr{F}^{i-1} R^q\pi_*(\Omega^\bullet_{X/S})$$

(这被称为 **Griffiths 横截性** (Griffiths transversality)).

8.4.8 Kodaira-Spencer 映射

短正合序列

$$0 \longrightarrow \pi^*(\Omega^1_{S/k}) \longrightarrow \Omega^1_{X/k} \longrightarrow \Omega^1_{X/S} \longrightarrow 0. \tag{8.8}$$

决定了 $\mathrm{Ext}^1_{\mathscr{O}_X}(\Omega^1_{X/S}, \pi^*(\Omega^1_{S/k}))$ 中的一个元素. 以 $\mathrm{Der}(X/S)$ 记 X 上从 $\mathscr{O}_X$ 到 $\mathscr{O}_X$ 的 $\mathscr{O}_S$-线性导子 (derivation) 芽的局部自由层, 则

$$\Omega^1_{X/S} = \mathscr{H}om_{\mathscr{O}_X}(\mathrm{Der}(X/S), \mathscr{O}_X).$$

而

$$\mathscr{H}om_{\mathscr{O}_X}(\mathscr{H}om_{\mathscr{O}_X}(\mathrm{Der}(X/S), \mathscr{O}_X), \pi^*(\Omega^1_{S/k}))$$
$$= \mathscr{H}om_{\mathscr{O}_X}(\mathscr{O}_X, \mathrm{Der}(X/S) \otimes_{\mathscr{O}_X} \pi^*(\Omega^1_{S/k})),$$

故

$$\mathrm{Ext}^1_{\mathscr{O}_X}(\Omega^1_{X/S}, \pi^*(\Omega^1_{S/k})) \cong H^1(X, \mathrm{Der}(X/S) \otimes_{\mathscr{O}_X} \pi^*(\Omega^1_{S/k})).$$

由谱序列

$$R^p \Gamma_S(R^q f_* \mathscr{F}) \Longrightarrow R^n(\Gamma_S \circ f_*)(\mathscr{F})$$

的边缘 (edge), 有映射

$$R^1(\Gamma_S \circ f_*)(\mathscr{F}) \to \Gamma_S(R^1 f_* \mathscr{F}).$$

由于 $R^1(\Gamma_S \circ f_*)(\mathscr{F}) = H^1(X, \mathscr{F})$, 此映射也就是

$$H^1(X, \mathscr{F}) \to H^0(S, R^1 f_* \mathscr{F}).$$

在我们现在的情形, 即有

$$\mathrm{Ext}^1_{\mathscr{O}_X}(\Omega^1_{X/S}, \pi^*(\Omega^1_{S/k}))$$
$$\cong H^1(X, \mathrm{Der}(X/S) \otimes_{\mathscr{O}_X} \pi^*(\Omega^1_{S/k}))$$
$$\to H^0(S, R^1 \pi_*(\mathrm{Der}(X/S) \otimes_{\mathscr{O}_X} \pi^*(\Omega^1_{S/k})))$$
$$\cong H^0(S, R^1 \pi_*(\mathrm{Der}(X/S) \otimes_{\mathscr{O}_S} \pi^*(\Omega^1_{S/k})))$$
$$\cong \mathscr{H}om_{\mathscr{O}_S}(\mathrm{Der}(S/k), R^1 \pi_*(\mathrm{Der}(X/S))), \tag{8.9}$$

其中最后一步是由于有同构

$$\Omega^1_{S/k} \cong \mathscr{H}om_{\mathscr{O}_S}(\mathrm{Der}(S/k), \mathscr{O}_S)$$
$$v^* \otimes \omega \mapsto \mathrm{Hom}(v, \omega).$$

这样, 正合序列 (8.8) 决定了 (8.9) 式的右端

$$\mathscr{H}om_{\mathscr{O}_S}(\mathrm{Der}(S/k), R^1\pi_*(\mathrm{Der}(X/S)))$$

中的一个元素.

定义 8.13　上述的由正合序列 (8.8) 决定的 (8.9) 式的右端中的元素称为 **Kodaira-Spencer 映射** (Kodaira-Spencer map).

第 9 章 Tate 曲线

§9.1 Weierstrass 理论

9.1.1 $\mathbb{C}$ 上的椭圆曲线的 Weierstrass 模型

设 $L \subset \mathbb{C}$ 是复平面 $\mathbb{C}$ 中的一个格. 关于格 L 的 Weierstrass $\wp$-函数定义为

$$\wp_L(\tau) = \frac{1}{\tau^2} + \sum_{l \in L \setminus \{0\}} \left(\frac{1}{(\tau-l)^2} - \frac{1}{l^2} \right) \quad (\tau \in \mathbb{C} \setminus L).$$

令

$$g_2 = g_2(L) = 60 \sum_{l \in L \setminus \{0\}} \frac{1}{l^4}, \quad g_3 = g_3(L) = 140 \sum_{l \in L \setminus \{0\}} \frac{1}{l^6},$$

则映射

$$(\mathbb{C}/L) \setminus \{0\} \to \mathbb{A}^2(\mathbb{C}),$$
$$\tau \mapsto (\wp_L(\tau), \wp'_L(\tau))$$

扩充为同构

$$\mathbb{C}/L \xrightarrow{\sim} E_L \subset \mathbb{P}^2(\mathbb{C}),$$

其中 E_L 是 $\mathbb{C}$ 上的椭圆曲线, 其定义方程为

$$E_L: \quad y^2 z = 4x^3 - g_2 x z^2 - g_3 z^3.$$

称此方程为 E_L 的 **Weierstrass 模型** (Weierstrass model).

9.1.2 曲线 Tate_1

取 $q \in \mathbb{C}^\times$ ($\mathbb{C}$ 的非零元素乘法群), $|q| < 1$. 令

$$L = \mathbb{Z} \cdot (2\pi i) + \mathbb{Z} \cdot \log q.$$

记
$$q = e^{2\pi i z}.$$
由覆盖映射

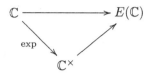

有
$$E(\mathbb{C}) = \mathbb{C}^\times / q^{\mathbb{Z}},$$
其中 $q^{\mathbb{Z}} = \{q^m \mid m \in \mathbb{Z}\}$.

由
$$\sum_{n=-\infty}^{\infty} \frac{1}{(z+n)^k} = \frac{(-2\pi i)^k}{(k-1)!} \sum_{n=1}^{\infty} n^{k-1} q^n$$
可得 Eisenstein 级数 g_2, g_3 的傅立叶展式:
$$g_2 = (2\pi i)^4 \left(\frac{1}{12} + 20 \sum_{n=1}^{\infty} \frac{n^3 q^n}{1-q^n} \right),$$
$$g_3 = (2\pi i)^6 \left(-\frac{1}{216} + \frac{7}{3} \sum_{n=1}^{\infty} \frac{n^5 q^n}{1-q^n} \right).$$
又可得
$$\wp_L(\tau) = \wp(\tau) = (2\pi i)^2 \left(t(w) + \frac{1}{12} \right),$$
其中 $w = e^{2\pi i \tau}$,
$$t = t(w) = \sum_{m=-\infty}^{\infty} \frac{q^m w}{(1-q^m w)^2} - 2 \sum_{m=1}^{\infty} \frac{q^m}{(1-q^m)^2};$$
以及
$$\wp'_L(\tau) = \wp'(\tau) = (2\pi i)^3 (t(w) + 2s(w)),$$
其中
$$s = s(w) = \sum_{m=-\infty}^{\infty} \frac{(q^m w)^2}{(1-q^m w)^3} + \sum_{m=1}^{\infty} \frac{q^m}{(1-q^m)^2}.$$

将以上各式代入

$$\wp'(\tau)^2 = 4\wp(\tau)^3 - g_2\wp(\tau) - g_3,$$

我们得到 E_L ($L = \mathbb{Z} \cdot (2\pi \mathrm{i}) + \mathbb{Z} \cdot \log q$) 的方程

$$s^2 + ts = t^3 - b_2 t - b_3, \tag{9.1}$$

其中

$$b_2 = b_2(q) = 5\sum_{n=1}^{\infty} \frac{n^3 q}{1-q^n}, \quad b_3 = b_3(q) = \sum_{n=1}^{\infty} \left(\frac{7n^5 + 5n^3}{12}\right) \frac{q^n}{1-q^n}.$$

注意: $t(qw) = t(w)$, $s(qw) = s(w)$. 于是得到上面的覆盖图表中的映射

$$\mathbb{C}^{\times} \to E(\mathbb{C}),$$
$$w \mapsto (t(w), s(w)).$$

记去掉点 0 的单位开圆盘为

$$\Delta^{\times} = \{q \in \mathbb{C} \mid 0 < |q| < 1\}.$$

我们得到一族椭圆曲线 E_q ($q \in \Delta^{\times}$), 其方程为

$$S^2 U + TSU = T^3 - b_2 T U^2 - b_3 U^3$$

((T, S, U) 是 $\mathbb{P}^2(\mathbb{C})$ 的坐标). 这族曲线即是相应于包含映射

$$\mathbb{Z} \times \Delta \hookrightarrow \mathbb{C} \times \Delta,$$
$$(n, q) \mapsto (q^n, q)$$

的 Tate 曲线:

$$\mathbf{Tate}_1^* = (\mathbb{C} \times \Delta^{\times})/(\mathbb{Z} \times \Delta^{\times}) \to \Delta^{\times}.$$

由于 $b_2(0) = b_3(0) = 0$, 故在 $q = 0$ 时曲线 E_q 变成了

$$s^2 + st = t^3.$$

这是一个 Néron 1-边形. 所以 $\mathbf{Tate}_1^*$ 扩充为一条稳定曲线:

$$\mathbf{Tate}_1 \to \Delta = \{q \in \mathbb{C} \mid |q| < 1\}.$$

注意 $b_2, b_3 \in q\mathbb{Z}[[q]]$. 所以我们可以将 $\mathbf{Tate}_1^*$ 视为定义在 $\mathbb{Z}[[q]]$ 上的曲线, 即

$\mathbf{Tate}_1^*/\mathbb{Z}[[q]]$
$=\mathbf{Proj}(\mathbb{Z}[[q]][T,S,U]/(S^2U + TSU - T^3 + b_2TU^2 + b_3U^3)).$

当 $0 < |q| < 1$ 时, 此曲线的判别式为

$$\Delta = q \prod_{n=1}^{\infty} (1-q^n)^{24} \neq 0,$$

j-不变量为

$$j = \frac{1}{1728} \left(\frac{g_2}{(2\pi i)^4} \right)^3 \frac{1}{\Delta} = \frac{1}{q} + 744 + \sum_{n \geqslant 1} c(n)q^n,$$

其中 $c(n) \in \mathbb{Z}$.

9.1.3 概形 $\bar{\mathscr{G}}_m^t$

以下几节将构造定义在 Δ 上的在 $q=0$ 处退化到 Néron n-边形的椭圆曲线 (回想第七章 7.2.2 小节中的模叠 $\mathscr{M}_{(n)}$).

设 S 是一个概形, $t \in \Gamma(S, \mathscr{O}_S)$.

(1) 设 $\{x_i, y_i\}_{i \in \mathbb{Z}}$ 为两组变量. 对于任一 $j \in \mathbb{Z}$, 令

$$U_{j-\frac{1}{2}} = S[x_{j-1}, y_j]/(x_{j-1}y_j - t),$$

其中

$$S[x_{j-1}, y_j] = S \times_{\mathbb{Z}} \mathrm{Spec}\,(\mathbb{Z}[x_{j-1}, y_j])$$

(在复数域 $\mathbb{C}$ 上, 这里的 $U_{j-\frac{1}{2}}$ 即是

$$\{(x_{j-1}, y_j, q) \in \mathbb{C} \times \mathbb{C} \times \Delta \mid x_{j-1}y_j = q\},$$

这里的 q 相应于上面的 t).

(2) 借助于 $x_i y_i = 1$ 将 $U_{j-\frac{1}{2}}$ 和 $U_{j+\frac{1}{2}}$ 粘合起来: 在 $U_{j+\frac{1}{2}}$ 上有

$$x_j y_{j+1} = t.$$

如果 $x_j^{-1} \in U_{j+\frac{1}{2}}$, 则由于 $x_j y_j = 1$, 有 $y_j \in U_{j+\frac{1}{2}}$. 于是

$$x_{j-1} = t y_j^{-1} \in U_{j+\frac{1}{2}}.$$

这就是说

$$U_{j+\frac{1}{2}} \text{ 中 } x_j \text{ 可逆的开集} \supset \left(U_{j-\frac{1}{2}} \cap U_{j+\frac{1}{2}}\right).$$

反之, 若上式成立, 则由

$$x_j^{-1} t = y_j t \in U_{j-\frac{1}{2}}, \qquad x_j^{-1} t = y_{j+1} \in U_{j+\frac{1}{2}}$$

知 $x_j^{-1} \in U_{j+\frac{1}{2}}$. 所以, $U_{j-\frac{1}{2}} \cap U_{j+\frac{1}{2}}$ (作为 $U_{j+\frac{1}{2}}$ 的子集) 等于

$$U_{j+\frac{1}{2}}\left[\frac{1}{x_j}\right] \cong S[x_j, x_j^{-1}], \qquad y_{j-1} = t x_j^{-1}.$$

类似地, $U_{j-\frac{1}{2}} \cap U_{j+\frac{1}{2}}$ (作为 $U_{j-\frac{1}{2}}$ 的子集) 等于

$$U_{j-\frac{1}{2}}\left[\frac{1}{y_j}\right] \cong S[y_j, y_j^{-1}], \qquad x_{j-1} = t y_j^{-1}.$$

容易看出, $S[x, x^{-1}]$ 构成 S 上的乘法群 $\mathbf{G}_m$, 它在映射

$$x \mapsto y$$

下与 $S[y, y^{-1}]$ 等同. 这样得到的 S 上的概形记为 $\bar{\mathscr{G}}_m^t$.

说明 1 在 $S[t^{-1}]$ 上, 令

$$x_i = t^{-i} x_0, \qquad y_i = t^{-i} y_0,$$

则所有的 $U_{j-\frac{1}{2}}$ ($j \in \mathbb{Z}$) 都等同于

$$U_{\frac{1}{2}} = S\left[\frac{1}{t}\right][x_0, y_1] \big/ (x_0 y_1 - t) = S\left[\frac{1}{t}\right][x_0, x_0^{-1}],$$

其中 $y_1 = tx_0^{-1}$, $t \neq 0$. 这给出 $S[t^{-1}]$ 上的 $\mathbf{G}_m$ (在上一节的情形, $\Delta^\times$ 上的 $\bar{\mathscr{G}}_m^t$ 是 $\mathbf{G}_m \times \Delta^\times$, 在任一 $q \in \Delta^\times$ 处 $\bar{\mathscr{G}}_m^t$ 的纤维为 $\mathbf{G}_m$).

说明 2 在 $t = 0$ 的上方, $\bar{\mathscr{G}}_m^t$ 是无穷多个 $\mathbb{P}^1$ 组成的链. 这些 $\mathbb{P}^1$ 以 $\mathbb{Z}$ 为指标集, 其中的第 j 个 $\mathbb{P}^1$ 的 0 点与第 $j+1$ 个 $\mathbb{P}^1$ 的 ∞ 点粘合:

$$\begin{aligned} U_{j+\frac{1}{2}} &= (\text{第 } j \text{ 个 } \mathbb{P}^1 - \infty \text{ 截面}) \cup (\text{第 } j+1 \text{ 个 } \mathbb{P}^1 - 0 \text{ 截面}), \\ x_j &= \text{坐标 } x \quad\quad\quad \cup \quad\quad 0, \\ y_{j+1} &= 0 \quad\quad\quad\quad \cup \quad (\text{坐标 } x)^{-1} \end{aligned}$$

(第一个等式中的 "$\cup$" 的含义是将该符号两边等同起来) 如下图所示:

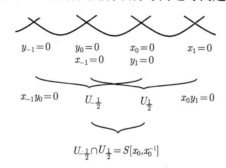

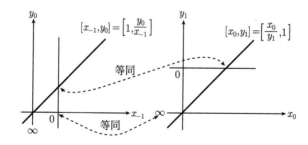

9.1.4 群概形 $\mathscr{G}_m^t$

令 $T_j = U_{j-\frac{1}{2}} \cap U_{j+\frac{1}{2}} = S[x_j, x_j^{-1}]$, 又令

$$\mathscr{G}_m^t = \bigcup_{j \in \mathbb{Z}} T_j.$$

则 $\mathscr{G}_m^t$ 在下述态射下构成 S 上的群概形:

$$\mathscr{G}_m^t \times \mathscr{G}_m^t \to \mathscr{G}_m^t,$$

$$(a,b) \mapsto a \cdot b,$$

其中 $a \cdot b$ 的定义为: 若 $a \in T_i$, $b \in T_j$, 则

$$a \cdot b \in T_{i+j}, \quad x_{i+j}(a \cdot b) = x_i(a)x_j(b).$$

易见 $\mathscr{G}_m^t$ 的恒等分支是 S_0.

在 $S[1/t]$ 上 $\mathscr{G}_m^t$ 是一个 $\mathbf{G}_m$, 上述乘法就是 $\mathbf{G}_m$ 在 $S[1/t]$ 上的乘法.

我们将这个乘法扩充为 $\mathscr{G}_m^t$ 在 $\bar{\mathscr{G}}_m^t$ 上的一个作用:

$$\mathscr{G}_m^t \times \bar{\mathscr{G}}_m^t \to \bar{\mathscr{G}}_m^t,$$

其在局部上的定义为

$$T_i \times U_{j-\frac{1}{2}} \to U_{i+j-\frac{1}{2}},$$

$$(a,b) \mapsto a \cdot b,$$

其中 $a \cdot b$ 的 "坐标" 为

$$\begin{cases} x_{x+j-1}(a \cdot b) = x_i(a)x_{j-1}(b), \\ y_{i+j}(a \cdot b) = x_i(a)^{-1}y_j(b). \end{cases}$$

9.1.5 曲线 $\mathbf{Tate}_n$

假设 $t \in \Gamma(S, \mathscr{O}_S)$ 是幂零的, g 是 $\mathscr{G}_m^t$ 的位于 $T_n(n \neq 0)$ 中的一个截面. 则 $g^{\mathbb{Z}} := \{g^i \mid i \in \mathbb{Z}\}$ 作用在 $\bar{\mathscr{G}}_m^t$ 上.

由 $U_\bullet$ 的定义, 当 $|k-l| \geqslant 2$ 时

$$U_k \cap U_l = \varnothing.$$

如果 $n \geqslant 2$, 则定义 $\bar{\mathscr{G}}_m^t / g^{\mathbb{Z}}$ 为: 其局部坐标卡 $U_{l+\frac{1}{2}}$ $(l \in \mathbb{Z})$ 以及这些坐标卡的粘合同于 9.1.3 小节中的 (1) 和 (2). 再将 U_l 与 U_{l+n} 在 $g \in T_n$ 的作用

$$\bar{\mathscr{G}}_m^t \times \bar{\mathscr{G}}_m^t \to \bar{\mathscr{G}}_m^t,$$
$$T_n \times U_l \to U_{n+l}$$

下等同起来. 于是坐标卡 $\{U_l \mid 0 < l < |n|\}$ 覆盖了 $\bar{\mathscr{G}}_m^t / g^{\mathbb{Z}}$.

当 $n = 1$ 时, $\bar{\mathscr{G}}_m^t / g^{\mathbb{Z}} = (\bar{\mathscr{G}}_m^t / g^{2\mathbb{Z}})/(\mathbb{Z}/2\mathbb{Z})$, 用 étale 覆盖

$$\bar{\mathscr{G}}_m^t / g^{2\mathbb{Z}} \to \bar{\mathscr{G}}_m^t / g^{\mathbb{Z}}.$$

在 9.1.4 小节中所述的 $\mathscr{G}_m^t$ 在 $\bar{\mathscr{G}}_m^t$ 上的作用诱导出 $\mathscr{G}_m^t/g^{\mathbb{Z}}$ 在 $\bar{\mathscr{G}}_m^t/g^{\mathbb{Z}}$ 上的作用:

$$\mathscr{G}_m^t/g^{\mathbb{Z}} \times \bar{\mathscr{G}}_m^t/g^{\mathbb{Z}} \to \bar{\mathscr{G}}_m^t/g^{\mathbb{Z}}.$$

现在考虑 $\bar{\mathscr{G}}_m^t/g^{\mathbb{Z}}$ 在 $t = 0$ 处的纤维. 设 g 是 $T_n = S[x_n, x_n^{-1}]$ 中的截面 $x_n = 1$. 纤维 $\bar{\mathscr{G}}_m^{t=0}$ 是 $\mathbb{P}^1$ 的无穷序列, 其中第 i 个 $\mathbb{P}^1$ 的 0 与第 $i + 1$ 个 $\mathbb{P}^1$ 的 ∞ 等同:

再有, 在 g 的作用下, 第 i 个 $\mathbb{P}^1$ 与第 $i + n$ 个 $\mathbb{P}^1$ 等同, 故在商 $\bar{\mathscr{G}}_m^t/g^{\mathbb{Z}}$ 中 $t = 0$ 处的纤维 $\bar{\mathscr{G}}_m^{t=0}/g^{\mathbb{Z}}$ 是一个 n 边形:

$$\diagup\!\!\!\!\diagdown\!\!\!\!\diagup\!\!\!\!\diagdown \quad (n = 4)$$

g 在此 n 边形上的作用使得它的边旋转.

命题 9.1 对于幂零的 t 和 $g \in T_n(S)$, $\bar{\mathscr{G}}_m^t/g^{\mathbb{Z}}$ 是广义椭圆曲线 (其几何纤维是 $G_m^{t=0}/g^{\mathbb{Z}}$ (椭圆曲线) 或 Néron n-边形).

在 $\mathbb{C}$ 上, 我们将 $\bar{\mathscr{G}}_m^t/g^{\mathbb{Z}}$ 记为 $\mathbf{Tate}_n \to \Delta$.

9.1.6 复空间 $\mathbb{C}/(z\mathbb{Z} + \mathbb{Z})$

以 $\mathfrak{H}$ 记复上半平面. 在 $\mathbb{C} \times \mathfrak{H}$ 上定义等价关系 "$\sim$":

$$(\tau, z) \sim (\tau + m z + n, z), \qquad m, n \in \mathbb{Z}.$$

令 $\mathscr{E} = \mathbb{C} \times \mathfrak{H}/\sim$. 则投射
$$f: \mathscr{E} = (\mathbb{C} \times \mathfrak{H}/\sim) \to \mathfrak{H}$$
是相对维数为 1 的全纯固有浸没 (holomorphic proper submersion). f 在 z 处的纤维为 $\mathscr{E}_z = \mathbb{C}/(\mathbb{Z}z + \mathbb{Z})$.

$H^0(\mathscr{E}_z, \Omega^1_{\mathscr{E}_z})$ 有自然的基 $2\pi\mathrm{id}\tau$. 这给出 $f_*(\Omega^1_{\mathscr{E}/\mathfrak{H}})$ 的一个平凡化.

由于 f 是固有的, 光滑的映射, 且具有连通的维数 1 的纤维, 可以推知 $R^i f_* \underline{\mathbb{Z}}$ 是局部常值的. 而 $\mathfrak{H}$ 是可切触的 (contractable), 故 $R^i f_* \underline{\mathbb{Z}}$ 是常值的. 由拓扑固有的基变换即知
$$(R^i f_* \underline{\mathbb{Z}})_z \cong H^i(\mathscr{E}_z, \underline{\mathbb{Z}}).$$

$H_1(\mathscr{E}_z, \mathbb{Z})$ 有一组基 c_1, c_2:

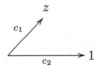

而一阶上同调 $H^1(\mathscr{E}_z, \mathbb{Z})$ 的对偶空间 $H^1(\mathscr{E}_z, \mathbb{Z})^\vee$ 同构于 $H_1(\mathscr{E}_z, \mathbb{Z})$, 这样就得到了 $(R^1 f_* \underline{\mathbb{Z}})^\vee$ 的整体的平凡化, 进而得到了一个同构
$$\alpha: R^1 f_* \underline{\mathbb{Z}} \xrightarrow{\sim} \underline{\mathbb{Z}}^2.$$
特别地, 取 i 为基点, 则有常值层的同构
$$\underline{\mathbb{Z}}^2 \cong H_1(\mathbb{C}/(\mathrm{i}\,\mathbb{Z} + \mathbb{Z}), \mathbb{Z}) \cong (R^1 f_* \underline{\mathbb{Z}})^\vee$$
(此同构对应于 $\mathrm{i} \in \mathfrak{H}$ 处的茎上的一个特殊的同构).

取下面的 c_1, c_2

作为 $H_1(\mathscr{E}_\mathrm{i}, \mathbb{Z}) = H_1(\mathbb{C}/(\mathrm{i}\,\mathbb{Z} + \mathbb{Z}), \mathbb{Z})$ 的基. 则对于任一 $z \in \mathfrak{H}$, 有交换图表:

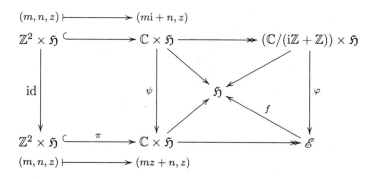

其中第一行是 C^∞ 态射; ψ 的定义为 $\psi(y\mathrm{i}+x, z) = (yz+x, z)$, 是 C^∞-同构; φ 是由 ψ 诱导的 C^∞-同构. 这就给出了 $\mathscr{E}$ 上的一个复结构, 使得 C^∞-同构 π 是全纯的.

φ 诱导出纤维 $((R^1 f_* \mathbb{Z})^\vee)_z \cong H_1(\mathbb{C}/(\mathrm{i}\mathbb{Z}+\mathbb{Z}), \mathbb{Z})$ 上的基 c_1, c_2:

在此纤维上, 我们有反交换图表:

$$\begin{array}{ccc} \wedge^2 H^1(\mathscr{E}_z, \mathbb{Z}) & \xrightarrow{\wedge^2 \alpha} & \wedge^2 \mathbb{Z}^2 \quad (1,0)\wedge(0,1) \\ {\scriptstyle\cong}\downarrow{\scriptstyle\cup} & & {\scriptstyle\cong}\downarrow \quad\quad \downarrow \\ H^2(\mathscr{E}_z, \mathbb{Z}) & \longrightarrow & \mathbb{Z} \quad\quad 1 \end{array}$$

事实上, $H_1(\mathscr{E}_z, \mathbb{Z})$ 的基 c_1, c_2 有对偶基

$$\omega_1 = \frac{1}{b}\mathrm{d}y, \qquad \omega_2 = \mathrm{d}x - \frac{a}{b}\mathrm{d}y \quad (z = a+\mathrm{i}b).$$

此时, 我们在 $\mathbb{C}$ 中选取 $\mathrm{i} = \sqrt{-1}$, 使得在等同

$$\mathbb{R}^2 \xrightarrow{\sim} \mathbb{C} ((x,y) \mapsto x+\mathrm{i}y)$$

下, 定向 $\mathrm{d}x \wedge \mathrm{d}y > 0$ 对应于 $1 \wedge \mathrm{i} > 0$. 于是

$$\int_{c_1} \omega_1 = \int_{\substack{0 \leqslant y \leqslant b \\ x = \frac{a}{b}y}} \frac{1}{b} \mathrm{d}y = \int_0^1 \frac{1}{b} \mathrm{d}y = 1,$$

$$\int_{c_2} \omega_1 = \int_{\substack{0 \leqslant x \leqslant 1 \\ y = 0}} \frac{1}{b} \mathrm{d}y = 0,$$

$$\int_{c_1} \omega_2 = \int_{\substack{0 \leqslant y \leqslant \\ x = \frac{a}{b}y}} \mathrm{d}x - \frac{a}{b} \mathrm{d}y = \int_0^1 0 = 0,$$

$$\int_{c_2} \omega_2 = \int_{\substack{0 \leqslant x \leqslant 1 \\ y = 0}} \mathrm{d}x = 1,$$

且有

$$\int_{\mathscr{E}_z} \omega_1 \wedge \omega_2 = \int_{\mathscr{E}_z} -\frac{1}{b} \mathrm{d}x \wedge \mathrm{d}y = -1,$$

即上面的图表是反交换的.

de Rham 上同调与拓扑上同调之间通过积分进行对照, 需要复流形 $\mathscr{E}_z$ 上的一个定向的选择. 在上述的定向下, 图表

$$\begin{array}{ccc} H^2(\mathscr{E}_z, \mathbb{Z}) & \hookrightarrow & H^2(\mathscr{E}_z, \mathbb{C}) \\ \| & & \cong \downarrow \int_{\mathscr{E}_z} \\ H^2_{\mathrm{top}}(\mathscr{E}_z, \mathbb{Z}) & \xrightarrow{\cong} \mathbb{Z} \hookrightarrow & \mathbb{C} \end{array}$$

是交换的, 其中 $H^2_{\mathrm{top}}(\mathscr{E}_z, \mathbb{Z}) \cong \mathbb{Z}$,

$$\int_{\mathscr{E}_z} : H^2(\mathscr{E}_z, \mathbb{C}) \to \mathbb{C}$$

是在上述定向下计算的.

$\mathbb{C}/(z\mathbb{Z} + \mathbb{Z})$ 是与一条射影曲线相伴的复空间. 这对应于下述事实:

$$H : \mathbb{C} \times \mathbb{C} \to \mathbb{C},$$

$$(w_1, w_2) \mapsto \frac{1}{\mathrm{Im} z} w_1 \overline{w}_2 \qquad (\mathrm{Im} z > 0)$$

是一个正定的厄米特型, H 在 $(\mathbb{Z} + z\mathbb{Z}) \times (\mathbb{Z} + z\mathbb{Z})$ 上的值为整数. 事实上, 其像 $E = \mathrm{Img}\, H$ 在 $\mathbb{Z}$-基 $(z, 1)$ 下的矩阵为

$$\begin{pmatrix} 0 & -1 \\ 1 & 0 \end{pmatrix}.$$

9.1.7 $\mathbb{C}$ 上的 Tate 曲线

与上一小节类似, 在 $\mathbb{C}^\times \times \Delta^\times$ 上定义等价关系 "$\sim$":

$$(t,q) \sim (tq^n, q), \quad n \in \mathbb{Z}.$$

令 $\mathscr{E} = \mathbb{C}^\times \times \Delta^\times / \sim$. 则投射

$$f: \mathscr{E} = (\mathbb{C}^\times \times \Delta^\times / \sim) \to \Delta^\times$$

是相对维数为 1 的全纯固有浸没. f 在 q 处的纤维为 $\mathscr{E}_q = \mathbb{C}^\times / q^{\mathbb{Z}}$.

定义 9.1 上述的 $f: \mathscr{E} \to \Delta^\times$ 称为 $\mathbb{C}$ **上的 Tate 曲线** (Tate curve over $\mathbb{C}$).

由正合序列

$$0 \longrightarrow (\Omega^1_{\mathscr{E}/\Delta^\times})^{\vee} \longrightarrow (\Omega^1_{\mathscr{E}})^{\vee} \longrightarrow (f^*\Omega^1_{\Delta^\times})^{\vee} \longrightarrow 0,$$

我们得到高次直像长正合序列的上边缘映射

$$f_*(f^*\Omega^1_{\Delta^\times})^{\vee} \longrightarrow R^1 f_*((\Omega^1_{\mathscr{E}/\Delta^\times})^{\vee}).$$

此式的左端同构于 $(\Omega^1_{\Delta^\times})^{\vee}$. 由上积 (cup product) "$\cup$" 和积分配对, 右端同构于 $((f^1_*\Omega^1_{\mathscr{E}/\Delta^\times})^{\otimes 2})^{\vee}$. 于是我们有映射

$$(\Omega^1_{\Delta^\times})^{\vee} \longrightarrow ((f^1_*\Omega^1_{\mathscr{E}/\Delta^\times})^{\otimes 2})^{\vee}.$$

(解释一下这个映射: 对于 $x \in (\Omega^1_{\Delta^\times})^{\vee}$, x 在映射

$$(\Omega^1_{\Delta^\times})^{\vee} \xrightarrow{\text{上边缘}} R^1 f_*((\Omega^1_{\mathscr{E}/\Delta^\times})^{\vee})$$

下的像 y 是 $(f^1_*\Omega^1_{\mathscr{E}/\Delta^\times})^{\otimes 2}$ 上的映射, 此映射将 $z \in f^1_*\Omega^1_{\mathscr{E}/\Delta^\times}$ 映为 $\int_{\text{纤维}} y \cup z$.) 此映射的对偶是 Kodaira-Spencer 映射:

$$\text{KS}: (f^1_*\Omega^1_{\mathscr{E}/\Delta^\times})^{\otimes 2} \to \Omega^1_{\Delta^\times}.$$

我们通过计算来证明

$$\text{KS}\left(\left(\frac{dt}{t}\right)^{\otimes 2}\right) = \frac{dq}{q}.$$

为此我们只要计算其对偶映射, 即证明

$$-\frac{1}{2\pi i}\int_{\mathscr{E}_q}\varphi\cup\left(\frac{dt}{t}\right)^{\otimes 2}=1,$$

其中 φ 为 $\left(\frac{dq}{q}\right)^{\otimes 2}$ 在上边缘映射下的像. 与 Tate 曲线 $f:\mathscr{E}\to\Delta^{\times}$ 相关地有正合交换图表:

$$\begin{array}{ccc}\mathbb{Z}\times\Delta^{\times}&\hookrightarrow&\mathbb{C}^{\times}\times\Delta^{\times}&\longrightarrow&\mathscr{E}\\(n,q)&\longmapsto&(q^n,q)&\text{proj}\searrow&\downarrow f\\&&&&\Delta^{\times}\end{array}$$

令

$$V_0=\{(t_0,q_0)\in\mathbb{C}^{\times}\times\Delta^{\times}\,|\,|q_0|^{\frac{1}{2}}<|t_0|<|q_0|^{-\frac{1}{2}}\},$$
$$V_1=\{(t_1,q_1)\in\mathbb{C}^{\times}\times\Delta^{\times}\,|\,|q_1|<|t_1|<1\},$$
$$\underline{V}=\{(t,q)\in\mathbb{C}^{\times}\times\Delta^{\times}\,|\,|q|^{\frac{1}{2}}<|t|<1\text{ 或 }1<|t|<|q|^{-\frac{1}{2}}\}.$$

首先我们有映射

$$\underline{V}\hookrightarrow V_0:(t,q)\mapsto(t,q).$$

我们又定义映射 $\underline{V}\hookrightarrow V_1$ 如下:

$$(t,q)\mapsto\begin{cases}(t,q),&\text{若 }|q|^{\frac{1}{2}}<|t|<|1,\\(tq,q),&\text{若 }1<|t|<|q|^{-\frac{1}{2}}.\end{cases}$$

设 E 是 V_0 和 V_1 沿 $\underline{V}$ 的粘合. 如果

$$1<|t|<|q|^{-\frac{1}{2}},$$

则 V_0 中的 (t,q) 粘合到 V_1 中的 (tq,q). 而在 $\mathscr{E}$ 中 (t,q) 与 (tq,q) 相等, 所以此粘合与映射 $\mathbb{C}^{\times}\times\Delta^{\times}\to\mathscr{E}$ 相容. 于是正合交换图表

$$\begin{array}{ccccc}\mathbb{Z}\times\Delta^{\times}&\hookrightarrow&\mathbb{C}^{\times}\times\Delta^{\times}&\longrightarrow&\mathscr{E}\\&&\cup\uparrow&&\uparrow\\&&V_j&\longrightarrow&E\end{array}\quad(j=0,1)$$

给出一个同构

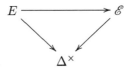

我们将用 E 作为 $\mathscr{E}$ 的模型, $\mathscr{U} = \{V_0, V_1\}$ 是它的一个开覆盖.
在 $\mathbb{C}$ 上我们使用参数 $t = e^{2\pi i \tau}$, 在 $\Delta^\times$ 上使用 $q = e^{2\pi i z}$. 则

$$2\pi i d\tau = \frac{dt}{t}, \quad 2\pi i dz = \frac{dq}{q}.$$

对于 $j = 1, 2$, $\Omega^1_{V_j}$ 有自由 $\mathscr{O}_{V_j}$-基: $\frac{dq_j}{q_j}, \frac{dt_j}{t_j}$. 令

$$\eta_j = \left(\frac{dq_j}{q_j}\right)^\vee \in H^0(V_j, (\Omega^1_{V_j})^\vee).$$

$\Omega^1_{\Delta^\times}$ 有整体生成元 $\frac{dq}{q}$. 令 $\left(\frac{dq}{q}\right)^\vee$ 为 $(\Omega^1_{\Delta^\times})^\vee$ 的整体生成元, 它将 $\frac{dq}{q}$ 映为 1. 它在 Tate 曲线的定义 $f: \mathscr{E} \to \Delta^\times$ 下的提升

$$f^*\left(\left(\frac{dq}{q}\right)^\vee\right)\bigg|_{V_j} \in f^*((\Omega^1_{\Delta^\times})^\vee)|_{V_j}$$

等于 η_j. 注意到

$$\eta_0|_{\underline{V}} = \left(\frac{dq}{q}\right)^\times,$$

若令

$$W' = \left\{(t, q) \,\big|\, |q|^{\frac{1}{2}} < |t| < 1\right\}, \quad W = \left\{(t, q) \,\big|\, 1 << |t| < |q|^{-\frac{1}{2}}\right\}.$$

则

$$\eta_1|_{W'} = \left(\frac{dq}{q}\right)^\vee \quad \text{与} \quad \eta_1|_W = \left(\frac{dq}{q}\right)^\vee$$

都将 $\frac{dq}{q}$ 映为 1. 而 Δ 将另外一个基元素 $\frac{d(tq)}{tq}$ 映为 0, 由

$$\frac{d(tq)}{tq} = \frac{dt}{t} + \frac{dq}{q},$$

即知 $\dfrac{\mathrm{d}t}{t}$ 映为 -1. 于是, 在
$$H^0(V_0 \cap V_1, \, (\Omega^1_{E/\Delta^\times})^\vee)$$
$$= H^0(W, (\Omega^1_{E/\Delta^\times})^\vee) \oplus H^0(W', (\Omega^1_{E/\Delta^\times})^\vee)$$
中 (其中 $V_0 \cap V_1 \subset E$),
$$\eta_1 - \eta_0 = \left(-\left(\dfrac{\mathrm{d}t}{t}\right)^\vee, 0\right)$$
给出了 $H^1_{\mathrm{Cech}}(\mathscr{U}, \, (\Omega^1_{E/\Delta^\times})^\vee)$ 中的一个元素 (即上同调映射). 与
$$\left(\dfrac{\mathrm{d}t}{t}\right)^{\otimes 2} \in H^0(\mathscr{U}, \, (\Omega^1_{E/\Delta^\times})^{\otimes 2})$$
作上积, 给出 $H^1(\mathscr{U}, \, (\Omega^1_{E/\Delta^\times}))$ 中的一个元素, 并且对于任一 $q \in \Delta^\times$ 得到一个元素
$$\left(-\left(\dfrac{\mathrm{d}t}{t}\right), 0\right) \in H^1(\mathscr{U}_q, \, (\Omega^1_{E/q})).$$
回想 E 在 q 处的纤维为 $E_q \cong \mathbb{C}/q^{\mathbb{Z}}$, 以及 E 有开覆盖
$$\mathscr{U} = \{V_0, V_1\}.$$
令 $\{\varphi, 1-\varphi\}$ 是从属于 $\{V_{0,q}, V_{1,q}\}$ 的单位划分, 使得在 $|t| = 1$ 附近有
$$\varphi = 1.$$
考虑 E_q 上的 Dolbeault 双复形 $A^{\bullet,\bullet}$. 定义一个映射
$$C^\bullet(\mathscr{U}_q, \, \Omega^1_{E_q}) \to A^{1,\bullet},$$
$$(\omega_0, \omega, 1) \mapsto \varphi \omega_0 + (1 - \varphi)\omega_1, \text{ 在 0 次位置,}$$
$$\eta \mapsto -\bar{\partial}\varphi \wedge \eta, \text{ 在 1 次位置.}$$
则映射
$$H^1(\mathscr{U}_q, \, \Omega^1_{E_q}) \to H^1(E_q, \, \Omega^1_{E_q}) \cong H^2(E_q, \, \mathbb{C})$$
将 Čech 类 $\left(-\dfrac{\mathrm{d}t}{t}, 0\right)$ 映为类 $\left(\bar{\partial}\varphi \wedge \dfrac{\mathrm{d}t}{t}, 0\right)$, 其中
$$\bar{\partial}\varphi \wedge \dfrac{\mathrm{d}t}{t} = \mathrm{d}\left(\varphi \wedge \dfrac{\mathrm{d}t}{t}\right) \quad (\text{在 } W_q \subseteq E_q \text{ 上}).$$

现在应用 Stokes 公式, 有

$$\frac{1}{2\pi i}\int_{1\leqslant |t|\leqslant |q|^{-\frac{1}{2}}} d\Big(\varphi \wedge \frac{dt}{t}\Big)$$
$$=\frac{1}{2\pi i}\int_{|t|=|q|^{-\frac{1}{2}}} \varphi \frac{dt}{t} - \frac{1}{2\pi i}\int_{|t|=1} \varphi \frac{dt}{t} = -1,$$

在此式右端第一个积分中 $\varphi = 0$, 而在第二个积分中 $\varphi = 1$. 这就完成了 Kodaira-Spencer 映射的计算.

§9.2 p-adic 理论

本节构造 p-adic Tate 曲线的方法主要来源于 Robert 的著作 (见参考文献 Robert [Rob 73]). 在 Silverman 的著作 (见参考文献 Silverman [Sil 86], [Sil 94]) 中有另一种叙述.

我们将使用如下通常的记号:

$\mathbb{Q}_p$: p-adic 数域, 即有理数域 $\mathbb{Q}$ 的 p-adic 完备化;

$\bar{\mathbb{Q}}_p$: $\mathbb{Q}_p$ 的代数闭域;

$\mathbb{C}_p$: $\bar{\mathbb{Q}}_p$ 的完备化;

$|\cdot|_p$: $\mathbb{C}_p$ 上的绝对值, 满足 $|p|_p = p^{-1}$.

$\mathbb{C}_p$ 既是拓扑完备的, 又是代数封闭的. 在这种意义上说, $\mathbb{C}_p$ 与复数域 $\mathbb{C}$ 很相似. 但是他们又有很大的差别. 例如, 在上一节中, 我们构造 $\mathbb{C}$ 上的椭圆曲线是从 $\mathbb{C}$ 中的一个格 L 出发的. 但在 $\mathbb{C}_p$ 中不存在这样的格. 事实上, 假若 L 是 $\mathbb{C}_p$ 中的一个离散格, $0 \neq l \in L$, 则

$$|p^n l|_p = |l|_p/p^n, \qquad n \in \mathbb{Z}.$$

这意味着点 0 的任一开邻域内皆含有 L 中的非零元素, 矛盾于 L 的离散性.

我们首先构造 p-adic Tate 曲线的 (半纯) 函数域, 然后给出它的定义方程.

设

$$f(x) = \sum_{i=-\infty}^{\infty} c_i x^i, \qquad c_i \in \mathbb{C}_p$$

为形式罗朗级数. 如果 $f(x)$ 对于所有的

$$x \in \mathbb{C}_p^\times = \mathbb{C}_p \setminus \{0\}$$

皆收敛, 则称 $f(x)$ 为 $\mathbb{C}_p$ 上的一个**全纯函数** (holomorphic function). 两个全纯函数的商 (分母不等于 0) 称为**半纯函数** (meromorphic function). 如果全纯函数 $f(x)$ 的系数 c_i 皆属于 $\mathbb{Q}_p$ 的某个有限扩张 $K \subset \bar{\mathbb{Q}}_p$, 则称 $f(x)$ 为 K 上的全纯函数. K 上的全纯函数的全体在通常的加、乘法下构成的环称为 K **上的全纯函数环** (ring of holomorphic functions over K), 记为 $H(K)$. 自然地, 我们可以定义 K 上的**半纯函数域** (field of meromorphic functions), 记为 M_K.

9.2.1 Schnirelmann 定理

p-adic 分析理论的基石之一是 Schnirelmann 定理, 它是我们在本节中推理的出发点. 为了叙述此定理, 需要引入一些术语.

设 $f(x)$ 是 $\mathbb{C}_p$ 上的一个全纯函数,

$$f(x) = \sum_{i=-\infty}^{\infty} c_i x^i \qquad (c_i \in \mathbb{C}_p).$$

又设 $x = x_0 \neq 0$ 是 $f(x)$ 的一个零点 (或 "根"), 即 $f(x_0) = 0$. 考虑

$$f(x_0) = \sum_{i=-\infty}^{\infty} c_i x_0^i$$

右端各项的绝对值中的最大者. 由于此式收敛, 故绝对值最大的项必然只有有限多个. 进而言之, 这种项必不只一个 (否则 $f(x_0) = 0$ 与强三角不等式矛盾).

如果 $f(x_0) = 0$, $x_0 \neq 0$, 则称 $r = |x_0|_p$ 为 $f(x)$ 的一个**临界半径** (critical radius), 称 $\{a \in \mathbb{C}_p \mid |a|_p = r\}$ 为 $f(x)$ 的 (半径为 r 的)**临界球面** (critical sphere).

定理 9.2 (L. Schnirelmann) 设 $K/\mathbb{Q}_p$ 为有限扩张, $f(x) \in H_K$. 则 $f(x)$ 有如下的表达式:

$$f(x) = c x^k \prod_{|\alpha|_p < 1} \left(1 - \frac{\alpha}{x}\right) \prod_{|\alpha|_p > 1} \left(1 - \frac{x}{\alpha}\right),$$

其中 $c \in K$, $\alpha \in \bar{\mathbb{Q}}_p = \bar{K}$, 任一 α 都属于 $f(x)$ 的某个临界球面, 且 $f(x)$ 的任一临界球面只含有有限多个 α.

此定理的证明梗概如下: 设 $f(x)$ 的属于同一个 (半径为 r 的) 临界球面的所有的根为 $\alpha_{r,j}, j = 1, \cdots, j_r$. 令

$$g_r(x) = \prod_{j=1}^{j_r} \left(1 - \frac{\alpha}{x}\right), \qquad \text{若 } r < 1;$$

$$\widehat{g}_r(x) = \prod_{j=1}^{j_r} \left(1 - \frac{x}{\alpha}\right), \qquad \text{若 } r \geqslant 1.$$

又设

$$f(x) = h(x) \left(\prod_{r<0} g_r(x) \prod_{r \geqslant 0} \widehat{g}_r(x) \right),$$

则 $h(x)$ 没有临界半径. 即 $h(x) = cx^k$.

由此定理即知: M_K 中任一元素

$$f(x) = \frac{g(x)}{h(x)}, \qquad g(x), h(x) \in H_K$$

可以写成

$$f(x) = cx^k \prod_{|a|_p < 1} \left(1 - \frac{a}{x}\right)^{d_a} \prod_{|a|_p > 1} \left(1 - \frac{x}{a}\right)^{d_a},$$

其中 $a \in \bar{K}, d_a \in \mathbb{Z}$. 容易看出, 此式的右端具有下述性质:

(1) 对于任意两个临界半径 $r' < r''$. 只有有限多个 $a \in [r', r'']$ 使得 $d_a \neq 0$;

(2) 对于任意的 a 和任意的 $\sigma \in \mathrm{Gal}(\bar{K}/K)$, 有 $d_a = d_a^\sigma$ (即 d_a 在 K 上是有理的).

我们称上式右端对应的形式和 $\sum_a d_a(a)$ 为 $f(x)$ 的**除子** (divisor), 记为 $\mathrm{div}\, f$.

9.2.2　p-adic theta 函数

设 $K/\mathbb{Q}_p$ 为有限扩张, $q \in K^\times$, $|q|_p < 1$. 令

$$L_K^q = \{f \in M_K \mid f(qx) = f(x)\ (x \in \bar{K}^\times)\}$$

(在不会引起混淆的情况下, L_K^q 也记为 L_K). 显然, L_K^q 构成 M_K 的一个子域.

对于任一 $f \in L_k^q$, $\mathrm{div} f = \sum_a d_a(a)$ 中的 (a) 的系数与 $(q^n a)$ 的系数相等 ($n \in \mathbb{Z}$ 为任意整数). 故可定义 f 在 $\bar{K}^\times / q^{\mathbb{Z}}$ 上的除子 $\mathrm{div}_q(f)$: 若

$$f(x) = cx^k \prod_{|a|_p < 1}\left(1 - \frac{a}{x}\right)^{d_a} \prod_{|a|_p > 1}\left(1 - \frac{x}{a}\right)^{d_a},$$

其中 $a \in \bar{K}$, $d_a \in \mathbb{Z}$, 则

$$\mathrm{div}_q(f) = \sum_{|q|_p < |a|_p \leqslant 1} d_a(a).$$

以 $\mathrm{div}_K(\bar{K}^\times/q^{\mathbb{Z}})$ 记满足上小节末的条件 (1) 和 (2) 的 $\bar{K}^\times/q^{\mathbb{Z}}$ 上的除子构成的 Abel 群. 显然,

$$\mathrm{div}_q(f) \in \mathrm{div}_K(\bar{K}^\times/q^{\mathbb{Z}}).$$

若 f 不是常值函数, 则称 $\mathrm{div}_q(f)$ 为 $\bar{K}^\times/q^{\mathbb{Z}}$ 上的**主除子** (principal divisor).

定义 9.2 设 $q \in \bar{K}^\times$, $|q|_p < 1$. 如果 M_K 中的元素 $\theta(x)$ (其变元 x 取值于 $\bar{K}^\times$) 的除子以 q 为周期, 则称 $\theta(x)$ 为 p-**adic theta 函数** (p-adic theta function).

设 θ 是一个 theta 函数. 令 $\theta_1(x) = \theta(q^{-1}x)$, 则 θ_1 也是 theta 函数. 由 Schnirelmann 定理, 有

$$\theta(q^{-1}x) = \theta_1(x) = c^{-1}(-x)^d \theta(x) \quad (c \in K^\times,\ d \in \mathbb{Z}).$$

同样地, 任一除子与 θ 相同的 theta 函数 θ_2 必可表为

$$\theta_2(x) = c' x^k \theta(x).$$

于是

$$\theta_2(q^{-1}x) = c'(q^{-1}x)^d \theta(q^{-1}x) = (cq^k)^{-1}(-x)^d \theta_2(x).$$

这说明, $d(\in \mathbb{Z})$ 以及 c 在 $K^\times/q^\mathbb{Z}$ 中所在的陪集都由 θ 的除子唯一决定, 而与除子等于 (θ) 的 theta 函数选取无关. 由于 $\mathrm{div}_K(\bar{K}^\times/q^\mathbb{Z})$ 中的任一元素 $\underline{d}$ 皆可以作为某个 theta 函数的除子, 所以有映射

$$d_q: \quad \mathrm{div}_K(\bar{K}^\times/q^\mathbb{Z}) \quad \to \quad \mathbb{Z},$$
$$\underline{d} \quad \mapsto \quad d_q(\underline{d}) = d,$$

和

$$\phi_q: \quad \mathrm{div}_K(\bar{K}^\times/q^\mathbb{Z}) \quad \to \quad K^\times/q^\mathbb{Z},$$
$$\underline{d} \quad \mapsto \quad \phi_q(\underline{d}) = c \bmod q^\mathbb{Z}.$$

命题 9.3 映射 d_q 是次数 (degree) 同态; ϕ_q 是 Abel-Jacobi 同态, 即

$$\phi_q\left(\sum d_a(a)\right) = \prod a^{d_a} \bmod q^\mathbb{Z}.$$

证明 首先考虑

$$\theta_0(x) = \prod_{n>0}(1-q^n x)\prod_{n\geqslant 0}(1-q^n x^{-1}).$$

显然, $\mathrm{div}_q(\theta_0) = (1)$. 易见 $\theta_0(q^{-1}x) = -x\theta_0(x)$, 所以

$$d_q((1)) = 1 = \deg((1)), \qquad \phi_q((1)) = 1 \bmod q^\mathbb{Z}.$$

对于任一 $a \in K^\times$, 令 $\theta_a(x) = \theta_0(a^{-1}x)$, 于是 $\mathrm{div}_q(\theta_a) = (a)$. 而

$$\theta_a(q^{-1}x) = (aq)^{-1}(-x)\theta_a(x),$$

故

$$d_q((a)) = 1 = \deg((a)), \qquad \phi_q((1)) = a \bmod q^\mathbb{Z}.$$

一般地, 若

$$\underline{d} = \sum d_a(a) \in \mathrm{div}_K(\bar{K}^\times/q^\mathbb{Z})$$

(其中 $\underline{d}$ 在 K 上是有理的), 则 $\underline{d}$ 是 $\prod \theta_a^{d_a}$ 的除子. 由此得到

$$d_q(\underline{d}) = \sum d_a \cdot d_q(\theta_a) = \sum d_a = \deg(\underline{d}),$$

$$\phi_q(\underline{d}) = \prod \phi_q(\theta_a)^{d_a} = \prod a^{d_a} \bmod q^{\mathbb{Z}}. \qquad \Box$$

推论 1   除子 $\underline{d} \in \mathrm{Div}_K(\bar{K}^\times/q^{\mathbb{Z}})$ 是主除子的充分必要条件是 $\deg(\underline{d})0$ 且 $\phi_q(\underline{d}) = 1 \bmod q^{\mathbb{Z}}$.

推论 2   设 $a,b \in \bar{K}^\times$，它们在 $\bar{K}^\times/q^{\mathbb{Z}}$ 中所代表的陪集在 $\mathrm{Gal}(\bar{K}/K)$ 下不共轭. 则存在一个主除子 $\underline{d}$，其在 a 和 b 处的重数分别为

$$d_a = 1 \quad \text{和} \quad d_b = 0.$$

证明   首先，若 $a \in K^\times$，选取 $u, v \in K^\times$，使得

$$a, \quad au, \quad v, \quad uv, \quad b$$

$\bmod q^{\mathbb{Z}}$ 两两不同余. 令

$$\underline{d} = (a) - (au) - ((v) - (uv)).$$

则 $\underline{d}$ 满足推论 1 中的两个条件，所以是主除子. $\underline{d}$ 即符合本推论的要求.

若 $a \notin K$，设

$$e = [K(a):K](\geqslant 2),$$
$$N = \mathrm{Norm}_{K(a)/K}(a) = \prod_{\sigma: K \hookrightarrow \bar{K}} a^\sigma.$$

则 $\underline{d}_a = \sum(a^\sigma)$ 在 K 上是有理的，次数为 e. 易见 $\phi_q(\underline{d}_a) = N$. 选取 $u, v \in K^\times$，使得 $u^{e-1}v = N$ 且 $u, v, b, a^\sigma \bmod q^{\mathbb{Z}}$ 两两不同余，则

$$\underline{d} = \underline{d}_a - ((e-1)(u) + (v))$$

满足推论 1 中的两个条件，所以是符合本推论要求的主除子. $\qquad \Box$

9.2.3 Riemann-Roch 定理

像通常一样，对于 $\underline{d} \in \mathrm{div}_K(\bar{K}^\times/q^{\mathbb{Z}})$，定义

$$L_K^q(\underline{d}) = \{f \in L_K^q \mid \mathrm{div}_q(f) \succeq -\underline{d}\}.$$

$L_K^q(\underline{d})$ 也简记为 $L_K(\underline{d})$.

定理 9.4 (Riemann-Roch) 设

$$\underline{d} \in \mathrm{Div}_K(\bar{K}^\times/q^{\mathbb{Z}}), \quad d = \deg(\underline{d}) > 0.$$

则 $\dim_K L_K(\underline{d}) = d$.

证明 我们对 $\underline{d}$ 的次数 d 作归纳. 若 $d = 1$, 应用上小节的推论 1, 无妨假定 $\underline{d} = (a)$. 再应用此推论, 即知 $L_K((a)) = K$.

现在设定理对于次数小于 d 的除子成立. 对于次数为 d 的除子 $\underline{d}$, 令 $a = \phi_q(\underline{d})$, 再选取 $b \in K^\times$ 满足: (b) 在 $\underline{d}$ 中的重数为 0, 并且与 1 和 $a \bmod q^{\mathbb{Z}}$ 都不同余. 令 $\underline{d}' = \underline{d} - (b)$, 则

$$d' = \deg \underline{d}' = d - 1.$$

由归纳假设, 有

$$\dim_K L_K(\underline{d}') = d - 1.$$

易见 $L_K(\underline{d}')$ 是线性映射

$$L_K(\underline{d}) \to K,$$
$$f \mapsto f(b)$$

的核, 故只要证明这个线性映射是满射, 即证它不是零映射. 由上小节的推论 1 知,

$$(a) + (d-1)(1) - (\underline{d})$$

是主除子, 且在 b 处的重数为 0. 设它是 f 的除子, 则 $f \in L_K(\underline{d})$, 且 $f(b) \neq 0$. $\square$

9.2.4 p-adic Tate 曲线

对于 K 的任一有限正规扩张 K', 通过简单的讨论可知

$$H_{K'} = H_K \cdot K', \quad M_{K'} = M_K \cdot K';$$

进而 $L^q_{K'} = L^q_K \cdot K'$. 在 Riemann-Roch 定理中用 K' 代替 K, 有

$$\dim_{K'} L^q_{K'}(\underline{d}) = \deg \underline{d} \quad (\deg \underline{d} > 0).$$

这说明
$$L_K^q \cdot \bar{K} = \bigcup_{K'} L_{K'}^q$$

在 $\bar{K}$ 上的亏格为 1. 而 $q \in K$, 所以 L_K^q 同构于定义在 K 上的一条非奇异的绝对不可约的三次曲线 E_q 的 K- 有理的函数域. 进一步, 不难看出, $\bar{K}^\times/q^{\mathbb{Z}}$ 是 (在 $\bar{K}$ 上平凡的) $L_K^q \cdot \bar{K}$ 的正规化赋值的集合. 事实上, 有下面的双射:
$$v: \bar{K}^\times/q^{\mathbb{Z}} \to E_q(\bar{K}),$$
$$a \mapsto P_a,$$

其中 $P_a \in E_q(\bar{K})$ 使得对于任一 $f \in L_K^q \cdot \bar{K}$, 由 Schnirelmann 定理所定义的 f 在 a 处的零点的阶 (若 a 为 f 的极点, 则认为有负的零点的阶) 等于 f 作为 E_q 上的函数在点 P_a 处的正规化赋值. 映射 v 显然是单射. 又易见 v 是满射: 假若有某个 $P \in E_q(\bar{K})$, $P \notin \mathrm{Img}\, v$, 令 K' 为 K 上添加 P 的坐标得到的有限扩张, 对 K' 应用 Riemann-Roch 定理, 即知存在非常值函数 $f \in L_{K'}(2(P))$, 矛盾于 9.2.2 小节的推论 1.

以下我们将 $\bar{K}^\times/q^{\mathbb{Z}}$ 与 $E_q(\bar{K})$ 等同起来. 对于 K 上的任一有限扩张 K', 在此等同下, 它们在 $\mathrm{Gal}(\bar{K}/K')$ 下不动元的集合相同, 即
$$v(K'^\times/q^{\mathbb{Z}}) = E_q(K').$$

特别地, $v(K^\times/q^{\mathbb{Z}}) = E_q(K)$.

在 9.1.2 小节中, 对于 $|q| < 1$, 我们得到了定义在 $\mathbb{Z}[[q]]$ 上的三次曲线的方程
$$s^2 + ts = t^3 - b_2 t - b_3, \tag{9.2}$$

其中
$$t = t(w) = \sum_{m=-\infty}^{\infty} \frac{q^m w}{(1-q^m w)^2} - 2\sum_{m=1}^{\infty} \frac{q^m}{(1-q^m)^2},$$
$$s = s(w) = \sum_{m=-\infty}^{\infty} \frac{(q^m w)^2}{(1-q^m w)^3} + \sum_{m=1}^{\infty} \frac{q^m}{(1-q^m)^2},$$

$$b_2 = b_2(q) = 5\sum_{n=1}^{\infty} \frac{n^3 q}{1-q^n},$$
$$b_3 = b_3(q) = \sum_{n=1}^{\infty} \Big(\frac{7n^5+5n^3}{12}\Big)\frac{q^n}{1-q^n}.$$

现在, $q \in K$, $|q|_p < 1$, 以上诸式在 K 上皆有意义. 显然 $t(w), s(w) \in L_K^q$, 且 $t(w)$ 以 $w = 1 \bmod q$ 为二阶极点, $s(w)$ 以 $w = 1 \bmod q$ 为三阶极点. 由 Riemann-Roch 定理即知

$$L_K^q = K(t(w), s(w)),$$

并且 (9.2) 就是曲线 E_q 的方程. 再取定 E_q 的无穷远点 (对应于 $w = 1 \bmod q$) 为 O_{E_q}, 则 (E_q, O_{E_q}) 是定义在 K 上的 (对应于 q 的) 椭圆曲线, 称之为 K 上的 (p-adic) Tate 曲线 ((p-adic) Tate curve), 记为 $\mathbf{Tate}_1^q$. 其判别式和 j - 不变量与 $\mathbb{C}$ 上的 $\mathbf{Tate}_1$ 相同, 即

$$\Delta_{E_q} = q \prod_{n=1}^{\infty}(1-q^n)^{24} \neq 0,$$
$$j_{E_q} = \frac{1}{1728}\Big(\frac{g_2}{(2\pi)^4}\Big)^3 \frac{1}{\Delta} = \frac{1}{q} + 744 + \sum_{n \geqslant 1} c(n)q^n,$$

其中 $c(n) \in \mathbb{Z}$. 于是 $|j_{E_q}|_p > 1$.

一个自然的问题是: 对于任一 $j \in K$, 是否存在

$$q \in K, \qquad |q|_p < 1,$$

使得 $\mathbf{Tate}_1^q$ 的 j-不变量等于 j? 答案是肯定的, 这可由下面的引理保证.

引理 9.5 设 $K/\mathbb{Q}_p$ 为有限扩张, 其整量环记为 O, 极大理想为 $\mathfrak{M}$,

$$f(x) = \sum_{n \geqslant 0} c_n x^n \in O_K[[x]].$$

则映射

$$\mathfrak{M} \setminus \{0\} \to K \setminus \{0\},$$
$$x \mapsto \frac{1}{x} + f(x)$$

是一个连续的双射.

此引理的证明是初等的, 读者可自证之.

由于
$$\bar{\mathbb{Q}}_p = \bigcup_{[K:\mathbb{Q}_p]<\infty} K,$$
所以此引理中的双射可以扩充为挖去点 0 的开圆盘
$$\Delta_p = \{x \in \bar{\mathbb{Q}}_p \mid 0 < |x|_p < 1\}$$
到此圆盘的外部 $\{x \in \bar{\mathbb{Q}}_p \mid |x|_p > 1\}$ 的双射.

我们把以上的结果总结为下面的定理:

定理 9.6 (Tate)　设 $K/\mathbb{Q}_p$ 是有限扩张,
$$q \in K, \qquad 0 < |q|_p < 1.$$
则

(1) Tate 曲线 $E_q = \bar{K}^\times/q^{\mathbb{Z}}$ 可由 K 上的方程 (9.2) 定义, 其上的 K 有理点 $E_q(K)$ 与 $K^\times/q^{\mathbb{Z}}$ 同构 (进一步, $E_q(\bar{K})$ 与 $\bar{K}^\times/q^{\mathbb{Z}}$ 作为 $\mathrm{Gal}(\bar{K}/K)$ 模同构).

(2) 有双射
$$\{E_q \mid q \in \bar{K}, 0 < |q|_p < 1\} \to \{j \in \bar{K} \mid |j|_p > 1\},$$
$$E_q \mapsto j(E_q).$$

当 $q = 0$ 时, 与复数域的情形一样, $b_2(0) = b_3(0) = 0$, 曲线 E_q 变成了 Néron 1-边形
$$s^2 + st = t^3.$$
所以 $\{\mathbf{Tate}_1^q \mid q \in \bar{\mathbb{Q}}_p, 0 < |q|_p < 1\}$ 扩充为一条稳定曲线:
$$\mathbf{Tate}_1 \to \Delta = \{\mathbf{Tate}_1^q \mid q \in \Delta_p\},$$
其中 $\Delta_p = \{q \in \bar{\mathbb{Q}}_p \mid |q|_p < 1\}$.

第10章 模 形 式

所谓"模形式"是指复流形上在离散子群作用下不变的微分形式. 作为参考背景, 我们先回顾一下它的经典构造方法.

1. 设 G 为实半单李群, K 为 G 中的极大紧子群, 则

$$X = K \backslash G$$

为 Riemann 对称空间. G 以右平移作用于 X 上: 对于 $g, g' \in G$,

$$(Kg, g') \mapsto Kgg'.$$

给定复数域上的有限维向量空间 V. 所谓**自守因子** (automorphic factor) 是指满足下述条件 (即 1-上闭链条件):

$$\mu(x, gg') = \mu(x, g)\mu(xg, g')$$

的映射 $\mu : X \times G \to GL(V)$.

像通常一样, K 作为 X 中的元素常记为 0. 对于 $k \in K \subset G$, 令

$$\rho(k) = \mu(0, k),$$

则

$$\rho : K \to GL(V)$$

是 K 的一个表示. 称空间 $G \times V$ 内的两点 (g, v) 和 (g', v') 为等价的, 如果存在 $k \in K$ 使得

$$g' = kg \quad \text{且} \quad v' = \rho(k) \cdot v,$$

将 (g, v) 所在的等价类记为 $\langle g, v \rangle$. 令 $\mathscr{F}$ (或 $G \times_K V$) 为所有等价类组成的集合, $\pi(\langle g, v \rangle) = Kg$ 为投射. 则有向量丛

$$\mathscr{F} \xrightarrow{\pi} X.$$

π 的截面组成向量空间 $H^0(X,\mathscr{F})$. G 在 $H^0(X,\mathscr{F})$ 上的作用为左平移.

现在设 Γ 为 G 的离散子群. 以 $H^0(X,\mathscr{F})^\Gamma$ 记 $H^0(X,\mathscr{F})$ 中在 Γ 作用下不变的元素所组成的子空间. 则 $H^0(X,\mathscr{F})^\Gamma$ 的元素一一对应于满足以下二条件的函数 $f\colon G\to V$:

(1) $f(kg)=\rho(k)f(g),\quad \forall\, k\in K,\ g\in G$;

(2) $f(g\gamma)=f(g),\quad \forall\, \gamma\in\Gamma,\ g\in G$.

2. 考虑对称空间 X 上满足以下二条件的函数 $F\colon X\to V$:

($1'$) $F(K\cdot kg)=F(Kg),\quad \forall\, k\in K,\ g\in G$;

($2'$) $F(x)=\mu(x,\gamma)=\mu(x,\gamma)F(x\cdot\gamma),\quad \forall\,\gamma\in\Gamma,\ x\in X$.

定义
$$f(g)=\mu(0,g)F(Kg).$$

不难验证 $(1)\Longleftrightarrow(1'),\ (2)\Longleftrightarrow(2')$.

3. 结论: 我们有以下的一一对应关系:
$$H^0(X,\mathscr{F})^\Gamma \longleftrightarrow \{G\xrightarrow{f}V\mid f \text{ 满足 }(1),(2)\},$$
$$\longleftrightarrow \{X\xrightarrow{F}V\mid F \text{ 满足 }(1'),(2')\},$$

其中 $H^0(X,\mathscr{F})^\Gamma$ 是几何对象, $G\xrightarrow{f}V$ 是群表示, 而 $X\xrightarrow{F}V$ 则属于函数论的研究范围. 这就是说, 几何、群表示论以及函数论在自守形式的研究中统一起来了.

4. 一个例子. 设 $G=SL(2,\mathbb{R})$, $K=SO(2,\mathbb{R})$, 则 X 为复上半平面. 令 $V=\mathbb{C}$,
$$\mu\left(z,\begin{pmatrix}a&b\\c&d\end{pmatrix}\right)=(cz+d)^{-k}.$$

此时 $F\colon X\to V$ 满足的条件 ($2'$) 就是权 k 的模形式定义中的
$$F(z)=(cz+d)^{-k}F\left(\frac{az+b}{cz+d}\right),\quad \forall\, \begin{pmatrix}a&b\\c&d\end{pmatrix}\in\Gamma.$$

在以上的讨论中我们并没有考虑 $\Gamma\backslash X$ 作为模空间的可能性. 本章将对于 $SL(2,\mathbb{R})$ 说明这一问题.

§10.1 模 形 式

以 $\mathfrak{H}$ 记复上半平面: $\{z \in \mathbb{C} \mid \operatorname{Im} z > 0\}$, 以 $SL(2,\mathbb{Z})$ 记整数二阶特殊线性群:

$$SL(2,\mathbb{Z}) = \left\{ \begin{pmatrix} a & b \\ c & d \end{pmatrix} \;\middle|\; a,b,c,d \in \mathbb{Z},\; ad-bc=1 \right\}.$$

$SL(2,\mathbb{Z})$ 在 $\mathfrak{H}$ 上的作用定义为: 设 $\gamma = \begin{pmatrix} a & b \\ c & d \end{pmatrix}, z \in \mathfrak{H}$, 则

$$\gamma \circ z = \frac{az+b}{cz+d}.$$

一般地, 以 Γ 记 $SL(2,\mathbb{Z})$ 的满足以下两个条件的子群:

(1) $[\,SL(2,\mathbb{Z}) : \Gamma\,] < \infty$;

(2) 对于任一 $z \in \mathfrak{H}$, $\{\gamma \in \Gamma \mid \gamma \circ z = z\}$ 只含有单位元.

Γ 的标准的例子如下: 取定正整数 $N \geqslant 5$,

$$\Gamma(N) = \left\{ \begin{pmatrix} a & b \\ c & d \end{pmatrix} \in SL(2,\mathbb{Z}) \;\middle|\; a \equiv d \equiv 1,\; b \equiv c \equiv 0 \;(\bmod\, N) \right\};$$

$$\Gamma_1(N) = \left\{ \begin{pmatrix} a & b \\ c & d \end{pmatrix} \in SL(2,\mathbb{Z}) \;\middle|\; a \equiv 1,\; c \equiv 0 \;(\bmod\, N) \right\};$$

$$\Gamma_0(N) = \left\{ \begin{pmatrix} a & b \\ c & d \end{pmatrix} \in SL(2,\mathbb{Z}) \;\middle|\; c \equiv 0 \;(\bmod\, N) \right\}.$$

显然 $\Gamma(N) \subset \Gamma_1(N) \subset \Gamma_0(N)$.

以 $\Gamma\backslash\mathfrak{H}$ 记 $\mathfrak{H}$ 在 Γ 作用下所有轨道

$$\Gamma \cdot z = \{\gamma \circ z \mid \gamma \in \Gamma\} \;(z \in \mathfrak{H})$$

组成的集合. 可以在 $\Gamma\backslash\mathfrak{H}$ 上定义复结构, 使得 $\Gamma\backslash\mathfrak{H}$ 成为黎曼面并且投射 $\mathfrak{H} \to \Gamma\backslash\mathfrak{H}$ 为复流形的态射 (见参考文献 Shimura [Shi 71] §1.5). $\Gamma\backslash\mathfrak{H}$ 也常记为 Y_Γ.

以 $\mathscr{O}_{\mathfrak{H}}$ 记 $\mathfrak{H}$ 上的全纯函数层, 以 $\Omega^1_{\mathfrak{H}}$ 记 $\mathfrak{H}$ 上的全纯 1-形式层 (sheaf of holomorphic 1-forms). 则 $\Omega^1_{\mathfrak{H}}$ 为秩 1 的自由 $\mathscr{O}_{\mathfrak{H}}$-模:

$$\Omega^1_{\mathfrak{H}} = \mathscr{O}_{\mathfrak{H}} \cdot \mathrm{d}z.$$

对于

$$\gamma = \begin{pmatrix} a & b \\ c & d \end{pmatrix} \in \Gamma,$$

有

$$\mathrm{d}(\gamma \circ z) = (cz+d)^{-2}\mathrm{d}z.$$

为了简化以下的讨论, 我们进一步假设

$$\begin{pmatrix} -1 & * \\ 0 & -1 \end{pmatrix} \notin \Gamma \quad \text{以及} \quad \begin{pmatrix} 1 & 1 \\ 0 & 1 \end{pmatrix} \in \Gamma.$$

Γ 作用在 $\mathbb{Q} \cup \{\infty\}$ 上仅有有限个轨道. 任一这样的轨道称为 Γ 的一个尖点 (cusp). 以 X_Γ 记 Y_Γ 与所有尖点的并集. 可以将 Y_Γ 的复结构扩展到 X_Γ, 从而使得 X_Γ 成为紧黎曼面 (见参考文献 Shimura [Shi 71] §1.5). 因此 X_Γ 是代数曲线.

将 $\mathbb{Z}^2 \times \mathfrak{H}$ 嵌入 $\mathbb{C} \times \mathfrak{H}$:

$$\mathbb{Z}^2 \times \mathfrak{H} \hookrightarrow \mathbb{C} \times \mathfrak{H},$$
$$((m,n), z) \mapsto (mz+n, z).$$

以 Λ 记此嵌入的像. 则拓扑空间的商投射 $\pi: \mathbb{C} \times \mathfrak{H} \to \mathbb{C} \times \mathfrak{H}/\Lambda$ 是局部 C^∞ 同构. 在 $\mathbb{C} \times \mathfrak{H}/\Lambda$ 上取复结构使得 π 为局部复解析同构. 以 $\mathscr{E}$ 记 $\mathbb{C} \times \mathfrak{H}/\Lambda$, 则

$$\mathscr{E} \xrightarrow{f} \mathfrak{H}$$

为复解析固有态射. 对于任一 $z \in \mathfrak{H}$, $\mathscr{E}_z := f^{-1}(z)$ 与复椭圆曲线 $\mathbb{C}/\mathbb{Z}z + \mathbb{Z}$ 同构. 显然

$$e: \mathfrak{H} \to \mathscr{E},$$
$$z \mapsto (0, z)$$

为 f 的单位截面. 所以 $\mathscr{E} \xrightarrow{f} \mathfrak{H}$ 是椭圆曲线.

由 $\mathbb{C}$ 中的两个格 Λ_1 和 Λ_2 所定义的两条椭圆曲线 $\mathbb{C}/\Lambda_1$ 和 $\mathbb{C}/\Lambda_2$ 同构的充分必要条件是, 存在 $a \in \mathbb{C}^\times$ 使得 $\Lambda_2 = a\Lambda_1$ (见参考文献 Silverman [Sil 86] VI, §4, 推论 4.1.1). 此时有同构

$$\phi: \mathbb{C}/\Lambda_1 \to \mathbb{C}/\Lambda_2,$$

$$[\tau] \mapsto [a\tau].$$

另一方面, 存在 $a \in \mathbb{C}^\times$ 使得

$$\mathbb{Z}z + \mathbb{Z} = a(\mathbb{Z}z' + \mathbb{Z})$$

的充分必要条件是存在 $\gamma \in SL(2, \mathbb{Z})$, 使得 $z' = \gamma \circ z$, 其中 $\gamma \circ z$ 的含义如前, 即若

$$\gamma = \begin{pmatrix} a & b \\ c & d \end{pmatrix}$$

则

$$\gamma \circ z = \frac{az+b}{cz+d}$$

(见参考文献 Ahlfors [Ahl 66]). 此时有

$$\mathbb{Z}z + \mathbb{Z} = (cz+d)^{-1}(\mathbb{Z}\gamma \circ z + \mathbb{Z})$$

(因为 $z = d(az+b) - b(cz+d)$, $1 = -c(az+b) + a(cz+d)$).

为了简单起见, 我们以 $\Gamma(1)$ 记 $SL(2,\mathbb{Z})$. $\Gamma(1)$ 作用在椭圆曲线 $\mathscr{E} \xrightarrow{f} \mathfrak{H}$ 上. $\Gamma(1)$ 在 $\mathfrak{H}$ 上的轨道集合 $Y_{\Gamma(1)}$ 是黎曼面. 对于 $z \in \mathfrak{H}$ 和 $\gamma \in \Gamma(1)$, 有同构

$$\mathscr{E}_z \cong \mathscr{E}_{\gamma \circ z}.$$

故轨道 $\Gamma(1) \circ z$ 中所有点上的纤维构成一个同构类 $\langle \mathscr{E}_z \rangle$. 这样便得到映射

$$f_{\Gamma(1)}: \mathscr{E}_{\Gamma(1)} \to Y_{\Gamma(1)}$$

使得

$$f_{\Gamma(1)}^{-1}\Gamma(1)z = \langle \mathscr{E}_z \rangle.$$

可以证明 $\mathscr{E}_{\Gamma(1)}/Y_{\Gamma(1)}$ 是椭圆曲线. 由参考文献 Silverman [Sil 86], VI, §5 知, 它是 Sch/$\mathbb{C}$ 上的泛椭圆曲线.

对于满足在本节开始所述的条件 (1) 和 (2) 的 $\Gamma(1)$ 的子群 Γ, 也可以同样地构造椭圆曲线

$$f_\Gamma : \mathscr{E}_\Gamma \to Y_\Gamma.$$

例如, 像上面一样, 设 Λ 为 $\mathbb{C}$ 中的格, 则 $E = \mathbb{C}/\Lambda$ 为 $\mathbb{C}$ 上的椭圆曲线. $\Gamma(1)$ 在 Λ 上的作用为:

$$\gamma = \begin{pmatrix} a & b \\ c & d \end{pmatrix} \in \Gamma(1)$$

将 Λ 的基 $\begin{pmatrix} w_1 \\ w_2 \end{pmatrix}$ 映为 $\begin{pmatrix} a & b \\ c & d \end{pmatrix}\begin{pmatrix} w_1 \\ w_2 \end{pmatrix}$. 映射

$$\varphi : \mathbb{Z}/N\mathbb{Z} \to E,$$
$$\frac{1}{N} \mapsto \frac{w_2}{N} \bmod \Lambda$$

是 E 的一个 $\Gamma_1(N)$ 结构. 通过直接的矩阵计算可知: γ 固定

$$\frac{w_2}{N} \bmod \Lambda$$

的充分必要条件是

$$c \equiv 0, \quad d \equiv 1 (\bmod N).$$

这就告诉我们: $\Gamma_1(N)\backslash\mathfrak{H}$ 是具有 $\Gamma_1(N)$ 结构的复椭圆曲线的模空间.

设 E 为 $\mathbb{C}$ 上由 $y^2 = 4x^3 - g_2 - g_3$ 所定义的椭圆曲线. 又设 Λ 为 $\mathbb{C}$ 中的格, 使得有同构

$$\phi : \mathbb{C}/\Lambda \to E.$$

则 E 上的不变微分形式 $\mathrm{d}x/y$ (见参考文献 Silverman [Sil 86], III, §5) 对应于 $\mathbb{C}/\Lambda$ 上的 $\mathrm{d}\tau$ (其中 τ 为 $\mathbb{C}$ 的坐标), 即

$$\phi^*(\mathrm{d}x/y) = \mathrm{d}\tau$$

(见参考文献 Silverman [Sil 86], VI, §4, 第 159 页). 设有格 $\Lambda_2 = a\Lambda_1$, 以 $\mathrm{d}\tau_j$ $(j = 1, 2)$ 记 $\mathbb{C}/\Lambda_j$ 上的不变微分. 则由同构

$$\mathbb{C}/\Lambda_1 \to \mathbb{C}/\Lambda_2,$$

$$\tau \mapsto a\tau$$

得出

$$\mathrm{d}\tau_2 = a\mathrm{d}\tau_1.$$

以 $f: \mathscr{E} \to \mathfrak{H}$ 记泛椭圆曲线, 以 ω 记 $f_*\Omega^1_{\mathscr{E}/\mathfrak{H}}$. 则对于任一 $z \in \mathfrak{H}$, $\omega_z = H^0(\mathscr{E}_z, \Omega^1_{\mathscr{E}_z/\mathbb{C}})$. 若

$$\gamma = \begin{pmatrix} a & b \\ c & d \end{pmatrix} \in SL(2, \mathbb{Z}),$$

则 $\mathscr{E}_z \cong \mathscr{E}_{\gamma \circ z}$. 以 $\mathrm{d}\tau_1$, $\mathrm{d}\tau_2$ 分别记 $\mathscr{E}_z$ 和 $\mathscr{E}_{\gamma \circ z}$ 的不变微分形式, 则有

$$\mathrm{d}\tau_2 = (cz + d)^{-1}\mathrm{d}\tau_1.$$

现在取 $H^0(\mathfrak{H}, \omega)$ 中的元素 $z \mapsto \varphi(z)\mathrm{d}\tau_1$, 它在 γ 作用下变为

$$\gamma \circ z \mapsto \varphi(\gamma \circ z)\mathrm{d}\tau_2 = \varphi(\gamma \circ z)(cz + d)^{-1}\mathrm{d}\tau_1.$$

如果我们用上面的同构 $\mathscr{E}_z \cong \mathscr{E}_{\gamma \circ z}$ 将 $\mathscr{E}_z$ 和 $\mathscr{E}_{\gamma \circ z}$ 等同起来, 则必须要求

$$\varphi(z) = \varphi(\gamma \circ z)(cz + d)^{-1}.$$

这就是说: 若以 ω_Γ 记 $f_{\Gamma*}\Omega_{\mathscr{E}_\Gamma/Y_\Gamma}$, 则 $H^0(Y_\Gamma, \omega_\Gamma)$ 的元素对应于满足条件

$$\varphi(z) = \varphi(\gamma \circ z)(cz + d)^{-1}, \quad \forall \, \gamma = \begin{pmatrix} a & b \\ c & d \end{pmatrix} \in SL(2, \mathbb{Z})$$

的解析函数 $\varphi: \mathfrak{H} \to \mathbb{C}$.

在复数域上亦有类似于 Deligne-Rapoport 的结果, 即存在广义复椭圆曲线 $\bar{f}_\Gamma: \bar{\mathscr{E}}_\Gamma \to X_\Gamma$, 它是椭圆曲线 $f_\Gamma: \mathscr{E}_\Gamma \to Y_\Gamma$ 的扩展.

以 $\bar{\omega}_\Gamma$ 记 $\bar{f}_{\Gamma*}\Omega_{\bar{\mathscr{E}}_\Gamma/X_\Gamma}$,则 $\bar{\omega}_\Gamma$ 是 ω_Γ 的扩展. 从局部坐标的角度可以作如下的考虑. 由于 Γ 的尖点在 $SL(2,\mathbb{R})$ 的作用下共轭,所以只要考虑尖点 $i\infty$. 取充分大的正数 T. 令 $U_T = \{z \in \mathfrak{H} \mid \mathrm{Im}\, z > T\}$,$\Delta_T = \{q \in \mathbb{C} \mid |q| < \mathrm{e}^{-2\pi T}\}$ 以及 $\Delta_T^* = \Delta_T \setminus \{0\}$,则有交换图表:

$$\begin{array}{ccccc} U_T & \xrightarrow{\mathrm{e}^{2\pi\mathrm{i}(\bullet)}} & \Delta_T^* & \hookrightarrow & \Delta_T \\ \big\uparrow & & \big\downarrow & & \big\downarrow \\ \mathfrak{H} & \longrightarrow & Y_\Gamma & \hookrightarrow & X_\Gamma \end{array}$$

于是,$U_T \cup \{i\infty\}$ 是 X_Γ 在 $i\infty$ 处的邻域. 对于 $z \in U_T$,椭圆曲线 $\mathscr{E}_z = \mathbb{C}/\mathbb{Z}z + \mathbb{Z}$ 在映射 $\mathrm{e}^{2\pi\mathrm{i}(\bullet)}$ 下的像为 Tate 曲线

$$\mathbf{Tate}_q^* = \mathbb{C}^\times/q^\mathbb{Z} \quad (q = \mathrm{e}^{2\pi\mathrm{i}z}),$$

同时 $\mathscr{E}_z$ 上的微分 $\mathrm{d}\tau$ (τ 为 $\mathbb{C}$ 的坐标) 映为 $\mathbf{Tate}_q^*$ 的微分 $\mathrm{d}t/t$ (t 为 $\mathbb{C}^\times$ 的坐标,$t = \mathrm{e}^{2\pi\mathrm{i}\tau}$). 记

$$f_{\mathbf{Tate}^*}: \mathbf{Tate}^* = (\mathbb{C}^\times \times \Delta^*)/(\mathbb{Z} \times \Delta^*) \to \Delta^*,$$

其中 $\mathbb{Z} \times \Delta^* \hookrightarrow \mathbb{C}^\times \times \Delta^*$ 定义为 $(n,q) \mapsto (q^n, q)$. 则 $\mathrm{d}t/t$ 可以看做 $(f_{\mathbf{Tate}^*})_*\Omega^1_{\mathbf{Tate}^*/\Delta^*}$ 的生成元. 当把 $\mathbf{Tate}^*/\Delta^*$ 扩展为广义椭圆曲线 $\mathbf{Tate}/\Delta$ 时,通过计算知 $\mathrm{d}t/t$ 亦可扩展为 $(f_{\mathbf{Tate}})_*\Omega^1_{\mathbf{Tate}/\Delta}$ 的生成元.

由

$$\mathrm{d}(\gamma \circ z) = z \quad \text{及} \quad \mathrm{d}(\gamma \circ \tau) = (cz+d)^{-1}\mathrm{d}\tau$$

可得 $\mathfrak{H}$ 上的 $SL(2,\mathbb{Z})$-不变的 $\mathscr{O}_\mathfrak{H}$-模同构:

$$\begin{aligned} \omega^{\otimes 2}_{\mathscr{E}/\mathfrak{H}} &\longrightarrow \Omega^1_{\mathfrak{H}/\mathbb{C}}, \\ \mathrm{d}\tau^{\otimes 2} &\longmapsto \mathrm{d}z. \end{aligned}$$

将 Γ 的尖点对应的除子的和记为 $\mathscr{C}$. 由上面的同构可推出 Kodaira-Spencer 同构

$$\bar{\omega}_\Gamma^{\otimes 2} \xrightarrow{\approx} \Omega^1_{X_\Gamma}(\mathscr{C}).$$

§10.1 模形式

为此, 只要在个别的尖点处考虑. 对于尖点 $i\infty$, 我们应用上述的 $i\infty$ 邻域上的局部坐标. 以 η 记 ω_Γ 的生成元. 在 Kodaira-Spencer 同构下 $\eta^{\otimes 2}$ 对应于

$$\mathrm{d}q/q \in H^0(\Delta_T^*, \Omega^1_{\Delta_T^*}),$$

而 $\mathrm{d}q/q$ 扩展到 Δ_T 恰好是 $H^0(\Delta_T, \Omega^1_{\Delta_T}(0))$ (这里 $\Omega^1_{\Delta_T}(0)$ 中的 0 意为 Δ 中的零点对应的除子, 而 $\Omega^1_{\Delta_T}(0)$ 是指 Δ_T 上的满足下述条件的微分 1-形式 ψ 的集合: ψ 只可能有一个极点 0, 且极点的阶不超过 1).

定义 10.1 设 $k \geqslant 1$ 为正整数. $\Gamma \subseteq SL(2, \mathbb{Z})$ 满足 10.1 节开始所述的条件 (1) 和 (2), $\mathscr{C}$ 为 Γ 的尖点除子. 则定义 Γ 的**权 k 的模形式** (modular form of weight k) 为 $H^0(X_\Gamma, \bar{\omega}_\Gamma^{\otimes k})$ 的元素; Γ 的**权 k 的尖形式** (cusp form of weight k) 为 $H^0(X_\Gamma, \bar{\omega}_\Gamma^{\otimes k}(-\mathscr{C}))$ 的元素.

当 $k \geqslant 2$ 时, 利用 Kodaira-Spencer 同构可以把权 k 的尖形式看做 $H^0(X_\Gamma, \bar{\omega}_\Gamma^{\otimes k-2} \otimes \Omega^1_{X_\Gamma})$ 的元素 (见参考文献 Deligne [Del 71], 定义 2.8).

若 $\gamma = \begin{pmatrix} a & b \\ c & d \end{pmatrix}$, 我们引入符号 $j(\gamma, z) = cz + d$. 根据以前的讨论, 我们可以把 $H^0(X_\Gamma, \bar{\omega}_\Gamma^{\otimes k})$ 的元素视为满足下述条件的解析函数 $\varphi: \mathfrak{H} \to \mathbb{C}$:

(1) $\varphi(z) = j(\gamma, z)^{-k} \varphi(\gamma \circ z), \forall \gamma \in \Gamma$;

(2) φ 是 $\mathfrak{H}$ 上的解析函数;

(3) φ 可扩展为 X/Γ 上的解析函数. 这里的意思是这样的: 如果 c 是 Γ 的尖点, $\rho \in SL(2, \mathbb{Z})$ 使得 $c = \rho \circ i\infty$, 则幂级数 $j(\rho, z)^{-k} \varphi(\rho \circ z) = \sum_{n \geqslant 0} a_n q^n$ ($a_n \in \mathbb{C}, q = \mathrm{e}^{2\pi i z}$) 在 $q = 0$ 收敛为解析函数. 这就是 Γ 的**权 k 模形式** (modular form of weight k for Γ) 的经典的定义 (见陆洪文, 李云峰, 模形式讲义 (1999), §7). 如果在条件 (3) 中, 在每一个 Γ 的尖点 $c = \rho \circ i\infty$ 处函数 $j(\rho, z)^{-k} \varphi(\rho \circ z)$ 的幂级数的常数项 $a_0 = 0$, 则我们说 φ 是**尖形式** (cusp form). 所有 Γ 的权 k 尖形式组成一有限维复向量空间, 记之为 $S_k(\Gamma, \mathbb{C})$.

以上的经典的表达式是在选定了 ω 的一个生成元的情形下所得

到的. 同时, 我们还可以将 z 与椭圆曲线 $\mathscr{E}_z$ 联系起来, 从而导致模形式的几何定义. 具体地说, 考虑偶对 (E,w) 的集合, 其中 $E \xrightarrow{f} \mathbb{C}$ 为椭圆曲线, w 为 $f_*\Omega^1_{E/\mathbb{C}}$ 的生成元. 以 $\langle E,w\rangle$ 记 (E,w) 的同构类, 以 H 记所有 $\langle E,w\rangle$ 组成的集合, 则可以定义权 k 的模形式为满足下述条件的函数 $\varphi: H \to \mathbb{C}$:

(1) $\varphi(\langle E, \lambda w\rangle) = \lambda^{-k}\varphi(\langle E,w\rangle), \quad \forall\, \lambda \in \mathbb{C}^\times$;

(2) $\varphi(\langle \mathbf{Tate}_q^\times, \mathrm{d}t/t\rangle) = \sum_{n\geqslant 0} a_n q^n \quad (a_n \in \mathbb{C},\ t = \mathrm{e}^{2\pi\mathrm{i}\tau})$,

其中 τ 是 $\mathbb{C}$ 的坐标 (此定义见参考文献 Katz [Kat 73]). Katz 正是利用这样的定义发展 p-adic 模形式理论的.

§10.2 Hecke 算子

本节假定 N 与 n 为互素的正整数.

(1) 我们从所谓 $\Gamma(N,n)$ 的模问题出发 (参看 [Del 74] §4, Prop 4.4). 我们不打算定义这个模问题. 但是我们可以从这个模问题的泛元来理解. 设有泛元

$$(\mathbb{E}_{N,n}, \mathbb{P}_{N,n}, \mathbb{G}) \to Y(N,n)/\mathbb{Q},$$

其中 $\mathbb{E}_{N,n} \to Y(N,n)$ 是关于这个模问题的泛椭圆曲线, $\mathbb{P}_{N,n}$ 是 $\mathbb{E}_{N,n}$ 的 $\Gamma_1(N)$ 结构, $\mathbb{G}$ 是 $\mathbb{E}_{N,n}$ 的 $\Gamma_0(N)$ 结构 ($\mathrm{Ker}(\mathbb{E}_{N,n} \to \mathbb{E}_{N,n}/\mathbb{G})$ 与 $\mathbb{P}_{N,n}$ 无交) (上面的 $\mathbb{Q}$ 可换为 $\mathbb{Z}[1/(Nn)]$).

(2) 暂时忘掉 $\mathbb{G}$. 则 $\mathbb{E}_{N,n} \to Y(N,n)$ 是以 $\mathbb{P}_N$ 为 $\Gamma_1(N)$ 结构的椭圆曲线. 由 $\Gamma_1(N)$ 结构的 "椭圆曲线 → 模曲线":

$$(\mathbb{E}_N, \mathbb{P}_N) \to Y_1(N)$$

的泛性, 即知存在唯一的态射 $s: Y(N,n) \to Y_1(N)$, 使得 $(\mathbb{E}_N, \mathbb{P}_N)$ 拉回至 $(\mathbb{E}_{N,n}, \mathbb{P}_{N,n})$, 即

$$(\mathbb{E}_{N,n}, \mathbb{P}_{N,n}) = (s^*\mathbb{E}_N, s^*\mathbb{P}_N).$$

也就是说, 我们有卡氏图:

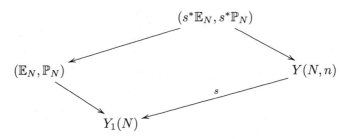

(3) 以 $\overline{\mathbb{E}}$ 记 $\mathbb{E}_{N,n}/\mathbb{G}$, 以 $\overline{\mathbb{P}}$ 记 $\mathbb{P}_{N,n}$ 在 $\overline{\mathbb{E}}$ 下的像 (即是 $Y(N,n)$ $\xrightarrow{\mathbb{P}_{N,n}} \mathbb{E}_{N,n}[N] \longrightarrow \overline{\mathbb{E}}[N]$). 则

$$(\overline{\mathbb{E}}, \overline{\mathbb{P}}) \to Y(N,n)$$

是具有 $\Gamma_1(N)$ 结构的椭圆曲线. 如前可知存在唯一的态射

$$t: Y(N,n) \to Y_1(N),$$

使得 $\overline{\mathbb{E}} = t^*\mathbb{E}_N$, $\overline{\mathbb{P}} = t^*\mathbb{P}_N$, 并且有卡氏图:

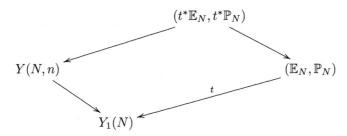

(4) 以 φ 记同源 (isogeny)

$$s^*\mathbb{E}_N = \mathbb{E}_{N,n} \to \mathbb{E}_{N,n}/\mathbb{G} = t^*\mathbb{E}_N.$$

则有以下的交换图表 (见参考文献 Deligne[Del 71]):

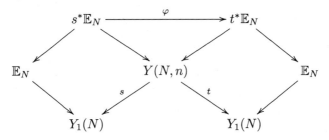

我们现在可以着手定义 Hecke 算子了.

(1) 当 $N \geqslant 5$ 时, s 与 t 均是 étale 态射. 故有同构

$$s^*\Omega_{Y_1(N)/\mathbb{Q}} \to \Omega_{Y(N,n)/\mathbb{Q}} \quad \text{和} \quad t^*\Omega_{Y_1(N)/\mathbb{Q}} \to \Omega_{Y(N,n)/\mathbb{Q}}.$$

于是得到线性变换

$$H^0\big(Y_1(N)/\mathbb{Q},\, \Omega^1_{Y_1(N)/\mathbb{Q}} \otimes \omega_{\mathbb{E}_N}^{\otimes k-2}\big)$$
$$\longrightarrow H^0\big(Y(N,n)/\mathbb{Q},\, \Omega^1_{Y(N,n)/\mathbb{Q}} \otimes \omega_{t^*\mathbb{E}_N}^{\otimes k-2}\big).$$

(2) 如前所述, 我们有同源 $\mathbb{E}_{N,n} \to \mathbb{E}_{N,n}/\mathbb{G}$. 对于上述线性变换利用 $\varphi^{\otimes k-2}$ 拉回, 即得线性变换

$$H^0\big(Y(N,n)/\mathbb{Q},\, \Omega^1_{Y(N,n)/\mathbb{Q}} \otimes \omega_{t^*\mathbb{E}_N}^{\otimes k-2}\big)$$
$$\longrightarrow H^0\big(Y(N,n)/\mathbb{Q},\, \Omega^1_{Y(N,n)/\mathbb{Q}} \otimes \omega_{s^*\mathbb{E}_N}^{\otimes k-2}\big).$$

(3) 因为 s 是仿射的, 所以

$$\Omega^1_{Y(N,n)/\mathbb{Q}} \otimes \omega_{s^*\mathbb{E}_N}^{\otimes k-2} = s^*\big(\Omega^1_{Y_1(N)/\mathbb{Q}} \otimes \omega_{\mathbb{E}_N}^{\otimes k-2}\big).$$

(4) 利用投射公式, 有

$$H^0\big(Y(N,n)/\mathbb{Q},\, \Omega^1_{Y_1(N)/\mathbb{Q}} \otimes \omega_{\mathbb{E}_N}^{\otimes k-2}\big)$$
$$= H^0\big(Y_1(N)/\mathbb{Q},\, \Omega^1_{Y_1(N)/\mathbb{Q}} \otimes \omega_{\mathbb{E}_N}^{\otimes k-2} \otimes s_*\mathscr{O}_{Y(N,n)/\mathbb{Q}}\big).$$

(5) 因为 s 是有限局部自由态射, 即 $s_*\mathscr{O}_{Y(N,n)}$ 是有限局部自由 $\mathscr{O}_{Y_1(N)}$-模, 故可以定义迹映射

$$\text{trace}: s_*\mathscr{O}_{Y(N,n)} \to \mathscr{O}_{Y_1(N)}.$$

事实上, 局部地看, 对于 $Y_1(N)$ 的仿射开子概形 U,

$$B = s_*\mathscr{O}_{Y(N,n)}(U)$$

是有限自由 $A = \mathscr{O}_{Y_1(N)}(U)$-模. 于是任一 $b \in B$ 给出 A-模同态

$$B \to B: x \mapsto bx.$$

此同态的迹就定义为 $\operatorname{trace} b$, 它与 U 以及 B 的基的选取无关. 利用迹映射我们得到线性变换

$$H^0\bigl(Y_1(N)/\mathbb{Q},\ \Omega^1_{Y_1(N)/\mathbb{Q}} \otimes \omega_{\mathbb{E}_N}^{\otimes k-2} \otimes s_* \mathscr{O}_{Y(N,n)/\mathbb{Q}}\bigr)$$
$$\longrightarrow H^0\bigl(Y_1(N)/\mathbb{Q},\ \Omega^1_{Y_1(N)/\mathbb{Q}} \otimes \omega_{\mathbb{E}_N}^{\otimes k-2}\bigr).$$

(6) 把以上 (1) 至 (5) 中各线性变换合成起来, 便得到

$$H^0\bigl(Y_1(N)/\mathbb{Q},\ \Omega^1_{Y_1(N)/\mathbb{Q}} \otimes \omega_{\mathbb{E}_N}^{\otimes k-2}\bigr)$$

的线性自同态. 我们说这个同态是用**模对应** (modular correspondence) 定义出来的. 可以证明, 此自同态将 $S(N,k)/\mathbb{Q}$ 映到自身. 这样定义出来的 $S(N,k)/\mathbb{Q}$ 的自同态就称为 **Hecke 算子** (Hecke operator), 记为 T_n (见参考文献 Deligne[Del 71], 命题 3.18).

设 $n \in (\mathbb{Z}/N)^\times$. 若 (E,P) 是 $\Gamma_1(N)$ 结构, 则 (E,nP) 也是 $\Gamma_1(N)$ 结构. 这样就定义了 $\Gamma_1(N)$ 结构的自同构:

$$X_1(N) \to X_1(N).$$

此自同构诱导出模形式空间的所谓**钻石算子** (diamond operator), 记为 $\langle n \rangle$. 设 φ 是按几何定义的 $\Gamma_1(N)$ 的权 k 的模形式, 则

$$\langle n \rangle \varphi(\mathbb{C}/\mathbb{Z}z+\mathbb{Z},\ 1/N,\ \mathrm{d}\tau) = \varphi(\mathbb{C}/\mathbb{Z}z+\mathbb{Z},\ n/N,\ \mathrm{d}\tau).$$

取

$$g = \begin{pmatrix} a & b \\ c & d \end{pmatrix} \in SL(2,\mathbb{Z}),$$

使得

$$g \equiv \begin{pmatrix} n^{-1} & * \\ 0 & n \end{pmatrix} \pmod{N},$$

则

$$\varphi(\mathbb{C}/\mathbb{Z}z+\mathbb{Z},\ n/N,\ \mathrm{d}\tau)$$
$$= \varphi(\mathbb{C}/(az+b)\mathbb{Z}+(cz+d)\mathbb{Z},\ (cz+d)/N,\ \mathrm{d}\tau)$$
$$= \varphi(\mathbb{C}/\mathbb{Z}(g\circ z)+\mathbb{Z},\ n/N,\ (cz+d)\mathrm{d}\tau)$$
$$= (cz+d)^{-k}\varphi(g\circ z),$$

这与经典的定义一致. 另外,

$$\varphi(\mathbb{C}/\mathbb{Z}z + \mathbb{Z}(1/p),\ 1/N,\ \mathrm{d}\tau) = \varphi(\mathbb{C}/\mathbb{Z}pz + \mathbb{Z},\ p/N,\ (1/p)\mathrm{d}\tau)$$
$$= p^k \langle p \rangle \varphi(\mathbb{C}/\mathbb{Z}pz + \mathbb{Z},\ 1/N,\ \mathrm{d}\tau).$$

考虑三元组 (E, P, w) 组成的集合, 其中 $E \xrightarrow{f} S$ 为概形 S 上的椭圆曲线, $P: (\mathbb{Z}/N\mathbb{Z})_S \to E$ 为 $\Gamma_1(N)$ 结构, w 为 $f_*\Omega^1_{E/S}$ 的生成元. 用模形式的几何定义, 把 $H^0(Y_{\Gamma_1(N)},\ \omega^{\otimes k})$ 的元素与此集合上满足下式的函数 φ 对应起来:

$$\varphi(E,\ P,\ \lambda w) = \lambda^{-k} \varphi(E,\ P,\ w), \quad \forall\ \lambda \in \mathbb{C}^\times.$$

由前面 Hecke 算子 T_n 的定义, 有

$$T_p\varphi(E,\ P,\ w) = p^{k-1} \sum \varphi(E/G,\ P \bmod G,\ \check{\pi}_G^* w),$$

其中 $\sum$ 是对于所有满足以下条件的 G 求和:

$$G \subseteq E[p], \quad G \cap \langle P \rangle = \{0\}, \quad \#G = p\ ;$$

$\check{\pi}_G$ 是 $\pi_G: E \to E/G$ 的对偶态射. 若 p 不是 N 的因子, 由于

$$\varphi(E,\ P,\ (1/p)w) = p^k f(E,\ P,\ w),$$

我们有

$$T_p\varphi\Big(\mathbb{C}/\mathbb{Z}z + \mathbb{Z},\ \frac{1}{N},\ \mathrm{d}\tau\Big) = \frac{1}{p} \sum \varphi\Big(\mathbb{C}/\mathbb{Z}z + \mathbb{Z},\ \frac{1}{N},\ \mathrm{d}\tau\Big),$$

其中 $\sum$ 是对于所有满足以下条件的 G 求和:

$$G \subseteq \left\langle \frac{z}{p}, \frac{1}{p} \right\rangle / \langle z, 1 \rangle, \quad \frac{1}{p} \notin G, \quad \#G = p.$$

即有

$$T_p\varphi(z) = \frac{1}{p} \sum_{j=0}^{p-1} \varphi\Big(\frac{z+j}{p}\Big) + \frac{1}{p}\varphi\Big(\mathbb{C}/\mathbb{Z}z + \mathbb{Z}\Big(\frac{1}{p}\Big),\ \frac{1}{N},\ \mathrm{d}\tau\Big)$$
$$= \frac{1}{p} \sum_{j=0}^{p-1} \varphi\Big(\frac{z+j}{p}\Big) + p^{k-1} \langle P \rangle \varphi(pz).$$

这正是经典的 Hecke 算子 T_p 的公式 (见陆洪文, 李云峰, 模形式讲义 (1999)).

通过以上的讨论我们了解了模形式理论的几何背景.

§10.3 Hecke 算子的特征值

我们简单介绍 Ramanujan 猜想的证明. 详见 [Del 71], [FK 88]. 请注意, 这两个参考资料是没有把困难技术细则说清楚的.

(1) $SL(2,\mathbb{Z})$ 有权 12 的尖形式

$$\Delta(z) = q \prod_{n=1}^{\infty}(1-q^n)^{24} = \sum_{n=1}^{\infty}\tau(n)q^n, \quad q = e^{2\pi i z}.$$

Ramanujan 猜想 (Ramanujan conjecture): 对素数 p 有以下估值

$$|\tau(p)| < 2p^{\frac{11}{2}}.$$

后来发现在尖形式空间上有 Hecke 算子 T_p. 这个尖形式 $\Delta(z)$ 是算子 T_p 的特征向量, T_p 的特征值, 即是

$$T_p(\Delta(z)) = \tau(p)\Delta(z).$$

这样, 这个猜想变为问 Hecke 算子的特征值的估值. 以下我们假设 p 不是 N 的因子. 在 $p \mid N$ 时的证明是用不同方法的.

(2) 固定正整数 $N > 5$. 设 E 为椭圆曲线, 选定 E 上的一个 N 阶点 P. 存在模概形

$$Y_1(N) \to \operatorname{Spec} \mathbb{Z}\left[\frac{1}{N}\right].$$

把 (E,P) 这样的结构的同构类分类. 这个模问题的解是一条泛椭圆曲线

$$f: \mathbb{E} \to Y_1(N).$$

由此得出复流形映射 (用 GAGA=Serre[Ser 56])

$$f^{an}: \mathbb{E}^{an} \to Y_1(N)^{an}.$$

考虑右导直像 k 次对称幂

$$\mathscr{G}^{an} = \mathrm{Sym}^k(R^1(f^{an})_*(\mathbb{Z})).$$

我们以 H_c^1 记紧支上同调 (cohomology of compact support, [SGA 4-3, Exp XVII]). 我们以 $\tilde{H}^1$ 记自然映射 $H_c^1 \to H^1$ 之像 (image).

Shimura 同构. 设 T 为模形式空间 S_{k+2} 上的 Hecke 算子 T_p 或 $\langle n \rangle$ (n 与 N 互素). 以模对应所构造作用在 $\tilde{H}^1(Y_1(N)^{an}, \mathscr{G}^{an})$ 上相对于 T 的算子记做 $\tilde{T}$. 则有向量空间同构

$$S_{k+2}(\Gamma_1(N), \mathbb{C}) \oplus \overline{S_{k+2}(\Gamma_1(N), \mathbb{C})} \xrightarrow{\approx} \tilde{H}^1(Y_1(N)^{an}, \mathscr{G}^{an}) \otimes \mathbb{C},$$

使 $T \otimes 1$ 对应于 $\tilde{T} \oplus \bar{\tilde{T}}$. 这里我们以 ¯ 记复共轭 (complex conjugate). 证明见 Shimura [Shi 71].

我们用 $\mathbb{T}$ 记由所有 S_{k+2} 上的 Hecke 算子及复共轭所生成的算子环; 同样, 用 $\tilde{\mathbb{T}}$ 记 $\tilde{H}^1(Y_1(N)^{an}, \mathscr{G}^{an})$ 上的算子环. Shimura 同构告诉我们 $\mathbb{T}$-模 $S_{k+2}(\Gamma_1(N), \mathbb{C})$ 与 $\tilde{\mathbb{T}}$-模 $\tilde{H}^1(Y_1(N)^{an}, \mathscr{G}^{an})$ 的关系.

到此 Ramanujan 猜想被转化为作用在上同调上用几何定义的 Hecke 算子 T 的特征值的估值.

(3) 以 $\mathbb{F}_p$ 记 p 个元的有限域. 以 $\bar{\mathbb{F}}_p$ 记它的代数闭域. 从泛椭圆曲线 $f: \mathbb{E} \to Y_1(N)$ 得泛椭圆曲线

$$f_{\bar{\mathbb{F}}_p}: \mathbb{E} \otimes \bar{\mathbb{F}}_p \to Y_1(N) \otimes \bar{\mathbb{F}}_p.$$

取素数 $l \neq p$. 以 étale 上同调群所定义的 $\mathbb{Q}_l$-向量空间为

$$\varprojlim_n H^1_{\text{ét}}(Y_1(N) \otimes \bar{\mathbb{F}}_p, \mathrm{Sym}^k(R^1(f_{\bar{\mathbb{F}}_p})_*(\mathbb{Z}/l^n\mathbb{Z})) \otimes \mathbb{Q}_l,$$

我们记做 $H^1(Y_1(N) \otimes \bar{\mathbb{F}}_p, \mathscr{G}_l)$. 同样可得 $\tilde{H}^1(Y_1(N) \otimes \bar{\mathbb{F}}_p, \mathscr{G}_l)$. 按 étale 上同调比较定理 (SGA 4 -3, Exp. XI) 可得

$$\tilde{H}^1(Y_1(N) \otimes \bar{\mathbb{F}}_p, \mathscr{G}_l) = \tilde{H}^1(Y_1(N)^{an}, \mathscr{G}^{an}) \otimes \mathbb{Q}_l.$$

§10.3 Hecke 算子的特征值

这样我们现在的问题是: 用几何定义的 Hecke 算子在 l-进向量空间 $\tilde{H}^1(Y_1(N) \otimes \bar{\mathbb{F}}_p, \mathscr{G}_l)$ 的特征值的估值. 为此我们选定一个从 $\mathbb{Q}_l$ 的代数闭域 $\bar{\mathbb{Q}}_l$ 到复数域 $\mathbb{C}$ 的单射 $\bar{\mathbb{Q}}_l \hookrightarrow \mathbb{C}$.

(1) Galois 群 $\text{Gal}(\bar{\mathbb{F}}_p/\mathbb{F}_p)$ 作用在概形 $Y_1(N) \otimes \bar{\mathbb{F}}_p$ 上. 这便得到向量空间 $\tilde{H}^1(Y_1(N) \otimes \bar{\mathbb{F}}_p, \mathscr{G}_l)$ 上的 Frobenius 同态 F_p. 在这个空间上有 Eichler 同余公式

$$\det(1 - \tilde{T}_p t + \langle \tilde{p} \rangle p^{k+1} t^2) = \det(1 - F_p t)\det(1 - \langle \tilde{p} \rangle F_p^{-1} p^{k+1} t).$$

证明见 [Del 71], Thm 4.9.

(2) 余下一步便是使用 Deligne 所证明的推广 Weil 猜想 ([Del 74], Pub IHES 52, [FK 88], Chap IV, §5, Cor. 5.3) 推出在向量空间 $\tilde{H}^1(Y_1(N) \otimes \bar{\mathbb{F}}_p, \mathscr{G}_l)$ 上线性变换 F_p 和 $\langle \tilde{p} \rangle F_p^{-1} p^{k+1}$ 的特征值 λ 的绝对值是

$$|\lambda| = p^{\frac{k+1}{2}}.$$

我们得到这样的结论: 设 $k \geqslant 2$, p 为素数, p 不是 N 的因子, T_p 为尖形式空间 $S_{k+2}(\Gamma_1(N))$ 上的 Hecke 算子, $\langle p \rangle$ 为钻石算子. 取多项式

$$\det(1 - T_p t + \langle p \rangle p^{k+1} t^2)$$

的因子分解 $\prod(1 - \lambda_j t)$, 则所有 λ_j 为代数数, 并且它们的绝对值是

$$|\lambda| = p^{\frac{k+1}{2}}.$$

Ramanujan 猜想是 $k = 10$, $N = 1$ 的情形. 这时 $\dim S_{12}(SL(2, \mathbb{Z})) = 1$.

参考文献

[Ahl 66]   L Ahlfors. *Complex Analysis*. New York: McGraw Hill, 1966.

[AK 70]   A Altman, S Kleiman. *Grothendieck duality theory*. Springer Lect Notes Math, 1970, 146.

[AK 79]   A Altman, S Kleiman. *Compactifying Picard Scheme II*. Amer J Math, 1979, 101: 10–41.

[AK 80]   A Altman, S Kleiman. *Compactifying Picard Scheme*. Adv Math, 1980, 35: 50–112.

[Art 62]   M Artin. *Grothendieck Topology*. Harvard University, 1962.

[Art 691] M Artin. *Algebraic approximation of structures over complete local rings*. Publ Math IHES, 1969, 36: 23–58.

[Art 69]   M Artin. *Algebraization of formal moduli I*. in Global Analysis, Princeton University Press, 1969: 21–71.

[Art 70]   M Artin. *Algebraization of formal moduli II*. Ann. of Math, 1970, 91: 88–135.

[Art 71]   M Artin. *Algebraic Spaces*. Yale University Press, 1971.

[Art 74]   M Artin. *Versal deformation and algebraic stacks*. Invent Math, 1974, 27: 165–189.

[Ash 10]   A Ash, et al. *Smooth compactification of loclly symmetric varieties*. Cambridge Mathematical Library, 2010.

[Bai 70]   W Baily Jr. *On the Moduli of Jacobian Varieties*. Ann of Math, 1970, 71.

[Ben 67]   J Benabou. *Introduction to bicategories*. Springer Lect Notes Math, 1967, 47: 1–77.

[BBD 82]   A Beilinson, J Berstein, P Deligne. *Faisceaux pervers*. Asterisque, 1982, 100.

[Ber 74]   P Berthelot. *Cohomologie cristalline des schemas de caracteristique p*. Springer Lect Notes Math, 1974, 407.

[BK 86]   S Bloch, K Kato. *p-adic étale cohomology*. Pub IHES, 1986, 63: 107–152.

[Bor 91]   A Borel. *Linear algebraic group*. Springer, 1991.

[BLR 99]   S Bosch, W Lútkebohmert, M Raynaud, *Néron models*. Springer:

[Bou 61] N Bourbaki. *Algebra commutative*. 1961, Masson, Chap 1–10.

[Bre 00] C Breuil. *Groupes p-divisibles, groupes finis et modules filtres*. Annals of Math, 2000, 152: 489–549.

[BCDT 01] C Breuil, B Conrad, F Diamond, R Taylor. *On the modularity of elliptic curves over Q*. J Amer Math Soc. 2001, 14: 843–939.

[CE 56] H Cartan, S Eilenberg. *Homological algebra*. Princeton, 1956.

[CC 83] 陈省身, 陈维桓. 微分几何讲义. 北京: 北京大学出版社, 1983.

[Cho 54] Chow W L. *The Jacobian variety of an algebraic curve*. Amer J Math, 1954, **76**: 453–476.

[DeJ 98] A de Jong. *Barsotti-Tate groups and crystals*. Berlin: Proceedings ICM, 1998, volume II: 259–265.

[Del 71] P Deligne. *Formes Modulaires et Représentations ℓ-adiques*. Sém. Buorbaki, 355(1969/2), in: Springer Lect. Notes Math., 1971, 179.

[Del 74] P Deligne. *La conjecture de Weil*. Pub Math IHES, 1974, 43: 273–307; 1980, 52: 137–252.

[Del 77] P Deligne. *Cohomologie etale*. (SGA $4\frac{1}{2}$) Springer Lect Notes Math, 1977, 569.

[DM 69] P Deligne, D Mumford. *The irreducibility of the space of curves of given genus*. Publ Math IHES, 1969, 36: 75–110.

[DR 73] P Deligne, M Rapoport. *Les schémas de Modules de Courbes Elliptiques*. in: Modular Functions of One Variable II, Springer Lect. Notes Math., 1973, 349.

[Dri 83] V Drinfeld. *Two dimensional ℓ-adic representations of the fundamental group of a curve over a finite field and automorphic forms on GL(2)*. Amer J Math, 1983, 105: 85–114.

[Fal 99] G Faltings. *Endlichkeitssatze fur abelsche Varietaten uber Zahlkorpern*. Inv Math, 1984, 74: 349–366; 1984, 75: 4.

[Fal 99] G Faltings. *Does there exists an arithmetic Kodaira-Spencer class*. AMS Contemp Math, 1999, 241: 141–146.

[FC 90] G Faltings, C L Chai. *Degeneration of abelian varieties*. Springer, 1990.

[Fen 86] 冯克勤. 交换代数基础, 北京: 高等教育出版社, 1986.

[FK 88] E Freitag, R Kiehl. *Etale Cohomology and the Weil Conjecture*. Springer, 1988.

[FM 93] J M Fontaine, B Mazur. *Geometric Galois representations*. in: Conf. on Elliptic Curves and Modular Forms, International Press, 1993: 18–

21.

[Fu 11]   L Fu. *Etale cohomology theory*. World Scientific Publishing Co, 2011.
[Gab 62]   P Gabriel. *Des categories abeliennes*. Bull Soc Math. France, 1962, 90: 323–448.
[God 73]   R Godement. *Topologie Algébrique et Théorie des faisceaux*. Hermann, Paris, 1973.
[GR 84]   H Grauert, R Remmert. *Coherent analytic sheaves*. Springer, 1984.
[GH 78]   P Griffiths, J Harris. *Principles of algebraic geometry*. New York: John Wiley, 1978.
[Gro 56]   A Grothendieck. *Fondements de la Géométric Algébrique*. Sém. Bourbaki, 149,182,190, 212, 221, 232, 236.
[Gro 57]   A Grothendieck. *Sur quelques points d'algebre homologique*. Tohoku Math J. 1957, 9: 119–221.
[GD 60]   A Grothendieck, J Dieudonné, *Eléments de Géométrie Algébrique*. Publ Math IHES, [EGA I] 4; [EGA II] 8 ; [EGA III] 11,17; [EGA IV]20,24,28,32.
[Gro 60]   A Grothendieck, et al. *Séminaire de Géométric Algébrique*. Springer Lect. Notes Math., [SGA 1] 224; [SGA 3] 151, 152, 153; [SGA 4] 269,270,305; [SGA 5] 569; [SGA 6] 225; [SGA 7] 288, 340.
[Hak 72]   M Hakim. *Topos Annellés et Schémas Relatifs*. Springer, 1972.
[HT 01]   M Harris, R Taylor. *The Geometry and Cohomology of Some Simple Shimura Varieties*. Annals Math Studies, Princeton University Press, 2001.
[Har 77]   R Hartshorne. *Algebraic Geometry*. Springer, 1977 (中译本: 冯克勤, 刘木兰. 代数几何学. 胥鸣伟, 译. 北京: 科学出版社, 1994).
[Har 10]   R Hartshorne. *Deformation theory*. Springer, 2010.
[HP 47]   W Hodge, D Pedoe. *Methods of algebraic geometry*. Cambridge, 1947.
[HL 10]   D Huybrechts, M Lehn. *The Geometry of Moduli Spaces of Sheaves*. Cambridge University Press, 2010.
[Igu 59]   J Igusa. *Kronecker model of fields of elliptic modular functions*. Am J Math, 1959, 81: 561–577.
[Ill 71]   L Illusie. *Complexe cotangent et deformations*. Springer Lecture Notes in Math, 1971–1972, 239, 283.
[Ill 04]   L Illusie. *What is a topos?* Notices of AMS, 2004, 51(9): 1060–1061.
[KU 09]   K Kato, S Usui. *Classifying spaces of degenerating polarized Hodge structures*. Princeton University Press, 2009.
[Kat 73]   N Katz. *p-adic properties of modular schemes and modular forms*.

	Springer Lect Nates Math, 1973, 350: 70–189.
[KM 85]	N Katz, B Mazur. *Arithmetic Moduli of Elliptic Curves*. Princeton University Press, 1985.
[KS 74]	G Kelly, R Street. *Review of the elements of 2-categories*. Springer Lect Notes Math, 1974, 420: 75–103.
[KW 01]	R Kiehl, R Weissauer. *Weil conjectures, perverse sheaves and l'adic Fourier transformation*. Springer, 2001.
[Kis 09]	M Kisin. *Modularity of 2-adic Barsotti-Tate representations*. Invent Math, 2009, 178: 587–634.
[Kis 091]	M Kisin. *The Fontaine-Mazur conjecture for GL(2)*. J.A.M.S. 2009, 22: 641–690.
[Kis 092]	M Kisin. *Moduli of finite flat group schemes and modularity*. Annals of Math. 2009, 170: 1085–1180.
[Kis 10]	M Kisin. *The structure of potentially semi-stable deformation rings*. Proceedings of ICM, 2010.
[KW 09]	C Khare, J-P Wintenberger, Jean-Pierre. *Serre's modularity conjecture*. Inventiones Mathematicae 2009, 178: 485–586.
[Knu 71]	D Knutson. *Algebraic Spaces*. Springer Lect. Notes Math, 1971, 203.
[Kod 86]	K Kodaira. *Complex manifolds and the deformation of complex structures*. Springer, 1986.
[Laf 02]	L Lafforgue. *Chtoucas de Drinfeld et correspondence de Langlands*. Inv Math, 2002, 147: 1–241.
[Lag 87]	S Lang. *Elliptic functions*. Spriner, 1987.
[LCZ 06]	黎景辉, 陈志杰, 赵春来. 代数群引论. 北京: 科学出版社, 2006.
[LF 97]	黎景辉, 冯绪宁. 拓扑群引论. 北京: 科学出版社, 1997.
[LL 90]	黎景辉, 蓝以中. 二阶矩阵群的表示与自守形式. 北京: 北京大学出版社, 1990.
[LM 87]	G Laumon. *Transformation de Fourier, constants diequations fonctionnelleset conjecture de Weil*. Publ Math IHES, 1987, 65: 131–210.
[LM 00]	G Laumon. L Moret-Bailly. *Champs algebriques*. Springer, 2000.
[Les 07]	B Le Stum. *Rigid cohomology*. Cambridge University Press, 2007.
[Li 99]	李克正. 交换代数与同调代数. 北京: 科学出版社, 1999.
[LO 98]	K Li, F Oort. *Moduli of Supersingular Abelian Varieties*. Springer Lect. Notes Math., 1998.
[LS 67]	S Lichtenbaum, M Schlessinger. *The cotangent complex of a morphism*. Trans AMS, 1967, 128: 41–70.
[Mat 86]	H Matsumura. *Commutative ring theory*. Cambridge, 1986.

[Maz 89]	B Mazur. *Deforming Galois representations*, in: Galois Group over ℚ, Springer, 1989: 385–437.
[Maz 98]	B. Mazur, *Introduction to the deformation theory of Galois representation*, in: Modular Forms and Fermat Last Theorem(ed. G. Cornell), Springer, 1998.
[Mes 07]	W Messing. *Travaux de Zink*. Sém. Bourbaki 2005/2006, exp. 964, Astérisque, 2009, 311.
[Mil 80]	J Milne. *Etale Cohomology*. Princeton University Press, 1980.
[Mil 86]	J. Milne, *Jacobian varieties*, in: Arithmetic Geometry(ed. Cornell, J. H. Silverman), Springer, 1986.
[Mor 10]	S Morel. *On the cohomology of certain non-compact Shimura varieties*. Annals of Math Studies, 2010, 173.
[Mum 65]	D Mumford. *Geometric Invariant Theory*. Springer, 1994.
[Mum 66]	D. Mumford. *Lecture on Curves on an Algebraic surface*. Annals of Math Studies, Princeton University Press, 1966, 59.
[Mum 76]	D Mumford. *Curves and their Jacobians*. University of Michigan Press, 1976.
[Mur 64]	J-P Murre. *On contravariant functors from the category of preschemes over a field to the categroy of abelian groups*. Pub Math IHES, 1964, 23: 5–43.
[Ngo 10]	Bao Châu Ngû. *Le lemme fondamental pour les algebres de Lie*. Publications mathématiques de l'IHÉS June, 2010 (111): 1–169.
[Ols 08]	M Olsson. *Compactifiying moduli spaces for abelian varieties*. Springer lect Notes math, 2008, 1958.
[Oor 62]	F Oort. *Sur le schéma de Picard*. Bull Soc Math Fr, 1962, 90: 1–14.
[PS 08]	C Peters, J Steenbrink. *Mixed Hodge Structures*. Springer, 2008.
[Qui 70]	D Quillen. *On the (co-)homology of commutative rings*. in: Applications of Categorical Algebra, Proc. Symp. Pure Math., Amer. Math. Soc., 1970: 65–87.
[Rap 78]	M Rapoport. *Compactifications de l'espade de modules de Hilbert-Blumenthal*. Compos Math, 1978, 36: 255–335.
[Rap 94]	M Rapoport. *Non archimedean period domains*. Proc ICM Zurich, 1994: 423–434.
[Rob 73]	A Robert. *Elliptic Curves*. Springer Lect. Notes Math, 1973, 326.
[Sch 68]	M Schlessinger. *Functors of Artin rings*. Trans Amer Math Soc, 1968, 130: 205–222.
[Sei 10]	E Sernesi. *Deformations of algebraic schemes*. Springer, 2010.

[Ser 55]   J-P Serre. *Faisceaux algébriques cohérents*. Ann of Math, 1955, 61: 197–278.

[Ser 56]   J-P Serre. *Géomtŕie algébrique et géomtŕie analytique*. Ann Inst Forrier, 1956, 6: 1–42.

[Ser 88]   J-P Serre. *Algebraic groups and class fields*. Springer, 1988.

[Shi 71]   G Shimura. *Introduction to arithmetic theory of automorphic functions*. Princeton University Press, 1971.

[Sil 86]   J Silverman. *The Arithmetic of Elliptic Curves*. Springer, 1986.

[Sil 94]   J Silverman. *Advanced Topics in the Arithmetic of Elliptic Curves*. Springer, 1994.

[Ste 51]   N Steenrod. *Topology of fibre bundles*. Princeton, 1951.

[Tat 66]   J Tate. *p-divisible groups*. in Proc. Conf. Local Fields(Driebergen, 1966), Springer; Serre, "Groupes p-divisibles (d'apres J. Tate), Exp. 318", Sém. Bourbaki.

[Ver 67]   J-L Verdier. *Des categories derivees des categories abeliennes*. Asterisque, 1966, 239.

[Vie 95]   E Viehweg. *Quasi-projective moduli for polarized manifolds*. Spriner, 1995.

[Vis 89]   A Vistoli. *Intersection theory on algebraic stacks and their moduli spaces*. Inven Math, 1989, 97: 613–670.

[Wei 52]   A Weil. *On Picard varieties*. Amr J Math, 1952, 74: 865–893.

[Wil 95]   A Wiles. *Modular elliptic curves and Fermat's last theorem*. 1955, 141: 443–551.

名词索引

(以中文拼音字母为序)

中文名词	英文名词	页码
1-胞腔	1-cell	111
1-态射	1-morphism	111, 137
1-自然的	1-natural	116
2-伴随	2-adjunction	117
2-胞腔	2-cell	111
2-范畴	2-category	111
2-函子	2-functor	116
2-态射	2-morphism	111,137
2-自然变换	2-natural transformation	116
2-自然的	2-natural	117
(2,1)-范畴	(2,1)-category	113
étale 上同调群	étale cohomology group	108
étale 拓扑	étale topology	57
Σ-型图表	diagram of type Σ	13

A

Abel 范畴	abelian category	32
Abel 概形	abelian scheme	186
Amitsur 复形	Amitsur complex	76

B

半纯函数	meromorphic function	240
半纯函数域	field of meromorphic functions	240

伴随关系	adjunction	11
伴随映射	adjunction map	13
标准单纯复形化解	standard simplicial resolution	128
标准自由化解 (环态射的)	standard free resolution (of ring morphism)	129
标准自由化解 (模的)	standard free resolution (of module)	129
表示 (函子的)	representation (of a functor)	8

C

层	sheaf	53, 58
层化	sheafification	60
常值函子	constant functor	10
常值群概形	constant group scheme	26
超平面丛	hyperplane bundle	141
超上同调	hypercohomology	211
陈类	Chern class	170
除子	divisor	241
次数	degree	39
粗模空间	coarse moduli space	45

D

de Rham 复形	de Rham complex	213, 216
de Rham 上同调群	de Rham cohomology group	212
(由对象) 代表的函子	representat able functor	8
代数的 (叠)	algebraic(stack)	138
代数空间	algebraic space	134
代数族	algebraic family	43
单纯层	simplicial sheaf	130
单纯对象	simplicial object	129
单纯复形	simplicial complex	104
单纯环态射	simplicial ring homomorphism	130

单位	unit	12
导范畴	derived category	41
等价 (范畴的)	equivalent (of categories)	4
等价的	equivalent	174
等价的 (态射)	equivalent (morphism)	30
底范畴	underlying category	111
第一象限序列	first quadrant sequence	209
典范拓扑	canonical topology	55
典范下降资料	canonical descent datum	74
叠	stack	135
叠的 2 范畴	2 category of stacks	135
定向图	oriented graph	13
短正合序列	short exact sequence	34
对称张量积	symmetric tensor product	182
对称积	symmetric product	183
对偶化层	dualizing sheaf	177
对象	object	1

F

fppf 态射	fppf morphism	56
fpqc 态射	fpqc morphism	56
反变函子	contravariant functor	3
反极限	inverse limit	14
反向系统	inverse system	14
反向族	inverse family	94
泛的 (形式形变)	universal (formal deformation)	125
泛除子	generic divisor	185
泛椭圆曲线	universal elliptic curve	197, 200
泛有效满射	universal effective epimorphism	55
泛元	universal element	8
范畴	category	1
范畴上的范畴	category over a category	17

非分歧	unramified	130
分式范畴	fractional category	36
复线丛	complex line bundle	170
复形	complex	39
复形范畴	complex category	39
复形态射	complex morphism	39
覆盖	covering	54
赋环空间	ringed space	168
赋值	evaluation	117

G

Gauss-Manin 联络	Gauss-manin connecton	217, 220
$\Gamma(N)$ 结构	$\Gamma(N)$-structure	199
$\Gamma(N)$ 结构 (朴素的)	$\Gamma(N)$structure(naive)	205
$\Gamma_0(N)$ 结构	$\Gamma_0(N)$-structure	200
$\Gamma_1(N)$ 结构	$\Gamma_1(N)$-structure	200
$\Gamma_1(N)$ 结构	$\Gamma_1(N)$structure	206
Grassmann 函子	Grassmann functor	161
Griffiths 横截性	Griffiths transversality	221
Grothendieck 拓扑	Grothendieck topology	54
概形范畴	category of schemes	20
概形性的	schematic	134
高次象	higher image	106
光滑	smooth	130
广义椭圆曲线	generalized elliptic curve	204
归纳极限	inductive limit	16

H

Hecke 算子	Hecke operator	261
Hilbert 多项式	Hilbert polynomial	142, 144
Hilhert 函子	Hilhert functor	139
Hodge 滤链	Hodge filtration	221

(共变) 函子	(covariant) functor	3
函子态射	functorial morphism	4
函子 (由一个对象) 代表	functor represented (by an object)	8
合成	composition	2
核	kernel	15,30
厚子范畴	thick subcategory	34
互换法则	interchange rule	113

J

积	product	15
基变换	base change	18
基变换 (函子)	base change (functor)	66
极丰的	very ample	143
极限	limit	13
加细	refinement	60
加性范畴	additive category	30
加性函子	additive functor	30
尖形式	cusp form	257
交换层	abelian sheaf	91
交换群对象	abelian group object	22
交换预层	abelian presheaf	91
阶层	stratum	151
紧支上同调	cohomology of compact support	109
局部化函子	localization functor	36
局部化系	localizing system	36
局部系统	local system	215
局部有限展示	locally of finite presentation	125
绝对 Picard 群	absolute Picard group	178
均衡子	equaliser	14

K

Kodaira-Spencer 映射	Kodaira-Spencer map	223

卡氏态射	cartesian morphism	18
卡氏图	Cartesian diagram	53
开浸入	open immersion	21
可表的 (叠)	representable (stack)	137
可表函子	representable functor	8
可积的 (联络)	integrable (connection)	216
可逆层	invertible sheaf	141, 168
空积	empty product	21
亏格	genus	177
扩充	extension	132

L

拉回的选择	choice of pullbacks	20
拉回函子	pullback functor	20
联络	connection	216
临界半径	critical radius	240
临界球面	critical sphere	240
零对象	zero object	29
零态射	zero morphism	29

M

$\mathcal{M}$-层	$\mathcal{M}$-sheaf	59
$\mathcal{M}$-拓扑	$\mathcal{M}$-topology	55
m-正则的	m-regular	145
满族	surjective family	56
模对应	modular correspondence	261
模曲线	modular curve	197, 200

N

Néron 模型	Néron model	198
Néron n-边形	Néron n-gon	203
N-扭子群概形	group scheme of N-torsion points	199

挠子	torsor	131
内射分解	injective resolution	42
粘合	glue	52
拟紧的 (态射)	quasi-compact(morphism)	56
拟同构	quasi-isomorphism	40
逆像	inverse image	107

P

Picard 函子 (相对的)	Picard functor (relative)	179
Picard 群	Picard group	168
p-adic theta 函数	p-adic theta function	242
劈裂	cleavage or cleaving	20
平凡的下降资料	trivial descent datum	74
平坦的 (模)	flat (module)	75
平坦的 (态射)	flat (morphism)	56
平坦的 (态射, 在一点处)	flat (morphism at a point)	56
平坦的 (联络)	flat (connection)	216
平坦化阶层	flattening strata	151
平移函子	translation functor	39
平展	étale	130
谱序列	spectral sequence	208

Q

强卡氏态射	strongly cartesian morphism	18
强拟射影的	strongly quasi-projective	179
强射影的	strongly projective	179
全纯函数	holomorphic function	240
全纯函数环	ring of holomorphic functions	240
全的 (形式形变)	versal (formal deformation)	125
全的 (函子)	full (functor)	5
全忠实的	fully faithful	9

全子范畴	full subcategory	2
权	weight	141
权 k 的尖形式	cusp form of weight k	257
权 k 的模形式	modular form of weight k	257
曲率	curvature	216
曲线 (概形上的)	curve (on a scheme)	176,203
曲线 Tate_1	curve Tate_1	226
群对象	group object	21
群范畴	category of groups	22
群概形	group scheme	25
群函子	group functor	23
群函子同态	homomorphism of group functors	23
群胚	groupoid	136
群胚叠	stack in groupoids	136
群胚纤维范畴	category fibred in groupoids	136

R

Ramanujan 猜想	Ramanujan conjecture	263

S

Schlessinger 定理	Schlessinger theorem	123
Serre 子范畴	Serre subcategory	34
S-空间	S-space	134
S-叠	S-stack	137
S-群胚	S-groupoid	136
商	quotient	28
商对象	quotient object	30
商范畴	quotient category	35
上闭链条件	cocycle condition	74
上单纯复形	cosimplicial complex	105
上同调	cohomology	104
上同调层	cohomology sheaf	213

上同调平坦的	cohomologically flat	179
射影丛	projective bundle	157
射影空间丛	projective space bundle	157
始对象	initial object	29
收敛的 (谱序列)	convergent (spectral sequence)	209
水平的 (截面)	horizontal (section)	216
水平合成	horizontal composition	112
水平 n-结构	level n structure	205
竖直合成	vertical composition	112

T

Tate 曲线 ($\mathbb{C}$ 上的)	Tate curve over $\mathbb{C}$	226
(p-adic) Tate 曲线	(p-adic) Tate curve	247
塌陷的 (谱序列)	collapsed (spectral sequence)	209
态射	morphism	1, 90
态射 (叠的)	morphism (of stacks)	137
同构 (范畴的)	isomorphism (of categories)	3, 4
同构的 (叠)	isomorphic (stacks)	137
投射表出	pro-represent	123
投射极限	projective limit	14
投射可表的	pro-representable	123, 124
投射可表函子	pro-representable functor	124
退化的 (谱序列)	degenerate (spectral sequence)	209
椭圆曲线	elliptic curve	187

W

Weierstrass 模型	Weierstrass model	224
稳定曲线	stable curve	204
无缘并	disjoint union	59
无穷小加厚	infinitesimal thickening	131
无穷小形变	infinitesimal deformation	122, 124

X

细模空间	fine moduli space	49
下降模	descended module	80
下降态射	morphism of descent	72
下降资料	descent datum	74
下降资料 (对象的)	descent data (of object)	72
下降资料 (模的)	descent data (of module)	79
下降资料的态射	morphism of descent data	74
下降资料范畴	category of descent data	74
纤维	fibre	18
纤维范畴	fibred category	19
纤维积 (范畴的)	fibred product (of categories)	18
纤维积 (态射的)	fibred product (of morphisms)	53
线性等价的 (除子)	linearly equivalent (divisors)	170
相伴素理想	associated prime ideal	144
相对概形	relative scheme	20
相对局部系统	relative local system	215
相对可表的	relatively representable	21
像	image	32
像 (函子的)	image (of a functor)	4
小范畴	small category	32
小扩张	small extension	123
形变	deformation	132,133
形式地非分歧	formally unramified	130
形式地光滑	formally smooth	130
形式地平展	formally étale	130
形式形变	formal deformation	122,124

Y

| Yoneda 引理 | Yoneda lemma | 6 |
| 雅可比 | Jacobian | 186 |

雅可比簇	Jacobi variety	171
要满函子	essentially surjective functor	4
要像	essential image	4
有下界	bounded below	39
有限平坦群概形	finite flat group scheme	26
有限展示的	finitely presented	56
有效除子	effective divisor	172, 174
有效的 (形式形变)	effective (formal deformation)	125
有效的下降资料	effective descent datum	75
有效投射可表函子	effectively pro-representable functor	125
有效下降态射	morphism of effective descent	73
右伴随函子	right adjointfunctor	11
右导函子	right derived functor	41
右正合函子	right exact functor	34
余单纯形代数	co-simplicial algebra	76
余单位	counit	12
余核	cokernel	17, 30
余积	coproduct	17
余极限	colimit	16
余均衡子	co-equaliser	16
余切复形	cotangent complex	126, 130
余像	coimage	32
预层	presheaf	52, 58
约化的	reduced	169

Z

Zariski 切空间 (函子的)	Zariski tangent space (of a functor)	119
Zariski 切空间 (环的)	Zariski tangent space (of a ring)	118
Zariski-拓扑	Zariski-topology	56
粘连	pasting	115
正合的	exact	53
正合函子	exact functor	34

正合序列	exact sequence	34
正极限	direct limit	16
正向系统	direct system	16
正向族	direct family	95
支集	support	144
直积	direct product	15
直和	direct sum	17
直象函子	direct image functor	107
终对象	terminal object(or final object)	21,29
忠实的	faithful	4
忠实平坦的 (模)	faithfully flat (module)	75
忠实平坦的 (态射)	faithfully flat (morphism)	56
周期	period	171
主除子	principal divisor	242
主齐次空间	principal homogeneous space	131
子对象	subobject	30
子范畴	subcategory	2
自然变换	natural transformation	4
自然同构	natural isomorphism	4
自守因子	automorphic factor	249
足够内射对象	enough injectives	42
阻碍	obstruction	132
钻石算子	diamond operator	261
左伴随函子	left adjoint functor	11
左导函子	left derived functor	41
左正合函子	left exact functor	34